普通高等教育"十一五"国家级规划教材
四川省"十二五"普通高等教育本科规划教材

地下油气渗流力学

（第二版）

李晓平　主编

石油工业出版社

内容提要

本书从油气渗流的地质基础出发，在对油气渗流的基本规律——达西定律分析的基础上，阐明了油气渗流力学的研究思路和方法；采用循序渐进的思路，全面系统地介绍了单相液体稳定渗流理论、单相液体不稳定渗流理论、气体渗流理论、油水两相渗流理论、油气两相渗流理论、双重介质渗流理论和复杂渗流理论。

本书主要作为高等学校石油工程专业本科生教材，也可作为研究生教育、高等职业教育、成人教育及相关专业的参考教材，还可供从事油气田勘探与开发的科研和技术人员参考。

图书在版编目（CIP）数据

地下油气渗流力学/李晓平主编．—2版．
北京：石油工业出版社，2015.12（2021.3重印）
（普通高等教育"十一五"国家级规划教材）
（四川省"十二五"普通高等教育本科规划教材）
ISBN 978-7-5183-0980-1

Ⅰ．地…
Ⅱ．李…
Ⅲ．油气藏渗流力学-高等学校-教材
Ⅳ．TE312

中国版本图书馆 CIP 数据核字（2015）第 288989 号

出版发行：石油工业出版社
（北京朝阳区安华里2区1号　100011）
网　　址：www.petropub.com
编辑部：（010）64523579
图书营销中心：（010）64523633　（010）64523731
经　销：全国新华书店
排　版：北京苏冀博达科技有限公司
印　刷：北京晨旭印刷厂

2015年12月第2版　2021年3月第8次印刷
787毫米×1092毫米　开本：1/16　印张：15
字数：373千字

定价：35.00元
（如出现印装质量问题，我社图书营销中心负责调换）
版权所有，翻印必究

第二版前言

本教材是在 2008 年李晓平主编的普通高等教育"十一五"国家级规划教材《地下油气渗流力学》的基础上,经过近几年的教学实践重新修改、补充及完善而成的,同时该教材被列入四川省"十二五"普通高等教育本科规划教材。重新修改、补充及完善的内容如下:

(1)在第四章第一节中增加了"质点移动规律";在第三节中增加了"势函数和流函数"及"一源一汇和二等产量汇的水动力学场的流线方程的推导",删除了第三节中的"多井干扰时边界对渗流的影响",将其内容分解到"二等产量汇的渗流"及新增加的第四节"复势理论及保角变换在渗流中的应用"中;针对储层在纵向及横向上的非均质性,新增了第六节"非均质地层稳定渗流理论"。

(2)在第五章第二节中补充了三种外边界情形下的压力动态特征曲线;对径向封闭地层中心一口井以定产量投产的情形,增加了对拟稳定渗流问题的分析;针对不稳定渗流问题,增加了弹性不稳定渗流压力扩散规律的分析;在不稳定渗流的井间干扰中补充了供给边界系统中渗流问题的分析;针对边界条件随时间变化的渗流问题,新增了带时间变量边界条件的渗流问题的分析。

(3)在第六章中补充了平面径向非达西稳定渗流时气井产量与压力平方差比产量关系曲线、气井流入动态关系曲线。

(4)在第七章中补充了对平面径向流动等饱和度平面移动方程的分析、对平面径向油水两相渗流压力的分析,新增了利用 Buckley-Leverett 一维前缘驱替理论计算油水相对渗透率曲线的理论方法。

(5)在第八章中补充了对溶解气和原油状态方程的简要推导。

本教材共分十章,由李晓平主编。第一章由胡雪涛编写;第二章、第三章、第六章、第七章、第八章,以及第四章第一节、第二节、第四节、第五节、第六节由李晓平编写;第四章第三节由彭彩珍编写,该节新增内容及结构完善由李晓平完成;第五章由黄全华编写,该章新增内容及结构完善由李晓平完成;第九章由刘启国编写;第十章由王健编写;思考题和习题由李晓平和彭彩珍提供。全书由李晓平统一校订,图件由胡雪涛清绘。

在本教材第二版的修改完善中,得到了郭建春教授、梁光川教授、陈小凡教授等的支持和帮助,同时参考了国内外专家的相关教材、专著及学术论文,在此一并表示衷心的感谢。

由于编者的水平有限,教材中存在的不足,敬请读者提出宝贵意见。

编 者
2015 年 7 月

第一版前言

渗流现象广泛存在于自然界中。存在于油气层的渗流称为地下油气渗流，存在于各种工程技术（化工、冶金、环境保护中的多孔技术的应用）问题中的渗流称为工程渗流，存在于人和动植物体内的渗流称为生物渗流。研究渗流形态和渗流规律的学科称为渗流力学。渗流力学是流体力学的一个重要分支，又是流体力学和多孔介质理论、表面理论、物理化学、固体力学、生物学交叉渗透的一门边缘学科。

油气渗流力学是研究油气藏流体在多孔介质储层中的渗流形态和渗流规律的一门学科，是油气田科学开发的基础。

一百多年前，发现了单相渗流的基本规律——达西定律，随着石油及天然气工业的发展，使得油气渗流的研究变得非常活跃，内容不断丰富和完善，它已经渗透到油气田开发与开采的各个环节。

学习"油气渗流力学"的目的，是要把它作为认识油气藏、改造油气藏的工具，作为油气田开发设计、动态分析、油气井开采、增产工艺、反求地层参数、提高采收率等的理论基础。因此，它是石油工程专业的主干专业基础课程之一，是学好石油工程其他专业课的基础。

本教材主要介绍油气渗流研究的基本方法和基本理论，共分十章，由李晓平主编。第一章由胡雪涛编写，第二章、第三章、第六章、第七章、第八章，以及第四章第一节、第二节、第四节由李晓平编写，第四章第三节由彭彩珍编写，第五章由黄全华编写，第九章由刘启国编写，第十章由王健编写，思考题和习题由彭彩珍提供。全书由李晓平统一校订，插图由胡雪涛清绘。在教材的编写过程中得到西南石油大学陈平教授、张烈辉教授、唐海教授等的大力支持和帮助，在数次修改完善中得到教育部博士点基金课题"低渗透气藏非线性渗流理论及气藏工程方法研究"的资助，同时参考了国内外专家的相关教材和专著，在此一并表示衷心的感谢。

由于编者经验不足，水平有限，教材中存在的不足，敬请读者提出宝贵意见。

编　者
2007 年 7 月

目 录

第一章 油气渗流基础知识 ··· 1
第一节 油气藏类型及其外部形态的简化 ··· 1
第二节 油气藏内部储集空间结构的简化 ··· 5
第三节 多孔介质及连续介质场 ··· 9
第四节 渗流的基本概念及渗流形态的简化 ··· 14
思考题 ··· 19
习题 ··· 19

第二章 油气渗流的基本规律 ··· 21
第一节 油气渗流的力学基础 ··· 21
第二节 油气达西渗流定律 ··· 23
第三节 油气非达西渗流定律 ··· 27
第四节 两相渗流规律 ··· 31
思考题 ··· 34
习题 ··· 34

第三章 单相液体渗流数学模型 ··· 35
第一节 渗流数学模型的建立原则 ··· 35
第二节 渗流数学模型的微分方程 ··· 38
第三节 渗流数学模型的定解条件 ··· 46
思考题 ··· 50

第四章 单相液体稳定渗流理论 ··· 51
第一节 单相液体稳定渗流基本原理 ··· 51
第二节 不完善井对渗流的影响 ··· 61
第三节 多井干扰与势的叠加理论 ··· 63
第四节 复势理论及保角变换在渗流中的应用 ··· 90
第五节 等值渗流阻力法 ··· 110
第六节 非均质地层稳定渗流理论 ··· 115
思考题 ··· 121
习题 ··· 122

第五章 单相液体不稳定渗流理论 ··· 128
第一节 弹性不稳定渗流的物理过程 ··· 128
第二节 弹性不稳定渗流理论 ··· 131

  第三节 弹性不稳定渗流的井间干扰 ································· 144
  第四节 带时间变量边界条件的渗流问题 ··························· 149
  思考题 ··· 154

第六章 气体渗流理论 ·· 154
  第一节 气体渗流微分方程 ·· 158
  第二节 气体稳定渗流理论 ·· 158
  第三节 气体不稳定渗流理论 ·· 164
  思考题 ··· 170

第七章 油水两相渗流理论 ·· 173
  第一节 影响水驱油非活塞性的因素 ··· 174
  第二节 油水两相渗流微分方程及解 ··· 174
  第三节 油水两相渗流理论的应用 ··· 175
  思考题 ··· 182
  习题 ·· 190

第八章 油气两相渗流理论 ·· 192
  第一节 油气两相渗流的物理过程 ··· 192
  第二节 油气两相渗流微分方程 ··· 193
  第三节 油气两相稳定渗流理论 ··· 196
  第四节 油气两相不稳定渗流理论 ··· 200
  思考题 ··· 203

第九章 双重介质渗流理论 ·· 204
  第一节 双重介质油藏模型 ·· 204
  第二节 双重介质油藏渗流微分方程 ··· 206
  第三节 双重介质油藏渗流理论 ··· 208
  思考题 ··· 211

第十章 复杂渗流理论 ·· 212
  第一节 传质扩散流体渗流理论 ··· 212
  第二节 非牛顿流体及其渗流理论 ··· 221
  思考题 ··· 227

附录 ··· 228
  附录一 常用参数单位 ·· 228
  附录二 单位换算表 ·· 229
  附录三 公式的单位变换方法 ··· 230
  附录四 常用公式或方程的SI实用单位制形式 ···························· 231

参考文献 ··· 233

第一章 油气渗流基础知识

油气渗流力学是研究油气藏流体在多孔介质储层中的渗流形态和渗流规律的学科。油气田开发实践表明,油气储层有着极其复杂的内部空间结构和不规则的外部几何形状,油藏流体在其中的分布特征和流动情况复杂多变。因此,要认识油气渗流的普遍规律,建立能适应各种油气储层特征的数学方程,首先应当了解油气藏的外部形态特征及内部空间的结构类型,并懂得如何为渗流力学研究概括和简化油气层的形态及储集空间结构。

第一节 油气藏类型及其外部形态的简化

自然界的油气藏是由地下生油层中形成的油气通过运移汇集在多孔介质储层中而形成的。不同的油气藏在地质结构、储层特征、流体性质及流体分布等许多方面千差万别,这些差别对油气藏的勘探和开发都有着巨大的影响。

一、油气藏概念及油藏流体的分布

油气藏是单一圈闭内具有独立压力系统和统一油水界面的油气聚集。油气藏是地壳中最基本的油气聚集单位。圈闭中若聚集了石油就称为油藏,若聚集了天然气就称为气藏,若同时聚集了石油和游离天然气则称为油气藏。

在油气藏中,油、气、水的分布具有一定的规律性。由于油、气、水三者密度差异显著,重力分异的结果使其在油气藏中的分布总是表现为:气在上、油在中、水在下,形成明显的油气接触面、油水接触面,即油气界面与油水界面,如图1-1所示。油气界面和油水界面在水平面上的投影分别称为油气边界和油水边界(也称含油外边界),如图1-2所示。

如果位于油层下方的水层(底水)或边部的水层(边水)与油藏周边的水体或地面露头有好的连通性,且在油藏开采过程中有良好的水源供给,相当于在油藏供给边缘上保持一个恒定的压头,其供给边缘在水平面上的投影就称为供给边界,如图1-2所示。这种油藏称为敞开式油藏,其供给边界又称为"定压边界"。

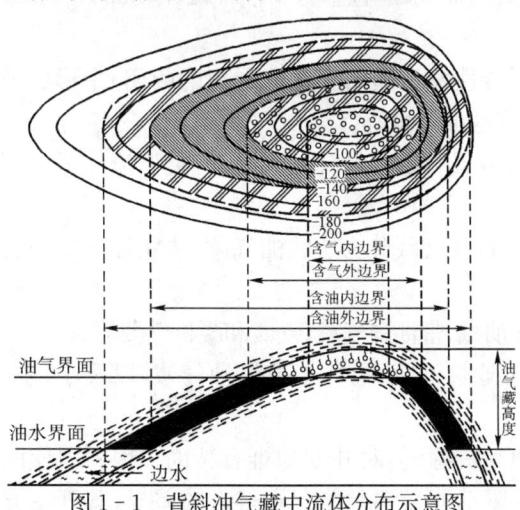

图1-1 背斜油气藏中流体分布示意图

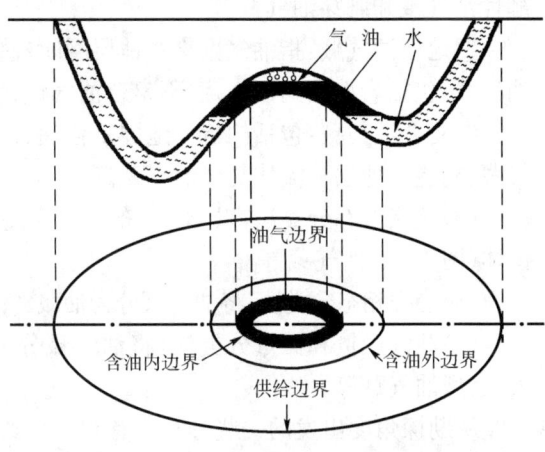

图1-2 背斜油气藏中流体分布示意图

相反,由于岩性变化或断层阻挡,位于油层下方的水层与油藏周边的水体或地面水不连通,油藏开采过程无水源供给,这种油藏就称为封闭式油藏,油藏边缘在水平面上的投影就称为封闭边界,如图1-3所示。

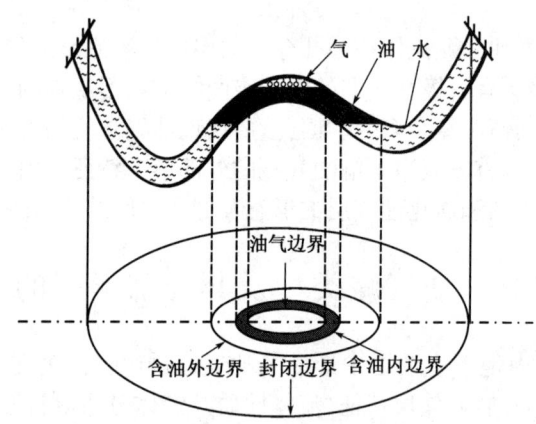

图1-3 封闭油藏平面示意图

二、油气藏类型

储层和储层流体(油、气、水)是构成油气藏最主要的两大要素,对油气藏类型的划分可以储层或流体两个方面的各种因素为依据,例如根据储层岩石类型、储层(油藏)形态、储集空间类型、流体的类型或流体在储层(油气藏)中的分布等因素划分油气藏类型。因此,对于自然界存在的各种类型的油气藏,不同的研究者从不同的角度提出了各种不同的油气藏分类方案。

从油气藏勘探角度,国内外石油地质专家曾提出过上百种油气藏分类方案,归纳起来,主要有以下几类:

(1)圈闭成因分类法,以A.I.莱复生为代表,将油气藏分为构造油气藏、地层油气藏与复合油气藏三大类型。

①构造油气藏:指油气聚集在构造圈闭中形成的油气藏,包括背斜油气藏、断层油气藏、裂缝性油气藏和刺穿油气藏。

②地层油气藏:指油气聚集在地层圈闭(储层岩性发生横向变化而形成的圈闭)中形成的油气藏,包括岩性圈闭油气藏、不整合油气藏、生物礁油气藏等。

③复合油气藏:包括构造—地层复合油气藏、地层—流体复合油气藏、构造—流体复合油气藏、构造—地层—流体复合油气藏。

(2)储层形态分类法,以И.О.布罗德为代表,将油气藏分为层状油气藏、块状油气藏和透镜体(图1-4)油气藏等。

(3)烃类相态分类法,将油气藏分为油藏、气顶油藏、带油环气藏、气藏和凝析气藏等。

(4)油气产量和储量分类法,将油气藏分为工业性油气藏、非工业性油气藏,以及小、中、大、巨型油气藏等。

从勘探角度出发的一些分类法有利于找到油气资源,但对开发却难有帮助。因为即使圈闭条件完全一样的油藏,其储层性质、流体性质或驱动能量都可能存在很大的差异,其开发方

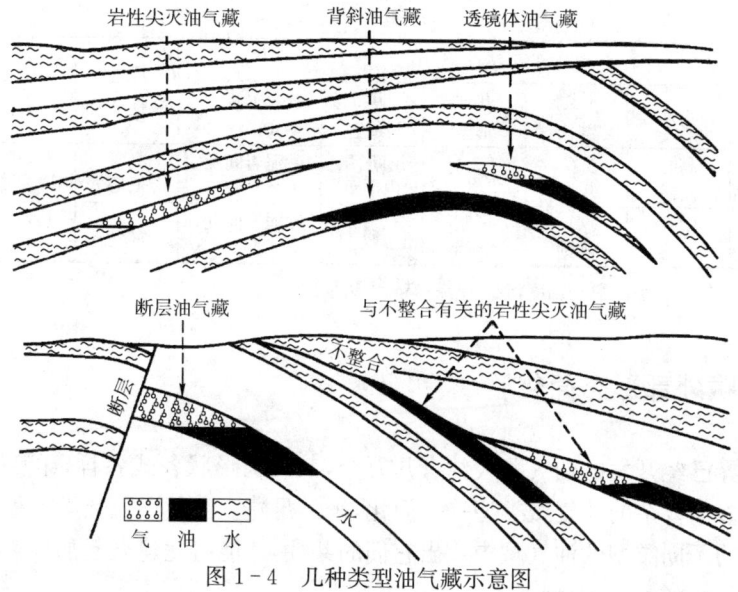

图 1-4 几种类型油气藏示意图

式和开发效果可能完全不同。

油藏开发地质分类则更为复杂。因为控制和影响油气藏开发过程及开发效果的地质因素有很多,如构造、储层、流体性质、流体分布等。

美国石油学会(API)1967 年将 312 个油藏按天然驱动方式分为 5 类:

(1)无辅助驱动的溶解气驱油藏;
(2)有辅助驱动的溶解气驱油藏;
(3)气顶驱油藏;
(4)水驱油气藏;
(5)重力驱油藏。

我国油藏类型十分丰富,但油气储层的特点是以陆相储层为主。为此,我国石油工作者依据储层特征将发现的油藏分成了 7 个大类 20 个亚类,其中常见的有 8 个亚类,如表 1-1 所示。

表 1-1 主要亚类油藏开发地质特征比较表(据裘怿楠)

油藏类型	储层特点						原油性质	边底水	油田实例
	岩性	物性	孔隙结构	几何形态	非均质性	剖面产状			
I_1	砂岩	高孔中—高渗	较好,规则	条带状规模小	层间、层内严重	层状,砂泥间互,多层	中黏高蜡高凝	边水较弱油水系统规则	萨尔图、胜坨
II_1	砾质岩	中孔中渗	复杂	小叶状或条带状	层间、层内严重	砂砾与泥间互,多层	中黏高蜡高凝		克拉玛依、双河
III_1	砂岩生物灰岩	低—中孔中—高渗	好	席状	弱	薄层状,层次很少	低黏	边水不活跃	兴隆台沙一中亚段
IV_1	致密砂岩	低孔低渗	复杂,不规则	条带状	中等	砂泥岩间互,多层	低黏	边水,油水过渡带宽	马岭
V_1	碳酸盐岩变质岩	低孔低渗	复杂,不规则	圈闭连片		块状	中黏溶气少	底水活跃	任丘
VI_1	疏松砂砾岩	中孔中渗	复杂,不规则	小叶状或条带状	层间、层内严重	砂泥岩间互,多层	重油高胶质沥青质	边水不活跃	克拉玛依六东二区

续表

油藏类型	储层特点						原油性质	边底水	油田实例
	岩性	物性	孔隙结构	几何形态	非均质性	剖面产状			
Ⅵ$_3$	疏松砂岩	高孔高渗	较好，规则	条带状	层间、层内严重	砂泥岩间互，多层	高黏低凝	边水较活跃	孤岛
Ⅶ$_1$	细粉砂岩	中孔中渗	差，规则	席状条带状	弱	砂泥岩间互，多层	低黏	边水不活跃气顶能量大	板桥

注：孔—孔隙度；渗—渗透率；黏—黏度；凝—凝点；蜡—含蜡量。

三、油气藏外部形态简化

目前全世界已经开发的油气藏大约有几万个，其几何形状各式各样，千变万化。显然，不可能将如此众多而复杂的油气藏类型一一简化，来满足建立油气渗流数学方程的需要，只有从众多而又复杂的不同类型的油气藏中找出它们的共性，才能由此建立起油气渗流的普遍规律。

（一）油气藏剖面上的简化

油气在储层中的流动特性是渗流力学最为关心的问题。从油气藏开发过程中流体在油气藏中可能发生的流动倾向看，可以将各种类型的油气藏简单地归纳为两大类：层状油气藏、块状油气藏。

层状油气藏主要指发源于陆相沉积盆地或海相沉积环境，通常具有多油层、多旋回砂岩系列的油气藏。这类油气藏，纵向上由于受沉积韵律的控制常可分为多个油层组，一个油层组内又可以分为几个油层，而油层之内又可划分成若干个小层，小层之间常有泥岩类隔夹层存在。

在油气藏开发过程中，一般压差下，储层流体在储层中的流动通常难以穿越渗透性极低的隔夹层，可近似认为其仅仅是沿层面进行流动，纵向上流体的运动和物质交换可以忽略不计。因此，在渗流力学研究中，可以将这类层状油气藏看成一个等厚的薄板，这种简化的薄板模型就称为"平面等厚模型"，如图1-5所示。

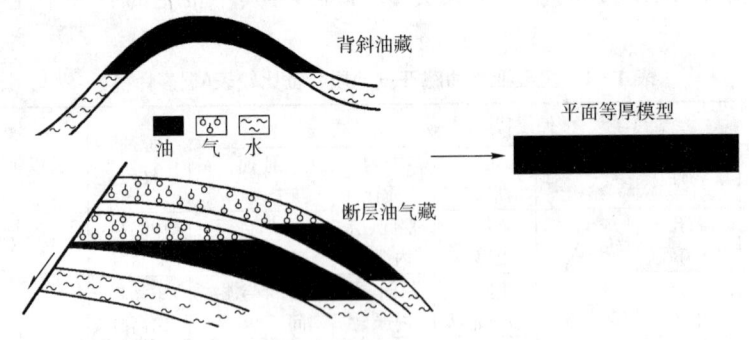

图1-5 层状油气藏剖面简化模型示意图

将层状油藏简化为平面等厚模型实际是将三维空间问题简化成了二维平面问题，为渗流理论研究带来了极大的方便。但如果油气层的长度不是远远大于油气层的厚度或者油气藏的倾角比较大，这种平面等厚模型的简化会对实际流动情况造成较大的误差，这时则应从三维空间来考虑油气藏的简化，使用另一种简化模型。

此外，对层状油层的简化还要考虑到多层系和多旋回的具体因素的影响，如大层内有若干小层和夹层、层间有越流等。

块状油气藏主要是指储集空间为缝洞系统的碳酸盐岩类油气藏,也包括储集空间主要为裂缝系统的泥岩类、火山岩类特殊油气藏。块状油气藏的厚度通常较大,同时,由于成岩后期的溶蚀作用、白云化作用及构造应力的破裂作用这类油气储层在相当大的厚度范围内(可达数百米)发育连通性较好的缝洞系统。油气藏开发过程中,块状油气藏中流体的流动会在三维空间中发生(如底水上升)。

因此,研究块状油气藏中流体流动时,必须考虑流体在纵向上的流动和物质交换,使用三维空间模型(包括径向距离 r、垂向距离 z 和幅角 θ)。如果研究的问题是轴对称的,θ 角的影响可以忽略不计,则三维渗流问题转化成含两个自变量的渗流问题。这样简化后的模型称为"厚度模型"。

(二)油气藏平面上的简化

实际油气藏投影在平面上的几何形状通常十分复杂,也可能很不规则。为了研究问题的方便,通常把复杂的油气藏平面几何形状简化为规则几何形状,如条带形、圆形、椭圆形和扇形,如图1-6所示。一般来说,若油气藏的长轴与短轴之比小于3,则将其简化成圆形油气藏;若长轴与短轴之比大于3,则简化成椭圆形或条带形油气藏。但是,油气藏平面形态的简化并非如此简单,通常要视具体地质情况以及研究的目的而定。

上述油气藏几何形状的简化主要是为了理论研究的需要而提出的。在当今高速计算机普遍应用的时代,在油气藏数值模拟研究中,不管油气藏边界形状多复杂,数值模拟技术都能建立真实的油气藏模型,并完成需要的油气藏工程研究。因此,在现代油气藏工程研究技术中,也可不将油气藏形状进行如此的简化。

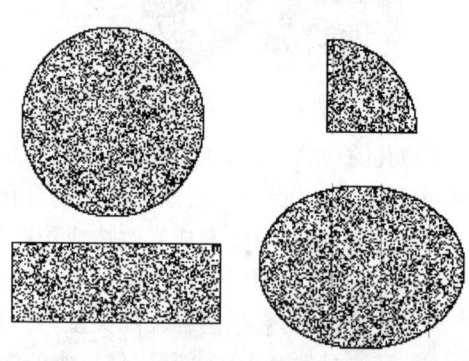

图1-6　油气藏平面形状简化模型示意图

第二节　油气藏内部储集空间结构的简化

储层是油气藏的核心,是储存油气的容器。储层之所以能储渗油气,是因为其内部存在未被固体物质占据的孔隙空间(储集空间),而油气正是储存和流动于岩石的孔隙空间之中。储层内部孔隙空间的大小、形状、连通性和发育程度等从根本上决定着流体在孔道中的渗流形态和渗流规律。不同的岩类有着不同的储集空间类型和结构特征。因此,清楚认识油气储层中的储集空间结构特征是研究和认识油气渗流特征和规律的基础。

一、储层及储集空间类型

(一)储层类型

迄今为止,人们在几乎所有类型的岩石中都找到了油气。这就是说,地壳上的各种岩类都有可能成为储存油气的岩层。能储存和渗滤油气的岩层就称为储层。

统计资料表明,世界上已发现的油气藏中,碎屑岩和碳酸盐岩是最主要的储层类型,两者控制的油气储量与产量均占世界总量的99%以上,其他岩类所控制的油气储量不足1%。除碎屑岩和碳酸盐岩储层外,还有一些特殊岩类的储层,主要有火山岩类储层、变质岩类储层及泥质岩类储层。

(二)储集空间类型及大小分类

所谓储集空间,是指岩石中未被固体物质充填的孔隙空间,简称孔隙,如图1-7所示。严格说来,地壳上所有岩石都具有孔隙,即使像花岗岩那样致密坚硬的岩石,也不可能毫无孔缝。但是,不同的岩石,在内部孔隙空间的大小、形状和发育程度等方面可能差异巨大。

1. 储集空间类型

从成因上看,油气储层的储集空间类型主要有三种:孔隙、裂缝和溶蚀孔洞,如图1-8所示。

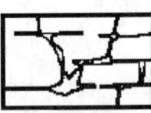

孔隙　　　　裂缝　　　　溶蚀孔洞

图1-7　岩石孔隙空间铸模图　　图1-8　储集空间类型示意图

(1)孔隙:指碎屑岩颗粒间存在的空隙,又称粒间孔,是一种原生孔隙。孔隙的大小及发育程度主要受原始沉积、成岩条件的影响。孔隙是砂岩类储层的主要储集空间类型。

(2)裂缝:指岩石中因成岩改造或构造形变形成的缝隙。砂岩储层和碳酸盐岩储层都可能发育裂缝。裂缝对储层储渗性能的影响取决于裂缝的大小和发育的规模。

(3)溶蚀孔洞:包括两种孔隙类型,其一是发育于砂岩储层中的颗粒之间和颗粒内部的溶蚀孔隙;其二是发育于碳酸盐岩储层中的溶蚀孔洞。一般而言,碳酸盐岩储层中溶蚀孔洞的规模远比砂岩储层中的粒间溶孔、粒内溶孔大,如图1-9所示。

碳酸盐岩储层中溶蚀孔洞大小变化极大,非均质性很强。一般溶孔的直径大小在几到几百毫米,而大型溶洞的直径可达几十米。例如,塔河油田对39口井奥陶系石灰岩的洞穴发育情况统计结果表明,51个洞穴的直径大小范围在0.22~67.1m,平均为5.0m。

图1-9　碳酸盐岩储层溶蚀孔洞示意图

裂缝和溶蚀孔洞都属于次生孔隙,是在沉积岩形成之后,因淋滤、溶蚀、交代、溶解及重结晶等物理、化学作用在岩石中形成的孔洞和裂缝。

2. 储集空间大小分类

油气田开发实践证明,储层储、渗性能好坏主要取决于储层孔隙的大小和结构特征,即孔隙大小影响储层的储集能力,而孔隙间的连通性和孔喉比等因素则影响储层的渗透性。

由于储层岩石的孔隙大小具有高度分散、高度非均质的特征,不是所有的孔隙对油气的储、渗都是有效的,如岩石中的"死孔隙"及极细小的孔隙都是无效孔隙。根据储层孔隙的大小和储、渗流体的能力,可将其分为如下 3 类。

(1)超毛细管孔隙:孔隙直径大于 0.5mm,裂缝宽度大于 0.25mm。流体在重力作用下可以在其中服从流体动力学定律自由地流动。疏松砂岩中的孔隙、大溶洞、大裂缝等属此类。

(2)毛细管孔隙:孔隙直径 0.5~0.0002mm,裂缝宽度 0.25~0.0001mm。由于毛细管阻力大,流体在这种孔缝中不能自由流动,必须施加外力克服毛细管阻力,才能流动。一般砂岩孔隙属此类。

(3)微毛细管孔隙:孔隙直径小于 0.0002mm,裂缝宽度小于 0.0001mm。由于孔隙、裂缝太小,流体在其中处于物质分子作用范围内,欲使流体在其中流动,必须施加非常高的压力,这在油层条件下难以达到,故流体在这类孔缝中无法流动。这类孔隙属于无效孔隙。泥岩、页岩中的孔隙属此类。

二、储集空间组合类型及其简化

油气储层内部空间结构极其复杂。孔隙、裂缝和溶蚀孔洞三种储集空间类型可以组合成多种储集空间结构。从已开发油气藏的储层特征看,可按三种储集空间类型的组合关系将油气储层分为三种介质七种结构,即单纯介质、双重介质和多重介质。其中,单纯介质包括纯孔隙结构、纯裂缝结构和纯溶洞结构;双重介质包括裂缝—孔隙结构、溶洞—孔隙结构和裂缝—溶洞结构;三重介质为孔隙—裂缝—溶洞结构。

(一)纯孔隙结构

这种结构一般存在于砂岩油气藏中,油气的储集和渗流空间均为孔隙,如图 1-10 所示。

对于纯孔隙结构储层,由于孔隙大小分布是随机而不规则的,其对油气渗流的影响也极难预测,为此,人们提出了种种模型来简化这种储层结构。最早的简化模型是把岩石看成是由等直径的圆球颗粒组成的,流体在这些圆球的间隙中储集和流动,这种结构模型称为"假想结构模型"(假想土壤);进一步的简化是将岩石中连通的孔道看成等直径毛细管,岩石由这些等径毛细管束所组成,因而可以把一般管道的水动力学运动规律引入到渗流力学中,这种简化模型称为"理想结构模型"(理想土壤),如图 1-11 所示。显然,这种假设与实际情况还有很大差距,因为实际孔道既不是等径的,也不是直的。人们进一步作了修正,引入了变直径的、弯曲的毛细管束模型,称其为"修正理想模型",如图 1-11 所示。这种修正模型可以用于一般渗流规律的研究。事实证明,这些简化模型对渗流力学的研究都非常有意义。

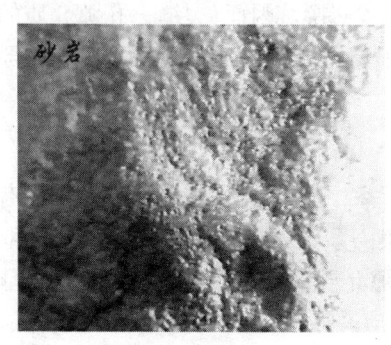

图 1-10 砂岩储层孔隙示意图

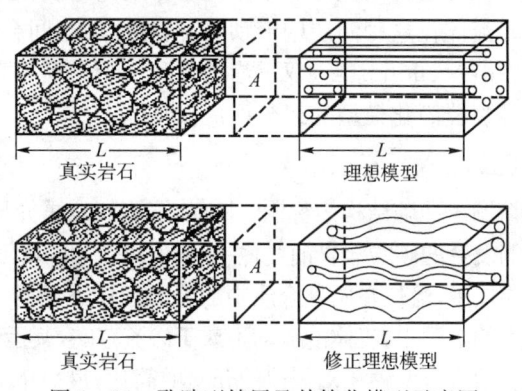

图 1-11 孔隙型储层及其简化模型示意图

(二)纯裂缝结构

这种结构一般出现在致密的碳酸盐岩或泥岩类油气藏中,如图1-12所示。这类储层的基质孔隙度和渗透率都非常低,基本上不具有储渗性,油气的储存空间和流动通道主要为岩石破裂形成的裂缝系统,故称为"纯裂缝结构"。由于裂缝特殊的长条形态及组系结构,这种储集空间常用规则的网格进行简化,简化的储层岩石被分割成多个立方体,如图1-13所示。

图1-12 裂缝型储层岩心示意图

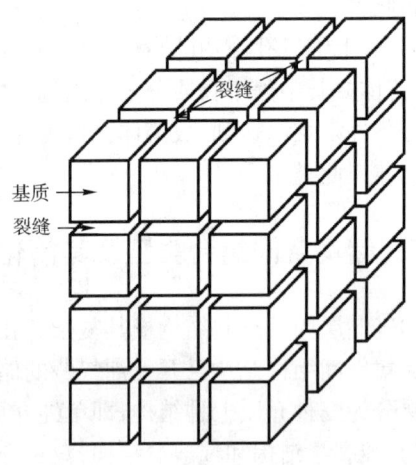

图1-13 裂缝型储层简化模型

(三)纯溶洞结构

这种结构多发育于碳酸盐岩储层中,如图1-9所示。严格地讲,在大型溶洞中的流动已不属于渗流范畴,其流动规律应遵循Navier-Stokes方程。

(四)裂缝—孔隙结构

裂缝—孔隙结构简称缝—隙结构,是双重介质中的一种,如图1-14所示。

这种结构主要出现在裂缝、溶孔同时发育的碳酸盐岩储层中,在石灰岩、白云岩油气层中最为常见。四川碳酸盐岩气田中普遍存在这种双重介质储层。此外,在某些砂岩油气藏中,构造局部(如弯曲度较大的构造顶部)因构造应力的作用而产生大量裂缝后,也可能会出现孔隙—裂缝双重介质结构。需要注意的是,由于构造变形的影响,不少砂岩储层都发育有裂缝,如果裂缝的大小和规模对油气的储渗影响甚微,在这种情况下,就不能视其为双重介质。

流体在这种双重介质中渗流会形成两个渗流场:基质孔隙介质中的流场和裂缝介质中的流场。流体在这种储层中流动时,两种介质之间会发生流体交换。因而,裂缝—孔隙介质的特点是:存在双重孔隙度、双重渗透率和两个水动力学场。裂缝—孔隙介质简化模型为纯孔隙介质与纯裂缝简化模型的组合。

(五)溶洞—孔隙结构

溶洞—孔隙结构简称洞—隙结构,也属双重介质中的一种。这种介质结构通常出现在有大型溶洞发育的碳酸盐岩油气藏中,如前面介绍的塔河油田奥陶系石灰岩储层。因此,在这种双重介质储层中,流体在两种介质中的流动规律不相同。在孔隙介质中,流体的流动属于渗流范畴;而在大的溶洞中,流体的流动不属于渗流范畴,其运动规律应遵循Navier-Stokes方程。对这种流体流动服从两种流动规律的介质的简化,最简单的方法是把大小不等、形状不规则、分布杂乱的洞穴简化为均匀分布在孔隙介质中的大小相等的连通圆球,如图1-15所示。

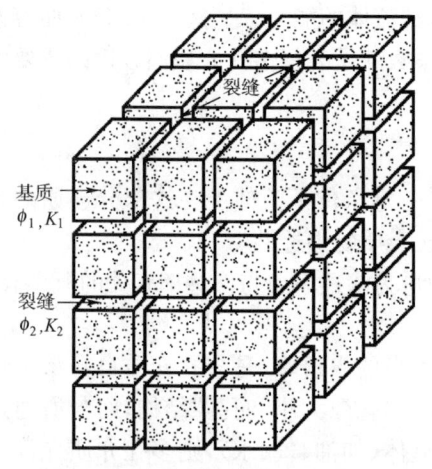

图 1-14 裂缝—孔隙型储层简化模型

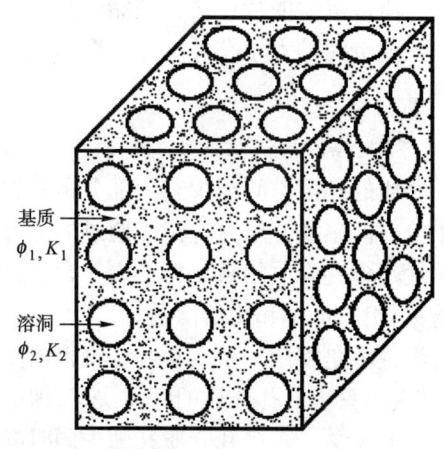

图 1-15 溶洞—孔隙型储层简化模型

(六)裂缝—溶洞结构

裂缝—溶洞结构简称缝—洞结构,属双重介质中的一种。这种储层不仅储集空间是双重的,且流体在每种介质中的流动规律也不相同。流体在裂缝介质中的流动属于渗流范畴,而在溶洞中的流动不属于渗流范畴,其流动规律应遵循 Navier-Stokes 方程。裂缝—溶洞储层的简化模型为裂缝简化模型与溶洞简化模型的组合。

(七)孔隙—裂缝—溶洞结构

孔隙—裂缝—溶洞结构简称隙—缝—洞结构。这种结构是三种单纯介质(孔隙、裂缝和大溶洞)组合在一起的混合结构,发育于碳酸盐岩油气藏中。目前,对油气在这类储层中的渗流规律研究甚少,还处于探索阶段。

第三节 多孔介质及连续介质场

从前面储集空间的简化可以看到,油气储层有着极其复杂的内部空间结构,孔隙大小和形状都具有极大的不确定性,难以准确测量和描述,而要定量地描述流体在储集空间中流动时所发生的各种微观物理现象则更为困难。因此,油气渗流力学研究中需要采用一些方法来解决上述困难,连续理论就是渗流力学用来研究流体在多孔介质中流动规律的一种最基本的方法。本节的主要任务是明确多孔介质概念和连续介质抽象方法。

一、多孔介质及其特点

多孔介质是指内部含有许多微小孔洞,孔洞之间具有一定程度的连通性,在一定条件下,流体可以通过微小孔洞进行流动的固体介质。多孔介质一般定义为由毛细管或微毛细管组成的介质。油气储层是一种典型的多孔介质。从油气储集和渗流的角度看,多孔介质具有如下一些重要特性。

(一)储容性

多孔介质以固相介质为骨架,包含一部分孔隙空间,这部分孔隙空间可以被单相或多相物质所占据,但其中至少有一相是流体。

多孔介质最重要的特点之一是储容性,即储存和容纳流体的能力。显然,多孔介质储容性的好坏和孔隙空间的大小有关。孔隙度和岩石的压缩系数就是表征多孔介质储容性的重要的宏观物理量。

(二)渗透性

多孔介质的孔隙空间至少有一部分是互相连通的,一定条件下流体能在这部分连通的孔隙空间中流动。多孔介质允许流体通过的能力称为多孔介质的渗透性。

渗透性是多孔介质的重要特征之一,表征渗透性的量为渗透率。与渗透率有关的概念有:绝对渗透率、相渗透率和相对渗透率。

绝对渗透率是指用一定实验方法测得的多孔介质本身的渗透率,是多孔介质自身渗透性的反映,其大小只由多孔介质的性质决定,即取决于岩石的孔隙大小和孔隙结构,而与所通过的流体的性质无关。若多孔介质孔隙中同时存在多相流体(如油、气、水),则多孔介质允许每一相流体通过的能力称为每相流体的相渗透率,也称有效渗透率。相渗透率与绝对渗透率的比值称为相对渗透率。

(三)比面大

由于多孔介质中存在大量的孔隙空间,所以具有巨大的内表面积。单位体积岩石内所有颗粒的总表面积称为岩石的比面。多孔介质最本质的特性就是比面巨大。例如,$1m^3$ 粉砂岩中的比面为 $20000m^2/m^3$,这就意味着其孔道表面积在 $20000m^2$ 以上,当流体在其孔道中流动时,流体与固体颗粒间的相互作用会使流体流动的渗流摩擦阻力很大。从很多方面来看,多孔介质巨大的比面在很大程度上决定了多孔介质中流体的动态。

(四)孔隙结构复杂

孔隙空间结构复杂是多孔介质的另一个基本特性。

从油气储层看,不同类型的储层,在其岩石骨架的成分、形状及表面粗糙度等方面差异巨大,因此,不同成因类型的孔隙(如粒间孔、裂缝、溶蚀孔洞),其大小、形状、连通度、迂曲度及孔喉比等因素各不相同,这就使多孔介质的孔隙结构变得极为复杂和难以预测,给渗流力学的深入研究带来很大的困难。

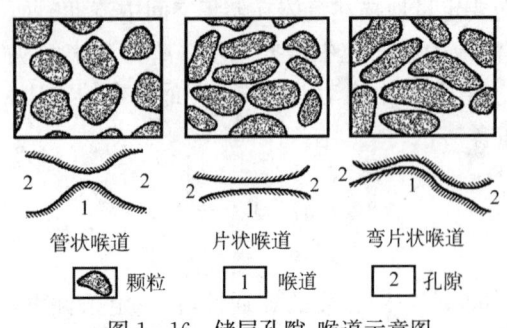

图 1-16 储层孔隙、喉道示意图

从储集空间角度看,多孔介质可以看成是由被称作孔隙的较大空间组成的,而这些较大空间又与被称作喉道的较小空间或收缩区间相连通,如图 1-16 所示,这就增加了流体在其中流动的阻力。

正是因为多孔介质具有孔隙结构复杂和比面大这两大特性,从而流体在多孔介质中具有渗流阻力大、渗流速度小的流动特点。

二、连续介质场

所谓连续介质方法,就是将某一尺度范围不连续的介质,通过研究尺度的粗化或放大,将其处理为连续介质的方法。显然,这种连续性是相对的,与所研究的内容和层次密切相关。在渗流力学的研究中,可将研究尺度分成三种水平,即分子水平、微观水平和宏观水平。

分子水平是指以分子为对象,研究介质物理现象的研究层次;微观水平是指以质点(微小体积中的分子集合)为对象,研究介质物理现象的研究层次;宏观水平则是以表征体元为对象,研究介质物理现象的研究层次。

下面将依次从分子水平到宏观水平逐步分析,阐明连续介质方法及该方法在多孔介质中的应用。

(一)连续流体

从分子水平上看,流体是大量分子的集合体。流体内的分子一刻不停地作着杂乱无章的布朗运动。原则上讲,可以用经典力学方法研究单个流体分子的动力学规律,即用一个时刻分子所处的位置推算下一个时刻分子的位置。但是,这种方法理论上可行,实际上却难以实现。例如,1mol 气体中有 10^{23} 个分子,若以单个分子为研究对象,由于方程数目大,就是应用计算机,要研究每个分子的位置和力矩,也会很困难。

显然,在分子尺度范围,无法完成流体性质及其运动规律的研究,需要用另一种方法来处理。该方法是上升一个研究尺度范围,即不以分子为对象,而着眼于由分子微团构成的质点上。用质点的运动形态来代替单个分子的运动形态进行研究时,就可以使用宏观统计学方法。根据质点的运动规律,将其平均化处理后,就能以质点的平均性质推断大量分子集合体——流体的性质和运动规律。

把流体处理成连续介质,从本质上讲,就是把质点看成一个微小体积中的分子集合体。质点的尺寸比分子的平均自由程大得多,但又比所研究的流体区域小得多。这样,质点内的流体和流动性质就是所有分子性质的平均统计值,这些数值与质点的质心(质量中心)有关。在流体占据区的每一点上,都存在一个具有一定动力学性质和能量性质的质点。这些质点均匀地充满整个流体区,而使流体成为连续介质,即连续流体。

那么质点的尺寸究竟该取多大或多大范围才能保证流体是连续的?当要解决质点大小问题时,就必须把质点考虑成一个物理点(物质点),该点可以用流体的密度来定义。在物理点内,流体是连续的。

密度是一部分物质的质量 Δm 和它占据的体积 ΔV 的比值。假如要研究一个物理点,并希望由它给出一个密度值 ρ,则这个值代表的是某个流体体积的性质,这个点则是所选定体积的质心。

在流体中任取一点 p,令其质量为 Δm_i,体积为 ΔV_i。对 ΔV_i 来说,p 是一个质量中心,流体在 ΔV_i 中的平均密度为:

$$\rho_i = \frac{\Delta m_i}{\Delta V_i} \tag{1-1}$$

显然,假如 ΔV_i 很大,也就是说全部流体体积的数量级都很大,这样得到的密度是很大体积密度的平均值,那么这个密度对于要定义的 p 点邻近的密度来说是没有意义的,在非均质流体中更是如此。

为了使 ρ_i 能代表 p 点附近流体的性质,必须确定 ΔV_i 到底多小才合适,因此,必须围绕 p 点减小 ΔV_i 值,令 $\Delta V_1 > \Delta V_2 > \Delta V_3 > \cdots$,按此系列可计算出相应的 $\rho_i (i=1,2,3,\cdots)$,结果如图 1-17 所示。

由图 1-17 可见,当 ΔV_i 减小到一定程度时,ρ_i 值不随 ΔV_i 的变化而变化,趋于一个常数 ρ。如果 ΔV_i 进一步减小,$\Delta V_i < \Delta V_0$(某临界值)时,ΔV_i 中包含的分子数显得如此之少,以致 ΔV_i 的微小变化都会对 ρ_i 产生显著影响。这种影响出现在 ΔV_i 的特征长度尺寸等于分子间平均距离 λ(即分子自由程)的时候。当 $\Delta V_i \to 0$ 时,可以观察到 ρ_i 有很大的波动,此时,ρ_i 是没

有意义的。

因此，p 点流体密度可定义为：

$$\rho(p) = \lim_{\Delta V_i \to \Delta V_0} \rho_i = \lim_{\Delta V_i \to \Delta V_0} \frac{\Delta m_i}{\Delta V_i} \quad (1-2)$$

特征体积 ΔV_0 称为"在数学点 p 处的流体的质点（或称物理点）"，体积 ΔV_0 可以看作 p 点处质点的体积。由这样的质点组成的流体就称为连续流体。

连续流体是一个假想平滑的介质，这种流体可用 ρ 的空间连续方程来定义。在任何两

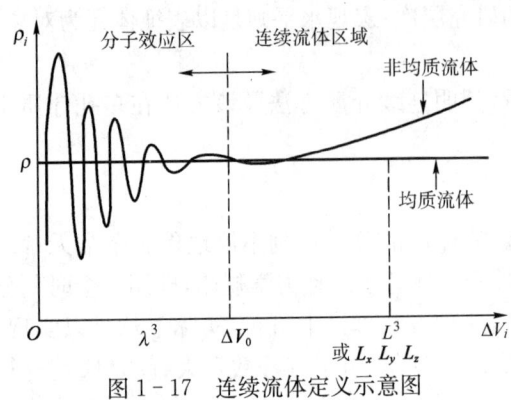

图 1-17 连续流体定义示意图

个靠近的点 p 和点 p' 上有：

$$\rho(p) = \lim_{p' \to p} \rho(p') \quad (1-3)$$

上述 ΔV_0 是流体连续性的下限。对均质流体，只要这个下限就够了；但对非均质流体，还需定义一个上限。上限由特征长度 L 来确定：

$$L = \rho \Big/ \left(\frac{\partial \rho}{\partial l}\right) \quad (1-4)$$

对三维空间，每个坐标方向的特征长度为：

$$L_x = \rho \Big/ \left(\frac{\partial \rho}{\partial x}\right), \quad L_y = \rho \Big/ \left(\frac{\partial \rho}{\partial y}\right), \quad L_z = \rho \Big/ \left(\frac{\partial \rho}{\partial z}\right) \quad (1-5)$$

特征长度 $L(L_x, L_y, L_z)$ 刻画了在流体流动过程中，ρ 在流场中的微观变化及变化的快慢程度。体积 L^3（或 $L_x L_y L_z$）可以作为非均质连续流体 ΔV_i 的上限。

应当注意，在 (1-4) 式中：

$$\frac{\partial \rho}{\partial l} = \lim_{\Delta l \to \Delta l_0} \frac{\rho(l + \Delta l/2) - \rho(l - \Delta l/2)}{\Delta l} \quad (1-6)$$

式中，$\lambda < \Delta l_0 < L$，L 是流体在 p 点的特征长度，Δl_0^3 与 ΔV_0 同阶。当流体为低压气体时，λ 值可达很大，Δl_0^3 与 ΔV_0 同样也很大。

克努森 (Knudsen, 1934) 曾定义过一个无因次数 Nu：

$$Nu = \frac{\lambda}{L} \quad (1-7)$$

Nu 称为克努森数，λ 为分子平均自由程。

当 $Nu < 0.01$，即 $\lambda \ll L$ 时，可以把流动的流体看成连续介质，该连续介质能够应用宏观方法（如使用偏微分方程）进行研究；由此可确定出 Δl_0 与 ΔV_0 的界限。

当 $Nu \approx 1$，即 $\lambda \approx L$ 时，存在滑脱流动范围。

当 $Nu_n > 1$，即 $\lambda > L$ 时，属于自由分子流动范围，或称克努森流动。

上面叙述了流体在空间上连续的意义，但这不是连续流体完整的概念，对于连续流体，还必须考虑到流体在时间上是否连续的问题。图 1-17 可以看成是围绕 p 点，在一个给定瞬间（或称数学瞬间）所发生的情况。曲线上的每一点应当看成围绕所考虑的瞬间在时间间隔 Δt_0 内几次观测的平均值。

为了确定 Δt_0，要作出与确定 ΔV_0 时类似的论证。但时间间隔不能取得太长，否则会丢失可能出现的 ρ 的瞬时变化信息。首先，同空间分析一样，在时间上定义一个特征时间 T：

$$T=\rho\left/\left(\frac{\partial\rho}{\partial t}\right)\right.\qquad(1-8)$$

相应的，Δt_0 应小于特征时间 T；另一方面，Δt_0 又必须大于分子的平均自由时间（即每个分子与其他分子平均碰撞一次的时间间隔）。用 Δt_i 作横坐标，用 $\Delta m_i/\Delta t_i$ 作纵坐标，可作出一条与图 1-17 相似的曲线，并从曲线求出 Δt_0。

流体表现出来的许多其他宏观物理现象都是分子永恒运动的结果，如热传递、动量传递及由分子扩散引起的物质交换等物理现象。由于无法在分子水平上处理这些现象，只能把一些单个分子所产生的传递加以平均，使问题转化到更大的尺度水平上，即转到流体连续介质的水平上进行处理。连续介质水平在这里又称为微观水平。在微观水平上，描述或处理连续流体产生的各种物理现象时，就需要用到宏观参数——各种传递或交换系数，如分子扩散系数、热传递系数、动力黏度等。

事实上，仅把流体看成连续介质还是不能解决渗流力学研究的困难。因为渗流是指流体在多孔介质中的流动，多孔介质具有极不规则的孔隙空间形状和复杂的孔隙结构特征。因此，就提出了一个问题，即能不能把连续流体力学的一般理论简单推广到渗流中来？原则上讲，有了可以使用的流体力学理论，就能得到孔隙空间内流体运动的描述。例如，可利用黏性流体的 Navier-Stokes 方程确定特定边界条件下孔隙空间内流体的速度分布。但是，研究证明，只有在把多孔介质简化成毛细管的特别情况下，Navier-Stokes 方程才能求解，复杂的孔壁几何形状使数学模型的边界条件复杂且求解困难。因此，要研究多孔介质中的流动问题，除了把流体看成连续介质外，还必须把多孔介质也处理成连续介质。

（二）连续多孔介质

由连续流体的定义可知，连续介质是在质点（或称物理点）的特征体积上表现出来的平均性质。因此，定义连续介质的关键就是如何确定多孔介质中一点 p 的特征体积单元（相当于连续流体中的质点）的大小。特征体积单元又称表征体元（Representative Elementary Volume，简称 REV）。

那么，表征体元 REV 应取多大，才能使多孔介质成为连续介质？根据对连续流体的讨论，表征体元 REV 必须比整个流动区域小得多，但又必须比单个孔隙体积大，这样的表征体元 REV 所包含的孔隙数目才能满足确定连续介质需要的平均数的统计要求。

同样，表征体元 REV 也存在上限和下限。表征体元 REV 长度的上限应当是特征长度，其下限与孔隙、颗粒的大小有关。与连续流体部分采用密度定义质点的方法类似，采用多孔介质的重要宏观参数孔隙度 ϕ 来定义表征体元 REV。

令 p 是多孔介质中的一数学点，其占据的介质体积为 ΔV_i，ΔV_i 是比单个孔隙或颗粒大得多的一个球体体积，p 是这个球体的质心，则该球体的孔隙度 ϕ_i 为：

$$\phi_i=\frac{(\Delta V_\mathrm{p})_i}{\Delta V_i}\qquad(1-9)$$

式中，$(\Delta V_\mathrm{p})_i$ 是 ΔV_i 内的孔隙体积。以 p 为中心，逐渐缩小 $\Delta V_i(\Delta V_1>\Delta V_2>\Delta V_3>\cdots)$，可由此计算出一系列 $\phi_i(i=1,2,3,\cdots)$，其结果如图 1-18 所示。

从图 1-18 看出，当 ΔV_i 减小时，比值 ϕ_i 逐渐变化，特别是在非均质区域时尤其如此。当 ΔV_i 小于一个固定值 $\Delta V_1(\Delta V_1$ 大小取决于 p 点与不规则边界的距离）时，ϕ_i 变化减弱，只是由于 p 点周围孔隙大小是随机分布的，仍然存在极小幅度的波动，但能求得一个平均值 ϕ。当 ΔV_i 小于一个特定值 ΔV_0 时，可以立刻观察到 ϕ_i 又会出现较大的波动，这种现象发生在 ΔV_i

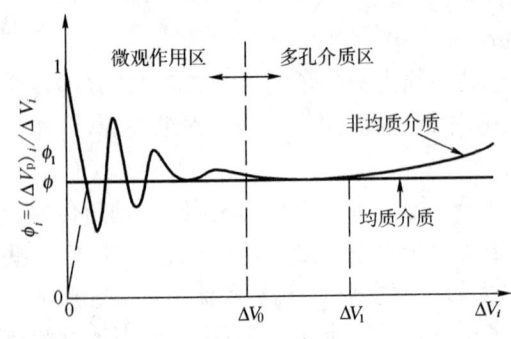

图 1-18 连续多孔介质定义示意图

的尺寸接近单个孔隙大小时。当 $\Delta V_i \to 0$ 收敛于一个数学点 p_0 时，ϕ_i 将变为 1 或 0，这取决于 p_0 点所在位置是介质的孔隙还是介质的固体颗粒。

在 p 点介质的孔隙度 $\phi_i(p)$ 定义为：

$$\phi(p) = \lim_{\Delta V_i \to \Delta V_0} \phi_i(p) = \lim_{\Delta V_i \to \Delta V_0} \frac{(\Delta V_p)_i(p)}{\Delta V_i} \tag{1-10}$$

当 $\Delta V_i < \Delta V_0$ 时，p 点 ϕ_i 不是单值，因此 ΔV_0 就是多孔介质在数学点 p 的表征体元 REV（物理点）。对均质介质，ΔV_0 是最小表征体元 REV；对非均质介质，$\Delta V_0 \leqslant \text{REV} \leqslant \Delta V_1$。

由表征体元 REV 定义可知，ΔV_0 增加或减少一个或几个孔隙，对 ϕ 值不会有明显的影响。因此，假定在 p 点附近的点 p' 的 ΔV_0 和 ΔV_p 的变化是光滑的，则有：

$$\phi(p) = \lim_{p' \to p} \phi(p') \tag{1-11}$$

这就意味着，在多孔介质中，ϕ 是 p 点位置的连续函数。

这样，实际的多孔介质就为一种假想的连续介质所代替。在假想介质中，可以对任一数学点规定任意一种性质（不论是多孔介质的性质，还是充满孔隙空间的流体的性质）的数值。

渗流是流体在真实多孔介质中的流动。由于多孔介质孔隙空间形状及结构的复杂性以及流体在多孔介质中流动的复杂性，因此，不可能用确定的数学方程来描述这个微观渗流过程，故需借用一个假想的连续系统来代替真实的多孔介质系统（同时包括多孔介质与其内部的流体），而这种连续系统中的任何性质（不管是多孔介质的性质，还是流体的性质）都可以用连续方程来定义。在这种连续系统中的流动场就称为连续介质场。

第四节 渗流的基本概念及渗流形态的简化

一、基本概念

（一）渗流

所谓渗流，是指流体通过多孔介质的流动。

渗流是自然界中非常普遍的现象。河水在砂层中的流动、雨水在土壤中的流动、石油在地下岩层中的流动、血液在人体毛细血管中的流动，以及植物内部水分的流动等，都属于渗流。

虽然渗流与管流、明渠流动和大气流动都属于流体的流动，但渗流与其他三种流体的流动环境和条件差异很大。多孔介质的结构特征导致流体渗流环境具有如下特殊性：渗流孔道截面积极小（一般约为 $10^{-4} \sim 10^{-8} \text{cm}^2$）、渗流孔道形状弯曲多变、极不规则，渗流孔道中流体与固体接触面巨大以及渗流孔道表面极其粗糙等。

因此，流体在多孔介质中的流动具有渗流阻力大、流动速度很小（一般以 $\mu m/s$ 计）、渗流途径曲折复杂等特点。例如，在厚度为 20m、孔隙度为 20% 的油层中，当油井产量为 100m³/d 时，离油井 100m 处，原油的渗流速度约为 $0.1\mu m/s$。

(二)渗流速度

流体渗流是在多孔介质的连通孔隙中进行的,因而渗流的真实速度:

$$w = \frac{q}{f} \tag{1-12}$$

式中 w——真实渗流速度;
q——流体通过渗流过水断面的体积流量;
f——真实渗流面积,即渗流过水断面上,各个孔隙通道截面积之和。

渗流过水断面是与液流方向垂直的岩石截面。例如,图 1-19 中的渗流过水断面为横截的圆面,其面积为 πR^2;如截面上的阴影代表孔道,则 f 就等于截面上的阴影面积之和。

实际上,流体通过多孔介质的截面积是很难求得的。此外,由于孔隙形状复杂多变,在 ΔL 长度内,各截面上的孔道总面积可能各不相同,因此,利用(1-12)式计算真实渗流速度极其困难。

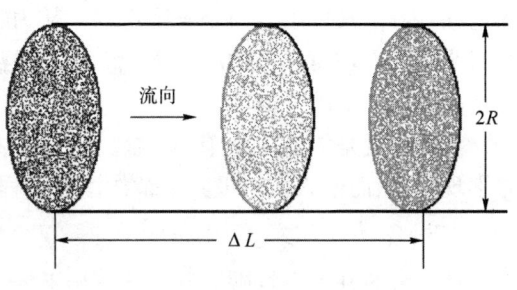

图 1-19 岩心中流体渗流示意图

为研究方便,人们提出了渗流速度的概念。渗流速度定义为:

$$v = \frac{q}{A} \tag{1-13}$$

式中 v——渗流速度;
A——渗流面积,即流体通过的过水断面面积。

渗流面积与真实渗流面积的意义不同。渗流面积是指流体通过的整个横截面面积,而实际渗流过程中的真实渗流面积是指流体流过孔道的截面积,因此,渗流速度是一个假想速度,它假定在岩层的横截面上处处有流体通过,没有流体消失、中断的奇异点,似乎岩石颗粒不存在,流体在岩层周界所限制的空间流动,在图 1-19 中,流体仿佛是在一个空心圆管中流动。在这个空间内,每一处都有一个确定的渗流速度值和压力值。数学研究中,把这样的空间称为连续的速度场和压力场,可以用连续函数的理论来研究速度分布、压力分布,找出渗流的基本规律。这样,渗流速度不仅易于求得,而且为渗流理论研究带来很大的方便。

但是,在实际油田开发中,常常需要知道流体的真实速度 w。借助岩石孔隙度的定义,可求出流体真实速度 w 与渗流速度 v 之间的关系。

在图 1-19 中,如岩石孔隙度为 ϕ,则真实渗流面积 f 与渗流面积 A 之间关系为:

$$\phi = \frac{V_p}{V_b} \approx \frac{f\Delta L}{A\Delta L} = \frac{f}{A} \tag{1-14}$$

式中 ϕ——岩石的孔隙度;
V_p——岩石的总孔隙体积;
V_b——岩石的外表体积;
ΔL——流体通过的岩石长度。

由(1-14)式得:

$$f = \phi A \tag{1-15}$$

将(1-15)式代入(1-12)式,得:

$$w = \frac{q}{f} = \frac{v}{\phi} \qquad (1-16)$$

(1-16)式就是真实渗流速度 w 与渗流速度 v 之间的关系。

需要特别指出的是,渗流速度虽然是速度的概念,但严格地说,它与力学中所定义的速度的物理含义有所不同。众所周知,孔隙结构变化复杂,流体的渗流过程是其流动方向不断改变的过程,因此,其速度方向是不确定的。从力学观点看,渗流速度仅具有速度的量纲而已,它是在宏观统计平均意义上的速度概念。如果说渗流速度有方向,那么其方向可认为是由高压力端指向低压力端的方向。

渗流速度是渗流力学中一个极为重要的概念。它的引入,避开了微观范围内复杂的水动力学现象,从而使人们对极其复杂的渗流过程有了一个有效的研究方法。

(三)压力

油气藏的开发会打破油藏内部原始平衡状态,引起地层及其内部流体能量的变化。这种变化可以通过压力的变化得到反映,因此,从本质上说,压力是表示油藏能量及其变化的一个物理量。

1. 实测压力

(1)原始地层压力 p_i。

地层压力指地层孔隙中流体所承受的压力,在油藏中地层压力又称油层压力。

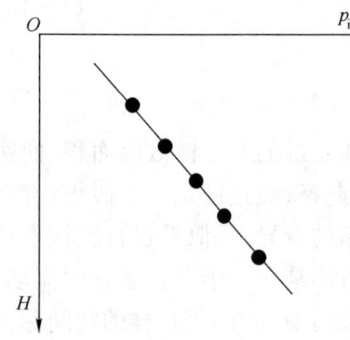

图 1-20 压力梯度与深度变化曲线

油藏投入开发以前,油层中压力处于平衡状态,不会发生流体流动。在这种状态下,油层流体所承受的压力就称为"原始地层压力"。

在油层中,原始地层压力将按静水力学原理分布,即原始地层压力随地层深度的增加而增加,如图 1-20 所示。整个油藏可视为一个连通器。

实测的原始地层压力一般是在打第一口或第一批探井时测得的。例如,可用第一批探井的原始地层压力与其对应的地层深度作压力梯度曲线,如图 1-20 所示,由此曲线推得油藏深度的原始地层压力值。

压力梯度曲线一般是一条直线。对于不同的水动力学系统,其压力梯度曲线不同。因此,用压力梯度曲线还可以判断和区别不同的水动力学系统。

在油藏投入开发以后,地层原始状态被打破,实测的压力不再是原始地层压力。

(2)目前地层压力 p_R:指油藏开发过程中,不同时期的地层压力。

(3)边界压力 p_e:指油藏边界处的压力。若边界处存在供给源,则称此压力为供给边界压力;若边界是封闭的,则称此压力为封闭边界压力。

(4)井底流动压力 p_{wf}:指正常生产状态下,在生产井的井底测得的压力,也称为井底流压,通常指位于油层中部的压力值。

2. 折算压力 p_z

油藏中任一点的实测压力均与其埋藏深度有关。为了准确地描述地下能量的分布状况,必须把地层内各点的压力折算到同一水平面上,该水平面称为折算平面。经折算后的压力称为折算压力。通常选取原始油水界面为折算平面,如图 1-21 所示。

由图 1-21，地层内任一点 M 的折算压力为：

$$p_{zM} = p_M + 10^{-3} \times \rho g \Delta H_M \quad (1-17)$$
$$\Delta H_M = H_M - H_0 \quad (1-18)$$

式中 p_{zM}——M 点的折算压力，MPa；

p_M——M 点的实测压力，MPa；

ΔH_M——M 点到折算平面的距离，m；

ρ——流体密度，g/cm³；

g——重力加速度，9.8m/s²；

H_M——M 点的海拔高度，m；

H_0——折算平面的海拔高度，m。

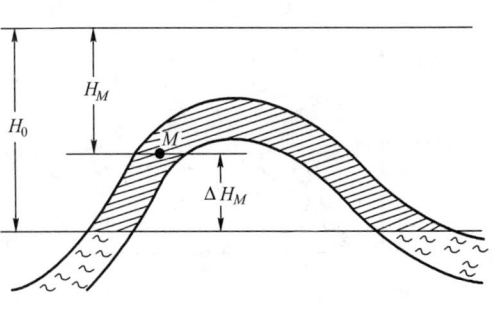

图 1-21 折算压力示意图

由(1-17)式可知，折算压力不仅包含了油藏内流体的压能，而且包含了位能。由于渗流速度很小，流体的动能可以忽略，所以，折算压力实质上代表了该点流体所具有的总能量。

例如，在图 1-21 中，已知 M 点的压力 p_M 为 20MPa，液体的密度 ρ 为 0.9g/cm³，M 点到折算平面(油水界面)的距离 ΔH_M 为 20m，则 M 点的折算压力 p_{zM} 为：

$$p_{zM} = p_M + \rho g \Delta H_M = 20 + 10^{-3} \times 0.9 \times 9.8 \times 20 = 20.1764(\text{MPa})$$

二、渗流形态的简化

（一）稳定流与不稳定流

渗流速度的引入使人们能排除岩石颗粒的影响，把地层周界所限制的空间看成是处处充满流体的连续的速度场和压力场。在这个连续场中，每一个空间点都有一个确定的流速和压力值，因此，在渗流场中关于稳定流、不稳定流以及流线的概念与管路水力学中的完全相同。

1. 稳定流

运动要素 v(速度)，p(压力)，T(温度)只是空间坐标的函数，与时间 t 无关，即 $v = f_1(x,y,z)$，$p = f_2(x,y,z)$，$T = f_3(x,y,z)$。

稳定流时，通过任一过水断面的质量流量相等，如图 1-22 所示，通过 A—A' 断面的质量流量应等于通过 B—B' 断面的质量流量。

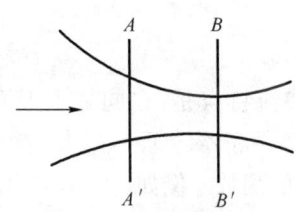

图 1-22 稳定流动示意图

2. 不稳定流

运动要素不仅是空间坐标的函数，也是时间的函数，即 $v = f_1(x,y,z,t)$，$p = f_2(x,y,z,t)$，$T = f_3(x,y,z,t)$。

3. 流线

流线是在某一时刻 t 经过流动空间的许多点连接起来的一条光滑曲线。该曲线上各点的流速矢量与该曲线相切。

如图 1-23 所示，AB 是一条流线，v_1、v_2、v_3、v_4、v_5 分别为点 1、2、3、4、5 的速度矢量。按照流线的定义，在柱状岩石中有流体通过时，其流线应该是相互平行的直线，如图 1-24 所示。

（二）实际渗流形态的简化

在实际渗流问题中，由于油气藏几何形状的多样和布井方式的不同，油气渗流的形态极为复杂。为了便于油气渗流问题的研究，归纳实际复杂渗流形态的共同特征，简化出了如下三种基本的渗流形态。

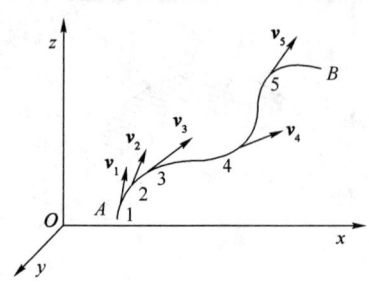

图1-23　流线示意图　　　　　图1-24　柱状岩心及其流线示意图

1. 平面单向流

实验室中的流体在岩心中的渗流和行列井网中井排之间的流体渗流等都可视为平面单向流,如图1-25所示。平面单向流的特点是:流线相互平行;在垂直于流动方向的截面上,各点的渗流速度相等;如果流动是稳定渗流,那么流动方向上任一点的压力只是沿程位移 x 的线性函数。

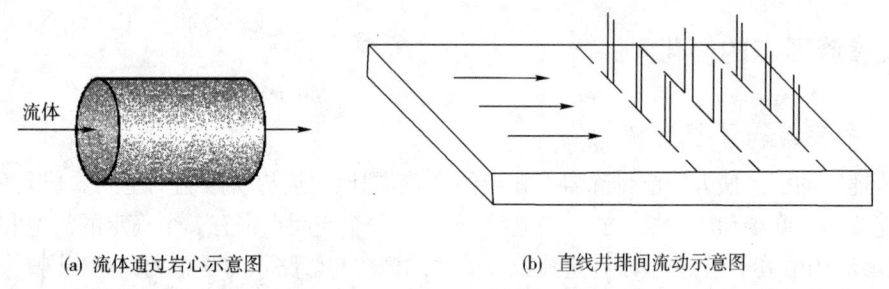

图1-25　平面单向流示意图

2. 平面径向流

在井底附近的渗流可视为平面径向流,如图1-26所示。其渗流特点是:在同一水平面上,流线呈放射状,越靠近井底,渗流面积越小,渗流速度越大,越远离井底,渗流面积越大,渗流速度越小;渗流速度 v 及压力 p 是坐标 (x,y) 的函数或平面极半径 r 的函数。例如,在圆形等厚水平均质地层中心打一口完善井,地层流体向井的流动即为平面径向流,如图1-26所示。

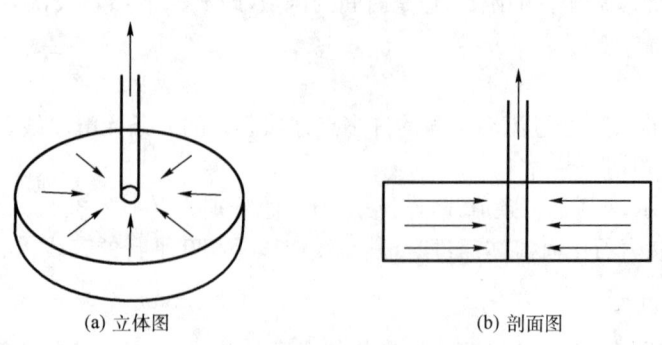

图1-26　平面径向流示意图

3. 球面向心流（球形径向流）

若部分钻开油层，则在井底附近将出现球面向心流，如图 1-27 所示。其渗流特点是：渗流面积为球面，流体在三维空间流动，流线为球的径向线；渗流速度 v 及压力 p 是坐标 (x,y,z) 的函数或空间极坐标 r 的函数。例如，若开采的油藏存在底水，或油井仅钻开油层的顶部时，会出现球面向心流。

实际油气藏中的复杂渗流形态都可视为上述三种典型流动的组合。例如，如图 1-28(a) 所示的情形，可视为平面径向流与球面向心流的组合；如图 1-28(b) 所示的情形，可视为单向流（或单度流）和平面径向流的组合。

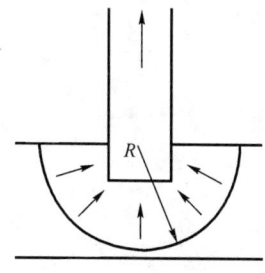

图 1-27 球面向心流示意图

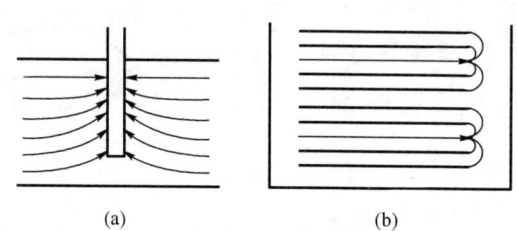

图 1-28 油气藏中实际渗流形态示意图

思 考 题

1. 油气藏的类型有哪几种？
2. 什么是多孔介质？它有哪些特点？
3. 什么是连续介质方法？
4. 什么是渗流？它的特点是什么？
5. 写出渗流速度及真实渗流速度的定义，并说明它们之间的关系。
6. 什么是原始地层压力？获得它的方法有哪些？
7. 什么是折算压力？其物理意义是什么？
8. 什么是稳定流？什么是不稳定流？
9. 什么是单向流？什么是平面径向流？什么是球面向心流？

习 题

1. 四口油井的测压资料如表 1-2 所示。已知原油密度为 850kg/m^3，原始油水界面海拔为 -950m，试分析在哪个井区范围内形成了低压区。

表 1-2 测压资料

井 号	油层中部实测地层静压，MPa	油层中部海拔，m
1	9.00	-940
2	8.85	-870
3	8.80	-850
4	8.90	-880

2.某油田一口位于含油区的探井,实测油层中部的原始地层压力为9.0MPa,油层中部海拔为－1000m,位于含水区的一口探井实测地层中部原始地层压力为11.7MPa,对应的海拔为－1300m。已知原油密度为850kg/m³,地层水密度为1000kg/m³,求油水界面的海拔。

3.已知一油藏中的A、B两点(图1-29),其压力分别为9.35MPa、9.55MPa,两井之间的垂向距离为10m,原油密度为850kg/m³,则原油的运移方向如何?

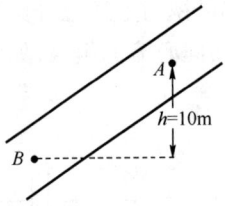

图1-29 第3题图

第二章 油气渗流的基本规律

油气层是由固体(岩石)、液体(原油)、气体(天然气)三相物质构成的。油气在岩石中能够渗流是受到各种力的作用的结果。但这些力是如何产生的？这就要从物质本身的力学性质中去寻找。本章将分析油气及岩石的力学性质以及这些力学性质又以什么样的力表现出来，并且还要研究各种力相互作用的规律。

第一节 油气渗流的力学基础

一、流体及多孔介质的力学分析

储集于油藏中的油、气、水之所以能在岩石孔道中渗流，是由于受到了各种力的作用。对流体的渗流而言，这些作用力中有的是动力，有的是阻力。

（一）重力

地球对流体的吸引力称为重力。重力对于渗流有时表现为动力，如邻近流体的重力一般表现为推动其前面流体运动的动力，但有时也表现为阻力，如图2-1所示。

（二）惯性力

惯性是物体本身所固有的一种物理属性，由于惯性而表现出来的力称惯性力，其大小取决于质量和运动加速度。当流体运动时，如果速度大

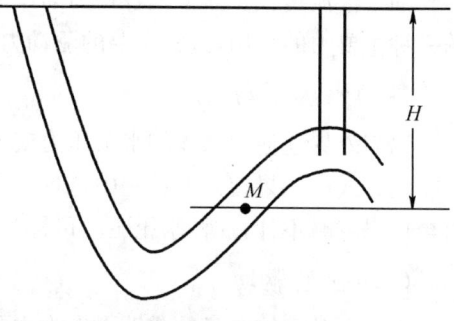

图 2-1 重力作用示意图
H—地层深度；M—油层位置

或速度方向改变，则表现出惯性力的作用。对渗流而言，惯性力往往表现为阻力。

（三）黏滞力

黏滞力是流体流动时流动层之间产生的内摩擦力，其大小与流体的黏度有关。黏滞力总是阻碍流体的流动，故黏滞力是阻力。

（四）弹性力

油藏条件下的岩石和流体均处于被压缩状态，在开采过程，地层压力逐渐降低，导致岩石及流体发生膨胀，这种膨胀过程就是释放弹性能的过程，即弹性力产生作用。弹性力的大小用弹性压缩系数表示。对于岩石及流体，弹性压缩系数分别是指每变化一个单位压力时，单位体积岩石的孔隙体积的变化值、单位体积流体的体积变化值。

在渗流过程中，弹性力通常表现为动力。油藏弹性能的大小与油藏的总体积有关(包括含水区)。当油藏具有较大的含水区时，总的弹性能相当可观。当油藏的弹性力相对于其他作用力可以忽略时，油藏可近似地看作刚性的。

（五）毛细管力

油藏的孔隙结构可视为由毛细管或微毛细管组成的结构。两相流体在毛细管中流动时，由于各相的内力不同，相界面会形成弯曲液面，而产生毛细管力。毛细管力的大小与界面张力及界面的曲率有关，毛细管力的方向与岩石表面的润湿性有关。在水驱油的条件下，若岩石亲水，则毛细管压力表现为动力，如图2-2(a)所示；若岩石亲油，则毛细管力表现为阻力，如图2-2(b)所示。

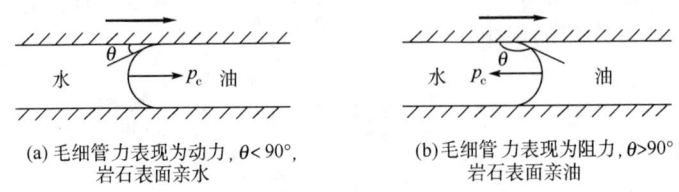

(a) 毛细管力表现为动力，$\theta<90°$，岩石表面亲水

(b) 毛细管力表现为阻力，$\theta>90°$，岩石表面亲油

图2-2 毛细管力作用示意图

二、油气藏的驱动方式

油气渗流过程实际上是各种力的作用的结果。在油气开采过程中，流体将受到各种力中的一种主要力的作用，这种主要的驱动力决定了油藏的驱动方式。

（一）水压驱动

以与外界连通的水体的水头压力或人工注水的压力作为主要驱油动力的驱动方式称为水压驱动方式。如果在开发过程中这种压力维持不变，并且油藏内岩石及流体的弹性力都很小以至可以忽略不计，这种水压驱动可称为刚性水压驱动。

（二）弹性驱动

以岩石及流体本身的弹性力作为主要驱油动力的驱动方式称为弹性驱动方式。如果油藏具有很大且连通性很好的含水区，这时弹性力将起到重要作用。

（三）溶解气驱动

以从石油中不断分离出来的溶解气的弹性能作为主要驱油动力的驱动方式称为溶解气驱动方式。由于油中溶解的气是有限的，故这种驱动方式也常常被认为是消耗式的开采方式，其采收率很低。

（四）气压驱动

若油藏内存在气顶，且主要依靠气顶压缩气体的弹性力作为主要驱油动力的驱动方式称为气压驱动方式。

（五）重力驱动

以流体的重力作用作为主要驱油动力的驱动方式称为重力驱动方式。由于重力的作用有限，因此一般来说，只是在其他能量均已枯竭且油藏具有明显的倾角时，才会出现这种驱动方式。

油藏的驱动方式只反映了油藏中的主要驱油动力，此外，仍有可能存在其他的驱动力；驱动方式并非一成不变，若主要驱油动力改变，其驱动方式也随之改变。

第二节　油气达西渗流定律

1856年法国水利工程师达西在研究城市供水问题时,进行了将水通过填满砂粒管子的实验,希望测得一定流量下所需要消耗的能量。他通过该实验得到了水流速度与管子截面积、入口与出口压头差之间的关系式,后人将这一关系式描述的规律称为达西定律。达西定律广泛应用于油气渗流中,它是油气渗流的基本规律。

一、达西实验及结果

达西实验装置如图 2-3 所示,水经过进水管进入填满砂粒的管子,再透过砂层,经节流阀门流入量杯。节流阀可以控制流速,量杯测取流量 q,测压管可以分别测出过水断面 1—1、2—2 上的压力 p_1、p_2,稳压管可以使模型内液面稳定在稳压管的位置上。显然,节流阀的开度不同,将得到不同的流量和不同的测压管高度。

实验结果表明,流量 q 的大小与管子截面积 A、入口及出口压头差 H_1-H_2 成正比,与填砂粒管子的长度 ΔL 成反比。实验结果的数学描述为:

$$q = K_{\mathrm{i}} A \frac{H_1 - H_2}{\Delta L} \quad (2-1)$$

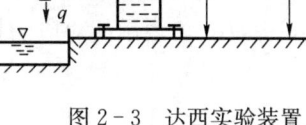

图 2-3　达西实验装置

式中,K_{i} 称为渗滤系数,它表征多孔介质对流体的渗滤能力。

二、达西定律的导出

（一）由管路水力学导出达西定律

由水力学理论可知,任意过水断面上的总能量为:

$$H = Z + \frac{p}{\rho g} + \frac{v^2}{2g} \quad (2-2)$$

式中　H——总水头;

　　　Z——位置水头;

　　　$\dfrac{p}{\rho g}$——压力水头;

　　　$\dfrac{v^2}{2g}$——流速水头。

由于渗流具有流速小的特点,因此常将速度水头忽略,则总水头为:

$$H = \frac{p}{\rho g} + Z \quad (2-3)$$

断面 1—1、2—2 上的水头差为:

$$\Delta H = H_1 - H_2 = \left(Z_1 + \frac{p_1}{\rho g}\right) - \left(Z_2 + \frac{p_2}{\rho g}\right) \quad (2-4)$$

单位长度上的压头损失为:

$$i = \frac{\Delta H}{\Delta L} \tag{2-5}$$

式中 i——水力坡度。

由(2-1)式,渗流速度可表示为:

$$v = K_i i \tag{2-6}$$

(2-6)式为达西定律的数学表达式,它表示渗流速度与水力坡度之间成一次方关系,所以达西定律又称为线性渗流定律。

达西定律是对水做实验得出的,对油气渗流而言,油气的黏度变化很大,通过对不同流体的大量渗流实验发现,当保持 ΔH 不变时,通过多孔介质的流量与流体的黏度成反比。由于渗滤系数 K_i 包含了孔隙介质和流体这两个因素对渗流的影响,如果将它们分开表示,则达西定律的表达式(2-6)式可以写成:

$$v = \frac{K\rho g}{\mu} \frac{\Delta H}{\Delta L} \tag{2-7}$$

在(2-7)式中:

$$\rho g \Delta H = \rho g \left[\left(Z_1 + \frac{p_1}{\rho g} \right) - \left(Z_2 + \frac{p_2}{\rho g} \right) \right] = (\rho g Z_1 + p_1) - (\rho g Z_2 + p_2)$$
$$= p_1^* - p_2^* = \Delta p^* \tag{2-8}$$

在(2-8)式中,用 p^* 表示所对应的折算压力 p_z。将其代入(2-7)式得:

$$v = \frac{K}{\mu} \frac{\Delta p^*}{\Delta L} \tag{2-9}$$

如果实验装置是水平放置的,那么 $Z_1 - Z_2 = 0$,$p_1^* - p_2^* = p_1 - p_2$,即折算压力差等于实测压力差,则达西定律可以表示成:

$$v = \frac{K}{\mu} \frac{\Delta p}{\Delta L} \tag{2-10}$$

考虑到渗流速度方向与压力梯度方向相反,则达西定律的微分形式为:

$$v = -\frac{K}{\mu} \frac{\mathrm{d}p}{\mathrm{d}L} \tag{2-11}$$

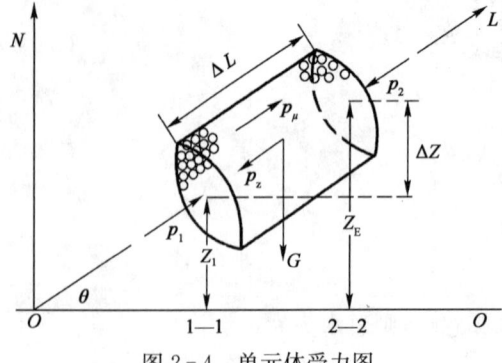

图 2-4 单元体受力图

式中 v——渗流速度,cm/s;
K——渗透率,μm^2;
μ——流体黏度,mPa·s;
$\mathrm{d}p/\mathrm{d}L$——压力梯度,10^{-1}MPa/cm。

(二)运用力学分析导出达西定律

从地层中取出微小单元体,设其长度为 ΔL,截面积为 A,选 O—O 作为基准线,如图 2-4 所示。

当液流以等渗流速度流出,并且渗流速度较小时,作用于 ΔL 岩石段的力共有以下几种。

1. 作用于 ΔL 渗流段两端面上的外界总压力

断面 1—1:
$$p_{1-1} = \phi A p_1$$

断面 2—2：
$$p_{2-2} = \phi A p_2$$

2. 作用于流体周界上总的摩擦力 p_μ

摩擦力 p_μ 作用方向与流动方向相反，对层流情形，由牛顿内摩擦定律：

$$p_\mu = \alpha_1 \mu A v \Delta L \tag{2-12}$$

式中 α_1——取决于岩石孔隙结构几何特性的系数；
v——渗流速度；
A——截面积。

3. 流体自身的重力 G

流体自身的重力 G 的计算公式为：

$$G = \phi A \rho g \Delta L$$

在流动轴的分量为：

$$p_z = \phi A \rho g \Delta L \sin\theta = \phi A \rho g (Z_2 - Z_1) \tag{2-13}$$

由于流速很小，不考虑惯性力，此时力的平衡关系为：

$$p_{2-2} - p_{1-1} + p_z = p_\mu \tag{2-14}$$

将各种力的表达式分别代入(2-14)式得到：

$$\phi A (p_2 - p_1) + \phi A \rho g (Z_2 - Z_1) = \alpha_1 \mu A v \Delta L$$

考虑到 $v = q/A$，$\bar{p}_i = p_i + \rho g Z_i$，且令 $K = \phi/\alpha_1$，整理上式后得到：

$$v = \frac{K}{\mu} \frac{\bar{p}_2 - \bar{p}_1}{\Delta L} = \frac{K}{\mu} \frac{\Delta \bar{p}}{\Delta L}$$

若岩石段是水平的，即 $\bar{p} = p$，考虑到渗流速度方向和压力梯度方向相反，将上式写成微分形式，同样得到：

$$v = -\frac{K}{\mu} \frac{\mathrm{d}p}{\mathrm{d}L} \tag{2-15}$$

上述分析表明，达西定律是不考虑惯性阻力时的渗流运动方程，且 $K = \phi/\alpha_1$，说明渗透率 K 是只与孔隙几何形状及大小有关的参数，因此，它是岩石本身的特性，与通过的流体性质无关。

三、达西定律的适用范围

达西定律发现之后不久，许多人通过大量的实验研究发现，当渗流速度较高或较低时，渗流速度与压力梯度之间的线性关系受到破坏，如图 2-5 所示。因此达西定律的存在具有一定的界限。

为什么渗流速度增大达西定律就遭到破坏？怎样判断渗流是服从达西定律还是不服从达西定律？达西定律破坏之后渗流将遵守什么规律？

由于渗流过程中表现出来的力学规律与管流类似，

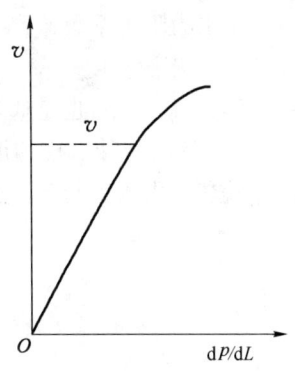

图 2-5 渗流速度与压力梯度关系曲线

因此很多学者认为可以用管流中区分层流、紊流的方法来区分渗流中的线性渗流与非线性渗流。研究表明，线性渗流时，黏滞阻力起主要作用，非线性渗流时惯性阻力起重要作用。

图 2-6 为表征管流中从层流转变为紊流的力学规律的示意图。在管路水力学中，用雷诺数 Re 的值来判别层流与紊流，即当 $Re>Re_{kp}$ 时为紊流，$Re<Re_{kp}$ 时为层流，而临界雷诺数 Re_{kp} 是通过实验来确定的。在 $\lg\lambda$—$\lg Re$ 关系曲线上，由线性关系被破坏的点可得到 Re_{kp}。

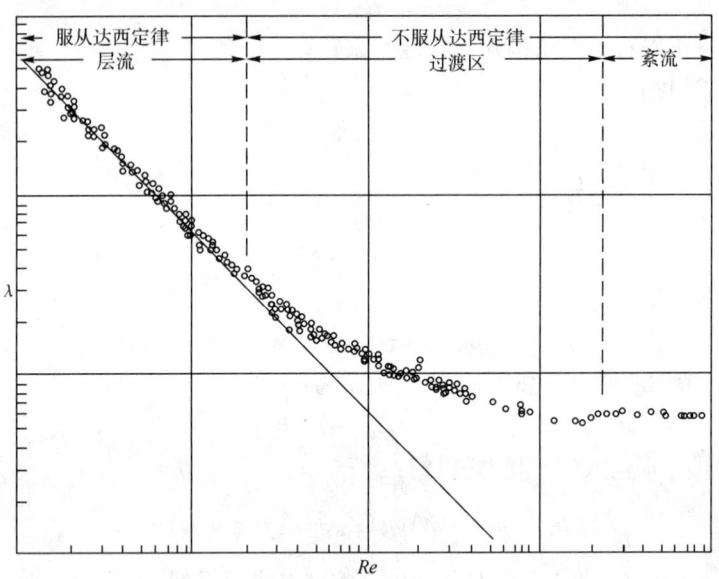

图 2-6 λ—Re 相关曲线

在管路水力学中：

$$Re=\frac{\rho wd}{\mu} \tag{2-16}$$

$$\lambda=\frac{2d\Delta p}{Lw^2\rho} \tag{2-17}$$

式中 ρ——流体密度；
d——管径；
w——流速；
μ——流体黏度；
λ——水力阻力系数；
L——液流段长度。

在渗流力学研究中，也是通过雷诺数 Re 与水力阻力系数 λ 的关系来判断流动是否服从达西定律。Re、λ 应具有什么样的形式？不同的学者提出了不同的计算方程。例如，芬捷尔等人在研究此问题时，引入了与多孔介质等价的假想土壤，并认为 Re、λ 应具有下列形式：

$$Re=\frac{v\rho d_e}{\mu} \tag{2-18}$$

$$\lambda=\frac{d_e\Delta p}{2L\rho v^2} \tag{2-19}$$

式中 d_e——假想土壤的颗粒直径，称为有效直径；
L——岩样长度。

用(2-18)式、(2-19)式处理实验数据得到临界雷诺数 $Re_{kp}=1\sim4$，而在实验中，d_e 很难确定。

卡佳霍夫提出的雷诺数表达式是目前公认较合理的表达式，其形式如下：

$$Re = \frac{v\sqrt{K}\rho}{17.50\mu\phi^{3/2}} \tag{2-20}$$

$$\lambda = \frac{2\phi\sqrt{\phi K}\Delta p}{Lv^2\rho} \tag{2-21}$$

式中　　v——渗流速度，cm/s；

K——渗透率，μm^2；

ρ——流体的密度，g/cm^3；

μ——流体的黏度，$mPa \cdot s$；

ϕ——孔隙度，小数。

用(2-20)式、(2-21)式处理实验数据得到图2-6所示的曲线。由该曲线得到 $Re_{kp}=0.2\sim0.3$。

从流速的观点，渗流和管流是否分别满足达西流动和层流的判别条件见表2-1。

表2-1　管流与渗流的相似性对比

管　　流	渗　　流
当 $w<w_{kp}$ 时，$w\propto dp/dL$，呈层流 圆管中 $w=\dfrac{D^2}{32\mu}\dfrac{\Delta p}{\Delta L}$	当 $v<v_{kp}$ 时，$v\propto dp/dL$，服从达西定律 $v=\dfrac{K}{\mu}\dfrac{\Delta p}{\Delta L}$
当 $w>w_{kp}$ 时，$w\propto (dp/dL)^n$，$1/2\leqslant n<1$，呈紊流	当 $v>v_{kp}$ 时，$v\propto (dp/dL)^n$，$n\neq 1$，不服从达西定律

第三节　油气非达西渗流定律

凡是不满足达西定律的渗流都称为非达西渗流，也称为非线性渗流。

一、低速非达西渗流定律

油、水、气在多孔介质中的低速渗流往往会伴随着一些物理化学现象的发生，对渗流规律会产生影响。石油中常含有数量不等的氧化物，如环烷酸、胶质沥青质、酚、酯等，它们多是石油中的表面活性物质。这些活性物质在岩石中渗流时，会与岩石之间产生吸附作用，导致吸附层的产生，从而降低岩石的渗透率，必然对渗流产生很大影响。因此，必须有一个附加的压力梯度克服吸附层的阻力才能使流体流动。吸附层又和渗流速度有关，渗流速度越大，吸附层被破坏越多，因此岩石的渗透率会随渗流速度增大而恢复。

水在黏土中的渗流过程也会发生物理化学作用，从而对渗流规律产生影响。黏土是由很薄的晶片所组成，它具有吸引水的极性分子的能力，并形成水化膜。虽然膜的厚度很小，但是由于岩石比面很大，所以影响还是很大的。由于黏土中的水全被束缚住，只有附加一个压力梯度，才能引起水化膜的破坏而使水开始流动。

实验发现，在压力梯度较小时，流体不产生流动，渗流速度为零，当压力梯度大于某一值后，流体才发生流动，这一压力梯度值称为启动压力梯度。因此对于低速渗流，渗流速度与压力梯度关系曲线为一条不通过原点的曲线，如图 2-7 所示。

低速非达西渗流规律可用以下方程描述：

$$v = -\frac{K}{\mu}\left(1 - \frac{\lambda}{|\mathrm{grad}p|}\right)\mathrm{grad}p, \quad |\mathrm{grad}p| > \lambda \quad (2-22)$$

$$v = 0, \quad |\mathrm{grad}p| < \lambda \quad (2-23)$$

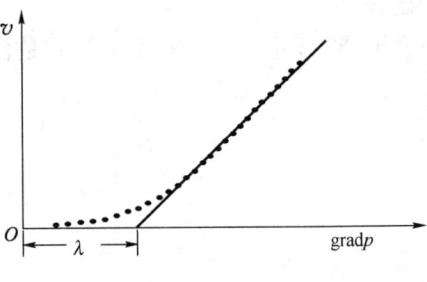

图 2-7 低速非达西渗流曲线示意图

式中 $\mathrm{grad}p$——压力梯度，等效于(2-11)式中的 $\mathrm{d}p/\mathrm{d}L$；

λ——启动压力梯度。

比较(2-22)式与达西定律可见，达西定律表达式中的渗透率被函数 $K(1-\lambda/|\mathrm{grad}p|)$ 所取代，将其称为视渗透率。在 $|\mathrm{grad}p| > \lambda$ 区域内，视渗透率均低于绝对渗透率，主要是由于液体的吸附作用或黏土对水的极性分子吸附作用使渗透率降低了。

将(2-22)式改写为：

$$\mathrm{grad}p = -\frac{\mu}{K}v + \lambda \quad (2-24)$$

在(2-24)式中，右端第一项代表黏滞阻力，第二项代表附加的水化膜吸引的阻力或油和岩石作用的吸附阻力。

但是在气体渗流时，却出现了完全相反的物理现象。Klinkenberg 实验发现，同一种气体通过同一块岩心进行实验时，所测得的渗透率将随岩心中平均压力的下降而增大，如图 2-8 所示，这种现象称为滑脱现象，它表现为低速渗流时视渗透率增加。

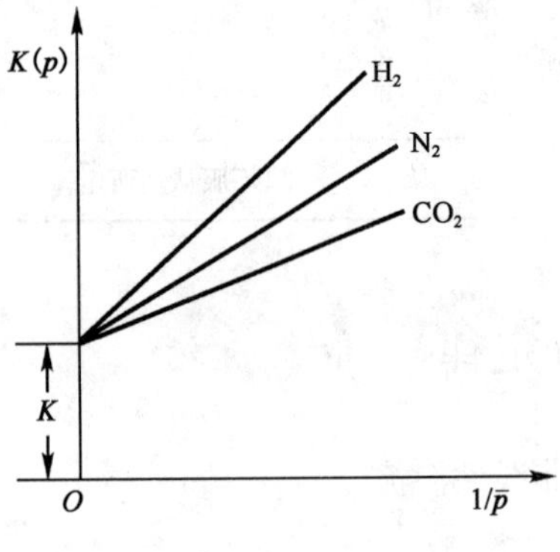

当气体在低速渗流过程中产生滑脱效应时，其渗流运动方程表示为：

$$v = -\frac{K(\overline{p})}{\mu}\mathrm{grad}p \quad (2-25)$$

$$K(\overline{p}) = K\left(1 + \frac{b}{\overline{p}}\right) \quad (2-26)$$

$$\overline{p} = \frac{p_1 + p_2}{2}$$

图 2-8 气测 K—$1/\overline{p}$ 关系曲线

式中 $K(\overline{p})$——视渗透率，与气体渗流空间的几何尺寸及平均压力有关；

$\overline{p}$——平均压力，它等于渗流单元体流入流出端压力的平均值；

p_1, p_2——流入端和流出端的压力；

b——与气体种类和孔隙介质有关的系数，称为克林贝肯(Klinkenberg)常数；

K——相当于校正到不可压缩流体的渗透率。

(2-25)式与达西定律比较可见：渗透率 K 的位置为函数 $K(1+b/\overline{p})$ 所取代，因而视渗透率 $K(\overline{p})$ 要比绝对渗透率高，得到的结论与液体低速渗流完全相反。

产生这种现象的原因如下：

首先，达西定律本是对液体做实验得出来的，液体渗流的特点是层流时靠近孔道壁薄膜是不动的，在孔壁处速度为零。当孔道壁周越大时，液固接触面上所产生的黏滞阻力也越大。而气体渗流时，在孔道壁处没有被固体吸附的薄层和不动的气体，所以孔道壁处速度不为零，因此形成"气体滑脱效应"。这好像在同一压差下气体比液体渗透率增加一样。

其次，由分子动力学可知，气体分子总是在进行无规则的热运动。气体通过孔隙介质时，部分在进行扩散。因为分子的平均自由程与压力成反比，对于一定孔隙介质，其孔道尺寸是一定的，当压力极低时，气体的平均自由程达到孔道尺寸，这时气体分子在更大范围内扩散，可以不受碰撞而自由飞动。因此，更多的气体分子附加到通过多孔介质的气体总量中去，好像相应增加了气体的渗透率。

将(2-25)式改写成：

$$\mathrm{grad} p\left(1+\frac{b}{p}\right)=-\frac{\mu}{K}v \tag{2-27}$$

由(2-27)式可以看出，此时驱动力增加了一项附加的滑脱动力，而渗流阻力仍是黏滞阻力。为了研究影响滑脱效应的因素，曾对单毛细管做过实验，得到以下关系：

$$K(\bar{p}) = K\left(1+\frac{4C\lambda}{r}\right) \tag{2-28}$$

式中　C——与气体组分有关的比例系数；
　　　λ——平均压力下气体分子的平均自由程；
　　　r——毛细管直径。

由此可见，毛细管越小（如低渗透率岩石），滑脱效应越大；气体分子的平均自由程越大（即压力越低），滑脱效应也越大。

二、高速非达西渗流定律

实验发现，在正常的达西流动过程中，将渗流速度增大到某一值之后，它与压力梯度之间的线性关系被破坏，如图2-5所示。

高速非达西渗流规律常用两种方程来描述，即二项式方程和指数式方程。

(一) 二项式方程

若在达西渗流实验中不断增加流量，并用以下两个无量纲量作为纵、横坐标作图：

$$\lambda = \delta \frac{\Delta p}{\rho \Delta L}\left(\frac{\phi A}{q}\right)^2 \tag{2-29}$$

$$Re = \frac{q\rho\delta}{\mu A \phi} \tag{2-30}$$

式中　Re——雷诺数；
　　　λ——水力阻力系数；
　　　ρ——流体密度；
　　　δ——表征多孔介质特征的系数。

在双对数坐标上将实验结果绘成λ—Re关系曲线，如图2-6所示。由该图可以看出，实验结果曲线分成三段：当速度比较小时，λ—Re关系曲线是一条斜率为-1的直线；当速度大到某个值以后，相关曲线呈一条水平线；中间为一条过渡曲线。

对于第一段,即斜率为-1的直线,其方程可以写成:
$$\lg\lambda = \lg b - \lg Re$$
$$b = \lambda \cdot Re \tag{2-31}$$

式中 b——斜率为-1的直线在纵轴的截距。

将(2-29)式、(2-30)式代入(2-31)式得:
$$v = \frac{\phi\delta^2}{b\mu}\frac{\Delta p}{\Delta L} \tag{2-32}$$

由于 ϕ、δ 均只取决于孔隙介质的特性,因此,如果令 $K=\phi\delta^2/b$,并写成微分形式,则(2-32)式可以表示为:
$$v = -\frac{K}{\mu}\frac{\Delta p}{\Delta L} \tag{2-33}$$

(2-33)式表明,在第一段,渗流速度和压力梯度之间呈线性关系,将这一段称为层流段。当速度很大时,λ—Re 关系曲线呈水平线,其方程为:
$$\lambda = \delta\frac{\Delta p}{\rho\Delta L}\left(\frac{\phi A}{q}\right)^2 = D \tag{2-34}$$

式中 D——常数,水平直线在纵轴上的截距值。

(2-34)式经整理并写成微分形式,则为:
$$\frac{\mathrm{d}p}{\mathrm{d}L} = -\alpha\rho v^2 \tag{2-35}$$

式中 α——影响惯性阻力的孔隙结构特征参数,$\alpha=D/(\delta\phi^2)$。

从(2-35)式看出,当渗流速度很大时,压力梯度完全消耗在与密度有关的惯性阻力上,此时压力梯度与渗流速度的平方成正比,将这一段称为完全紊流区。

在过渡区的曲线方程为:
$$\frac{\mathrm{d}p}{\mathrm{d}L} = -\left(\frac{\mu}{K}v + \alpha\rho v^2\right) \tag{2-36}$$

(2-36)式表明,在过渡区同时存在两种阻力,即黏滞力和惯性力。从过渡区开始的渗流称为"非线性渗流"。

(2-36)式为表征渗流过程中有惯性阻力出现时的力学规律,也称非线性运动方程的二项式。它有明确的物理意义,即渗流阻力由两部分组成:第一部分是黏滞阻力,它与渗流速度的一次方成正比,当渗流速度较小时,渗流过程主要受到黏滞阻力的影响,(2-36)式中的第二项可以忽略,称为达西定律;第二部分是惯性阻力,它与渗流速度的平方成正比,随着渗流速度的增加,惯性阻力增大,第二项逐渐变得不可忽略,此时渗流速度与压力梯度的线性关系被破坏,进入渗流的过渡区,当渗流速度足够大时,逐渐转变为惯性阻力起主要作用。

(二)指数式方程

非线性渗流定律还可以用另一种方式表示。由图2-6看出,当渗流速度超过某一临界速度之后,渗流速度与压力梯度成非直线关系,这一关系可以用指数形式表示:
$$v = C\left|\frac{\mathrm{d}p}{\mathrm{d}L}\right|^n \tag{2-37}$$

式中 C——渗流系数,与流体及多孔介质的性质有关;
n——渗流指数,$1/2 \leqslant n \leqslant 1$。

(2-37)式中,当 $n=1$ 时,即为线性渗流运动方程,只有黏滞阻力起作用;当 $1/2<n<1$ 时,称为渗流过渡区,随着 n 的减小,惯性阻力的作用明显起来,黏滞阻力所占比例则逐渐减少;当 $n=1/2$ 时,称为渗流平方区,渗流阻力以惯性阻力为主。

指数式方程是从实验得出来的经验公式,它不像二项式那样有明显的力学意义,但是它从另一个角度描述了阻力随着速度变化的全过程,有时还是有用的。

由以上讨论可以明显地看出,渗流过程中由于阻力的成分不同,其力学过程既可以用线性运动方程来描述,也可以用非线性运动方程来描述。因此,对于实际渗流计算,需要首先判断它符合哪一种渗流规律。

第四节 两相渗流规律

在油气藏的开采过程中,经常出现两相流体(油水、油气、气水)同时渗流的现象。在两相流动中,渗流阻力明显增加。这是因为对其中一相而言,另一相可以看成是地层骨架的增加,因此孔隙缩小,阻力增大,渗透率减小。实验证明,对两相而言,各自有效渗透率之和小于单相流动时的绝对渗透率,即:

$$K_1+K_2<K$$

式中　K_1——第一相的相渗透率;
　　　K_2——第二相的相渗透率;
　　　K——绝对渗透率。

上式表明,两相渗流的阻力增加,不能仅看成是黏滞阻力的增加,而且还有可能产生新的阻力。

一、毛细管力

两相渗流时的渗流形态主要是其中一相成柱塞状分散在另一相中流动。这样在两相流动的区域中就形成很多个弯月状的两相分界面,弯液面的方向由岩石润湿性而定,如图2-2所示。

这种带有弯液面的流动是在毛细管中发生的,产生的毛细管力为:

$$p_c=\frac{2\sigma\cos\theta}{r_c} \quad (2-38)$$

式中　p_c——毛细管力;
　　　σ——两相界面张力;
　　　r_c——毛细管半径;
　　　θ——润湿角。

当 $\theta<90°$ 时毛细管力表现为动力,当 $\theta>90°$ 时毛细管力表现为阻力。随着流体渗流速度的增加,润湿角逐渐加大,到 $\theta>90°$ 时,毛细管力变为阻力,因此,在渗流过程中,毛细管力通常以阻力出现。当然,个别弯液面引起的毛细管力是有限的,但在两相渗流区,两相流体呈分散混杂状流动,可以有很多处弯液面,当毛细管力大到一定程度时,就不能忽略。

二、贾敏效应阻力

两相渗流的另一种渗流形态是:其中一相呈液滴或气泡状分散在另一相中运动,如图2-9

所示。当液滴或气泡在直径变化的毛细管中运动时,由于贾敏效应产生的附加毛细管力为:

$$\Delta p = p_{c2} - p_{c1} = 2\sigma\left(\frac{1}{r_2} - \frac{1}{r_1}\right) \tag{2-39}$$

式中 p_{c1},p_{c2}——弯曲面半径 r_1、r_2 对应的毛细管力。

三、其他附加阻力

在两相渗流区,流动还需要克服一些其他的渗流阻力。例如,在基本是水流动的区域内,还有一些附着在管壁的油滴,这些油滴必须在外力克服附着阻力后,才能变为可以运动的自由油滴。

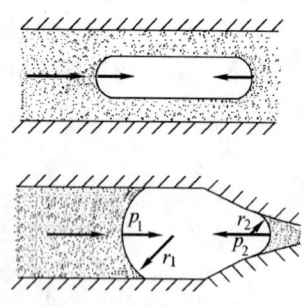

图 2-9 贾敏效应示意图

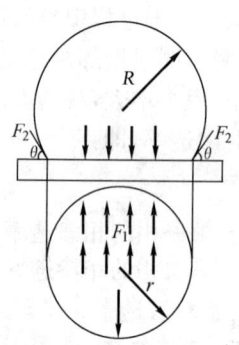

图 2-10 油滴脱附受力图

如图 2-10 所示,一个半径为 R 的球状油滴附着在毛细管壁上。对于光滑表面,当无外力作用时,有两个力起作用。

一个是油滴脱离固体表面的力 F_1,它是由油水两相弯液面的附加压力 $2\sigma_{12}/R$ 引起的,它在 πr^2 面积上的作用力为:

$$F_1 = \pi r^2 \frac{2\sigma_{12}}{R} \tag{2-40}$$

另一个是使油滴附着在固体表面上的力 F_2,它是三相界面张力作用的结果,作用在三相润湿周界面上,它的方向切于油滴表面:

$$F_2 = 2\pi r\sigma_{12}\sin\theta \tag{2-41}$$

作用在整个油滴上的力为:

$$F = F_2 - F_1 = 2\pi r^2 \sigma_{12}\left(\frac{\sin\theta}{r} - \frac{1}{R}\right) \tag{2-42}$$

当 $F_1 \geqslant F_2$ 时,$F \leqslant 0$,即使没有外力,油滴也有自动脱离毛细管壁的趋势;反之,当 $F_2 > F_1$ 时,则 $F > 0$,必须有克服附着阻力的外力才能使油滴流动,也就是说,产生了类似黏滞摩擦力的附着阻力。

综合以上分析可知,两相渗流的基本特点是毛细管力不可忽略。在两相渗流中,毛细管力的影响主要是通过渗透率与饱和度关系来体现的。由油层物理学知,渗透率与毛细管力有以下关系:

$$K = \frac{T}{2}(\sigma\cos\theta)^2 \phi \int_0^1 \frac{\mathrm{d}S_i}{p_{ci}^2} \tag{2-43}$$

式中　p_{ci}——毛细管力。

由(2-43)式可知,毛细管力越大,渗透率越低。此外,渗透率 K 与饱和度 S 有关。对一个已知系统,积分号外的系数是恒定值,因而渗透率 K 取决于毛细管力与饱和度函数的积分。对岩石来说,可用压汞法或半渗透隔板法作出 p_{ci}—S_i 关系的毛细管曲线,然后作出 $1/p_{ci}^2$—S_i 关系曲线,如图2-11所示。积分值 $\int_0^{S_i} \frac{dS_i}{p_{ci}^2}$ 是曲线围在积分上下限之间的面积。当积分上限为1时,即积分值 $\int_0^1 \frac{dS_i}{p_{ci}^2}$ 为绝对渗透率 K。

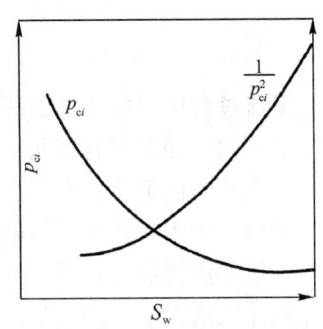

图2-11　毛细管力与饱和度关系曲线

在分析油水两相渗流时,若外加压差可以克服某一毛细管力 p_{ci},那么在大于孔道半径 r_i ($r_i = 2\sigma\cos\theta/p_{ci}$) 的孔道中将只有油存在,并只有油在其中流动,小于 r_i 的孔道则只有水在其中流动,这时岩石中水的饱和度为 S_i,则相应的油相和水相渗透率为:

$$K_w(S) = \frac{(\sigma_{wo}\cos\theta)^2}{2}\phi T' \int_0^{S_i} \frac{dS_i}{p_{ci}^2} \quad (2-44)$$

$$K_o(S) = \frac{(\sigma_{wo}\cos\theta)^2}{2}\phi T'' \int_{S_i}^1 \frac{dS_i}{p_{ci}^2} \quad (2-45)$$

油相和水相的相对渗透率分别为:

$$\frac{K_w}{K} = \frac{T' \int_0^{S_i} \frac{dS_i}{p_{ci}^2}}{T \int_0^1 \frac{dS_i}{p_{ci}^2}} \quad (2-46)$$

$$\frac{K_o}{K} = \frac{T'' \int_{S_i}^1 \frac{dS_i}{p_{ci}^2}}{T \int_0^1 \frac{dS_i}{p_{ci}^2}} \quad (2-47)$$

式中,脚标"o"表示油,"w"表示水;T' 和 T'' 为水和油的相对渗透率系数。

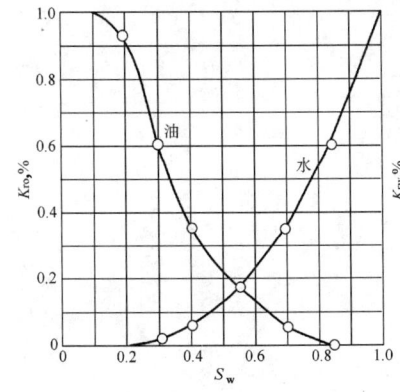

图2-12　油水相对渗透率曲线

由(2-46)式与(2-47)式可以看出,不仅绝对渗透率可以用毛细管力表示,而且在两相渗流时的毛细管力也可以通过相渗透率或相对渗透率表示。同时,在每一个含水饱和度下都有一个 K_{wi} 及 K_{oi} 值与之对应,这样就得到了相对渗透率和饱和度关系曲线,如图2-12所示。

因此,两相渗流时,出现的毛细管力体现在相渗透率变化上。若渗流仍服从达西定律,则两相渗流时,只需用相渗透率函数代替达西定律的绝对渗透率就可得到两相渗流的运动方程:

$$v_i = \frac{K_i(S)}{\mu}\text{grad}p \quad (i = o, w) \quad (2-48)$$

思 考 题

1. 渗流过程中一般受到哪些力的作用？主要作用力是什么？
2. 油藏的驱动类型有哪几种？
3. 什么是达西定律？为什么说它是线性渗流定律？
4. 达西定律中各物理量的单位是什么？
5. 一般的渗流形式有哪些？
6. 在什么情况下会产生非线性渗流？
7. 低速非达西渗流的特点是什么？
8. 高速非达西渗流的特点是什么？
9. 二项式方程的物理意义是什么？
10. 两相流体同时渗流时，会产生哪些阻力？

习 题

1. 设有一裸眼完成井，打开油层厚度 10m，折算的地下日产量 $100m^3$，井半径 0.1m，地层渗透率为 $1\mu m^2$，孔隙度为 0.2，原油黏度为 $3mPa \cdot s$，原油密度为 $850kg/m^3$。试问此时原油由地层流至井底是否服从达西定律？

2. 如上题条件，但油层部分井下结构为下套管后射孔完成，液体仅能从直径为 0.005m 的 100 个小孔流入井中，此时井底附近地层内渗流是否服从达西定律？

第三章 单相液体渗流数学模型

油气渗流力学主要研究油气渗流时各运动要素(例如渗流速度、地层中的压力、地层温度等物理量)在空间中的分布以及它们之间的相互关系。油藏和油气井的许多生产指标(例如产量等)就是通过各运动要素计算出来的。

所谓"油气渗流数学模型",就是用数学语言综合描述油气渗流过程中全部力学现象和物理化学现象的内在联系以及运动规律的方程式(或方程组)。

一个完整的油气渗流数学模型包括两部分,一部分是描述油气渗流的综合微分方程,另一部分是其相应的定解条件(包括初始条件和边界条件)。

第一节 渗流数学模型的建立原则

一、建立渗流数学模型的基础

油气渗流力学的研究方法是把一定地质条件下油气渗流的力学问题转换为数学问题,对数学问题利用合适的方法求解后,运用到油气田开发的实际生产中。

将渗流过程中的各种力学、物理、化学现象和规律,用数学语言进行描述,实际上就是用微分方程或微分方程组对这些现象和规律加以表达。由于渗流的形态和类型不同,它们遵循的力学规律有差异,伴随渗流过程出现的物理、化学现象也不同,因此油气渗流数学模型的类型很多。

任何渗流数学模型都不是凭空臆想出来的,而是准确认识客观世界的结果。因此,建立一个合理的渗流数学模型要进行以下的基础工作。

(一)地质基础

只有对油气层的孔隙结构进行准确的认识和描述,才能建立起符合实际地质情况的渗流数学模型。也就是说,只有准确地认识和描述油气层的几何形状、边界性质、参数分布,才能给出准确的边界条件和参数,以便进行渗流计算。

(二)实验基础

准确认识油气渗流过程中的力学现象和规律是建立渗流数学模型的核心,而科学实验是认识和检验各种力学现象和规律的基础。因此,进行渗流物理的基础实验是建立渗流数学模型的关键。

(三)科学的数学方法

建立渗流数学模型,需要有一套科学的数学方法和手段。一般采用的是无穷小单元体分析方法,即在地层中抽出一个无穷小单元作为研究对象,对在其中发生的物理及力学现象进行分析后建立数学模型。通常根据单元体中空间和时间上的物质守恒或渗流特征来建立渗流微分方程。建立数学模型后,还要用数学理论来证明数学模型存在解,并且解是连续和唯一的。

二、渗流数学模型的结构

油气渗流数学模型体现了油气渗流过程中需要研究的流体力学、物理、化学等问题的总和,而且还有描述这些现象的内在联系。因此,所建立的油气渗流的综合数学模型应包括以下内容:

(1)运动方程,这是所有油气渗流数学模型必须包括的部分。

(2)状态方程,这是研究弹性可压缩的多孔介质或流体时所需要的部分。

(3)质量守恒方程,又称连续性方程,它可以将描述渗流过程多个层面的诸类方程综合联系起来,是数学模型的必要部分。

(4)能量守恒方程,只有研究非等温渗流问题时才用到。

(5)其他附加的特性方程,特殊渗流问题中伴随发生的物理或化学现象附加的方程,如扩散方程等。

(6)相应的定解条件,即初始条件和边界条件,这是渗流数学模型的必要部分。

上述前三类方程是油气渗流数学模型的基本组成。

三、建立渗流数学模型的步骤

(一)确定建立模型的目的

根据建立渗流数学模型的目的,确定其要解决什么问题,即确定微分方程的因变量(未知量)和自变量各是什么,还有哪些物理量(或物理参数)起作用。

渗流数学模型解决的问题有四类:

(1)压力 p 的分布;

(2)渗流速度 v 的分布(包括求流量);

(3)饱和度 S_i 的分布($i=$o,g,w);

(4)分界面移动规律。

根据上述目的,渗流数学模型的因变量(未知量)一般是压力 p(或相当于压力的压力函数)、渗流速度 v 及饱和度 S_i。一般渗流问题的因变量(未知量)是压力 p 和速度 v;两相或多相渗流问题是求饱和度 S_i 的分布;在分界面移动理论中是求解时间与分界面坐标的函数关系。

渗流数学模型中的自变量,一般是坐标(x,y,z)和时间 t 两个物理量:在稳定渗流中,自变量只包括坐标(x,y,z)或(r,θ,z);在不稳定渗流中,自变量包括坐标和时间,即(x,y,z,t)。在建立渗流数学模型时,还要根据所解决问题的地质状态、生产条件来确定渗流空间的维数。一维空间的自变量是(x,t)或(r,t);二维问题是(x,y,t)或(r,θ,t);三维问题是(x,y,z,t)或(r,θ,z,t)。在渗流数学模型中也有零维模型——与空间无关的模型,如物质平衡方法的数学模型就是零维模型。

在渗流数学模型中,除了自变量和因变量之外,还会出现一些系数,其中有地层物理参数(如渗透率 K、孔隙度 ϕ、弹性压缩系数 C、导压系数 η 等)和流体的物理参数(如黏度 μ、密度 ρ、体积系数 B 等)。上述参数又可分为常系数和变系数(变系数指这些物理参数是压力或其他变量的函数)两种。

建立渗流数学模型的最终目的是要求得到因变量和自变量之间的函数关系,即:

$$p = f(x,y,z,t,A,B)$$
$$v = f(x,y,z,t,A,B)$$
$$S = f(x,y,z,t,A,B)$$

式中,A 为岩石的物理参数,B 为流体的物理参数。它们可以是常数,也可以是某些变量的函数。

(二)研究各物理量的条件

要逐个研究渗流过程中各物理量的条件和情况,它们主要包括四个方面。

(1)过程状况:渗流是等温过程还是非等温过程。
(2)系统状况:渗流系统是单组分系统还是多组分系统,甚至是凝析系统。
(3)相态状况:渗流过程是单相、多相还是混相。
(4)流态状况:渗流是服从线性渗流规律还是服从非线性渗流规律,是否为物理化学渗流或非牛顿液体渗流。

只有通过上述状况的分析,才能对数学模型中选用哪些运动方程、守恒方程以及是否需要状态方程和附加特性方程有一个正确的估计。

(三)确定因变量(未知量)与其他物理量之间的关系

根据前述分析,确定各物理量之间的关系,主要包括以下四个关系。

(1)确定渗流速度与压力梯度之间的函数关系,获得运动方程:

$$v_i = f\left(A, B, \frac{\mathrm{d}p_i}{\mathrm{d}L}\right) \quad (i = \mathrm{o,w,g})$$

(2)确定物理参数与压力之间的函数关系,获得状态方程:

$$A_i = f_i(p)$$
$$B_i = f_i(p)$$

(3)确定渗流速度或饱和度与坐标及时间的函数关系,获得连续性方程:

$$v = f(x,y,z,t,A,B) \quad \text{(单相流体)}$$
$$S = f(x,y,z,t,A,B) \quad \text{(两相流体)}$$

(4)确定伴随渗流过程发生的其他物理化学作用的函数关系,获得能量转换方程、扩散方程等。

建立上述函数关系都是采用无穷小单元分析法,因此,上述各物理量的函数关系都是以微分方程形式表现出来的。

(四)写出渗流数学模型所需的综合微分方程(组)

各个方程只是分别孤立描述了渗流过程物理现象的各个层面。因此,还需要通过一定的综合方程把这几方面的物理现象的内在联系同时表达出来。从以上四方面的物理量函数关系的分析看来,只有连续性方程表达了确定未知量(v)和坐标及时间的函数关系,它反映了建立数学模型的根本目的(对两相渗流是建立饱和度与空间和时间的关系,同样也属于连续性方程)。因此,就选用连续性方程作为综合方程,把其他方程都代入连续性方程中,最后得到描述渗流过程全部物理现象的统一微分方程或微分方程组。

(五)量纲分析

根据量纲分析原则,检查所建立的数学模型量纲是否一致。渗流数学模型的量纲一定是齐次的。检查量纲往往可以看出所建立的数学模型是否正确,但用这个方法的重要条件是正确使用量纲。同时还要注意,量纲正确并不一定保证渗流数学模型没有错误。

(六)确定渗流数学模型的适定性

建立渗流数学模型之后,重要的问题是保证方程能够求解。事实上,一个微分方程可能是无解的,即使有解,也可能不是唯一和连续的。所以在建立渗流数学模型的过程中必须研究:解是否存在?解是否唯一?解是否连续?

如果一个渗流数学模型中的微分方程满足三个条件:解是存在的(解的存在性问题),解是唯一确定的(解的唯一性问题),解在数值上是连续的(解的稳定性问题),则这三个条件的问题就称为"适定问题"。因此建立数学模型之后要对它的适定性进行证明。

(七)给出边界条件和初始条件

根据具体的问题,写出边界条件和初始条件。

第二节 渗流数学模型的微分方程

渗流数学模型的微分方程由运动方程、状态方程和质量守恒(连续性)方程组成。

一、运动方程

运动方程是反映油气渗流速度与孔隙流体压力之间关系的方程,它描述的是渗流过程中发生的力学规律。

$$v = -\frac{K}{\mu}\nabla p$$

$$\nabla = \frac{\partial()}{\partial x}i + \frac{\partial()}{\partial y}j + \frac{\partial()}{\partial z}k$$

式中 ∇p——压力梯度,等效于(2-11)式、(2-22)式中的 dp/dL、$\text{grad}p$。

∇——哈密尔顿算子,也称为那勃勒算子。

二、状态方程

渗流是一个运动过程,而且也是一个状态不断变化的过程,由于和渗流有关的物质(岩石、液体、气体)都有弹性,因此,随着状态变化,物质的力学性质会发生变化。所以,描述由于弹性而引起力学性质随状态而变化的方程称为"状态方程"。

(一)液体的状态方程

液体具有压缩性,随着压力降低,体积发生膨胀,同时释放弹性能量,出现弹性力,它的特性可用下式来描述：

$$C_\rho = -\frac{1}{V_L}\frac{dV_L}{dp} \tag{3-1}$$

式中　C_ρ——液体的弹性压缩系数，表示单位压力下，单位体积液体的体积变化量，MPa^{-1}；
　　　V_L——液体的绝对体积，m^3；
　　　dV_L——压力改变 dp 时相应液体体积的变化量，m^3。

由此看出，弹性作用体现为体积和压力之间的关系。对弹性液体来说，它的体积不是绝对不变的，而是随着压力状态变化而变化，因此，表征这种变化关系的是一种压力状态方程。

根据质量守恒原理，在弹性压缩或膨胀时液体质量 M 是不变的，即：

$$M = \rho V_L \tag{3-2}$$

式中　ρ——液体密度，kg/m^3。

对(3-2)式微分得到：

$$dV_L = -\frac{M}{\rho^2}d\rho \tag{3-3}$$

(3-3)式代入(3-1)式得到密度弹性压缩系数：

$$C_\rho = \frac{1}{\rho}\frac{d\rho}{dp} \tag{3-4}$$

取 C_ρ 为常数，并设 $p = p_0$，$\rho = \rho_0$，$p = p$，$\rho = \rho$，积分(3-4)式得：

$$\ln\frac{\rho}{\rho_0} = C_\rho(p - p_0) \tag{3-5}$$

$$\rho = \rho_0 e^{C_\rho(p-p_0)} \tag{3-6}$$

将(3-6)式按麦克劳林级数展开，只取其前两项已具有足够的精确性，则得：

$$\rho = \rho_0[1 + C_\rho(p - p_0)] \tag{3-7}$$

式中　p_0——大气压力，MPa；
　　　ρ_0——大气压力下液体的密度，kg/m^3；
　　　ρ——任意压力 p 时液体的密度，kg/m^3。

(3-6)式、(3-7)式就是弹性液体的状态变化方程。

实际上，C_ρ 值是一个变量，它随温度和压力不同略有改变。例如，水的温度从 15℃ 增至 115℃ 时，C_ρ 值开始降低 4%，然后增加，其变化的幅度可达 10%；当压力改变时，C_ρ 值随压力增加而减小，当压力从 0.7MPa 变到 42.2MPa 时，C_ρ 约减少 12%。在地下渗流中，油气层温度大致不变，整个渗流过程可看成等温过程，一般把 C_ρ 值看成常数，其数量级在 $10^{-4} MPa^{-1}$ 左右。因此，渗流过程若是弹性液体，应将液体状态方程列入描述渗流过程的数学模型中。

（二）岩石的状态方程

岩石的压缩性对渗流过程有两方面的影响，一方面是压力变化会引起孔隙大小发生变化，表现为孔隙度是随压力而变化的状态函数；另一方面则是由于孔隙大小变化引起渗透率的变化。

由于岩石的压缩性，当压力变化时，岩石的固体骨架体积会压缩或者膨胀，这同时也反映在岩石孔隙体积上发生变化，因而可以把岩石的压缩性看成孔隙度随压力发生变化。岩石压

缩性用压缩系数表示,即:

$$C_\phi = \frac{1}{V_\phi}\frac{\mathrm{d}V_\phi}{\mathrm{d}p} \tag{3-8}$$

式中 C_ϕ——岩石压缩系数,MPa^{-1};

V_ϕ——岩石孔隙体积,m^3。

因 $\dfrac{\mathrm{d}V_\phi}{V_\phi}=\dfrac{\mathrm{d}\phi}{\phi}$,所以:

$$C_\phi = \frac{1}{\phi}\frac{\mathrm{d}\phi}{\mathrm{d}p} \tag{3-9}$$

式中 ϕ——岩石的孔隙度。

(3-9)式分离变量,并在 $p=p_0,\phi=\phi_0,p=p,\phi=\phi$ 条件下积分得:

$$\phi = \phi_0 e^{C_\phi(p-p_0)} \tag{3-10}$$

将(3-10)式按麦克劳林级数展开,只取其前两项已具有足够的精确性,则得:

$$\phi = \phi_0[1+C_\phi(p-p_0)] \tag{3-11}$$

式中 ϕ_0——大气压力下岩石的孔隙度;

ϕ——压力 p 下岩石的孔隙度。

(3-10)式、(3-11)式称为"弹性介质的状态方程",它描述了孔隙介质在符合弹性状态变化范围内孔隙度的变化规律。当压力降低时,岩石膨胀,孔隙缩小,将孔隙原有体积中部分流体排挤出去,推向井底而成为驱动流体的弹性能量。由于岩石是由不同矿物组成的,所以不同岩石的压缩系数是不相同的。

三、质量守恒方程

油气渗流过程必须遵循质量守恒原理(又称连续性原理)。该原理可以描述为:在地层中任取一个微小的单元体,在单元体内若没有源和汇存在,那么包含在单元体封闭表面之内的流体质量变化应等于同一时间间隔内流体流入质量与流出质量之差。用质量守恒原理建立起来的方程称质量守恒方程,又称连续性方程。

在渗流过程中常见的连续性方程有单相流体渗流的连续性方程、两相流体渗流连续性方程以及带传质扩散过程的连续性方程。它们都遵守质量守恒原理,但对象不同,内容又不完全一样。在渗流数学模型中,用它来描述渗流过程各种力学规律和物理化学规律之间的内在联系,通过把运动方程、状态方程和其他方程在质量守恒原理上联系起来,成为一个描述渗流过程全部力学过程的微分方程组。

连续性方程的表现形式是给出运动要素(速度、密度、饱和度、浓度)随时间和空间的变化关系,稳定渗流时则是描述这些要素和空间之间的变化。

(一)用微分法建立连续性方程

用质量守恒原理建立连续性方程的方法有两种:一种称为微分法(或称无穷小单元分析

法);另一种称为积分法(或称矢量场方法)。

如图 3-1 所示,在地层中取微小六面体单元,单元体中 M 点质量速度在各坐标上分量为 ρv_x、ρv_y、ρv_z。

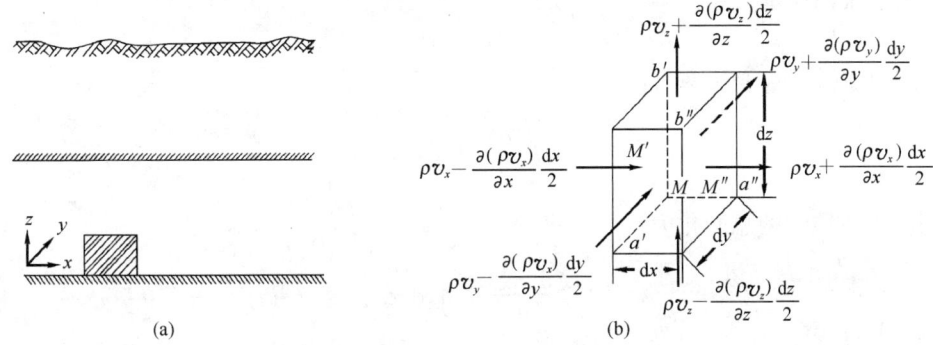

图 3-1 微小六面体单元示意图

M 点在 x 方向上分速度为 ρv_x,在 M' 点分速度为:

$$\rho v_x - \frac{\partial(\rho v_x)}{\partial x}\frac{\mathrm{d}x}{2}$$

$\mathrm{d}t$ 时间内经 $a'b'$ 面流入的质量流量应为:

$$\left[\rho v_x - \frac{\partial(\rho v_x)}{\partial x}\frac{\mathrm{d}x}{2}\right]\mathrm{d}y\mathrm{d}z\mathrm{d}t$$

同理,M'' 点在 x 方向分速度应为:

$$\rho v_x + \frac{\partial(\rho v_x)}{\partial x}\frac{\mathrm{d}x}{2}$$

$\mathrm{d}t$ 时间内经 $a''b''$ 面流出的质量流量为:

$$\left[\rho v_x + \frac{\partial(\rho v_x)}{\partial x}\frac{\mathrm{d}x}{2}\right]\mathrm{d}y\mathrm{d}z\mathrm{d}t$$

六面体在 $\mathrm{d}t$ 时间内从 x 方向流入流出的质量流量差为:

$$-\frac{\partial(\rho v_x)}{\partial x}\mathrm{d}x\mathrm{d}y\mathrm{d}z\mathrm{d}t$$

同理,在 $\mathrm{d}t$ 时间内从 y、z 方向流入流出的质量流量差分别为:

$$-\frac{\partial(\rho v_y)}{\partial y}\mathrm{d}y\mathrm{d}x\mathrm{d}z\mathrm{d}t$$

$$-\frac{\partial(\rho v_z)}{\partial z}\mathrm{d}z\mathrm{d}x\mathrm{d}y\mathrm{d}t$$

在 $\mathrm{d}t$ 时间内六面体内流入与流出的总质量流量差为:

$$-\left[\frac{\partial(\rho v_x)}{\partial x} + \frac{\partial(\rho v_y)}{\partial y} + \frac{\partial(\rho v_z)}{\partial z}\right]\mathrm{d}x\mathrm{d}y\mathrm{d}z\mathrm{d}t$$

经过六面体流入与流出的质量之所以不一样,是因为在六面体岩石和流体弹性能量的作用下,释放或储存了一部分质量(岩石的弹性表现为孔隙度的变化,流体的弹性表现为流体密度的变化)。

六面体内的孔隙体积为：

$$\phi dxdydz$$

六面体内的流体质量为：

$$\rho\phi dxdydz$$

单位时间内流体质量变化率为：

$$\frac{\partial(\rho\phi)}{\partial t}dxdydz$$

dt 时间内流体质量的总变化为：

$$\frac{\partial(\rho\phi)}{\partial t}dxdydzdt$$

显然，dt 时间内六面体总质量变化应等于六面体在 dt 时间内流入与流出的质量差：

$$-\left[\frac{\partial(\rho v_x)}{\partial x}+\frac{\partial(\rho v_y)}{\partial y}+\frac{\partial(\rho v_z)}{\partial z}\right]dxdydzdt = \frac{\partial(\rho\phi)}{\partial t}dxdydzdt$$

$$-\left[\frac{\partial(\rho v_x)}{\partial x}+\frac{\partial(\rho v_y)}{\partial y}+\frac{\partial(\rho v_z)}{\partial z}\right] = \frac{\partial(\rho\phi)}{\partial t} \tag{3-12}$$

(3-12)式还可以写成：

$$\frac{\partial(\rho\phi)}{\partial t}+\nabla\cdot(\rho v) = 0 \tag{3-13}$$

(3-13)式就是单相均质可压缩流体在弹性孔隙介质中渗流的质量守恒方程(连续性方程)。如果是不可压缩流体(即 ρ=常数)在刚性孔隙介质中流动(ϕ=常数)，那么，$\partial(\rho\phi)/\partial t=0$，此时的连续性方程为：

$$\nabla\cdot v = 0 \tag{3-14}$$

(3-14)式的物理意义是：六面体流出流入质量差为零，即流入六面体的质量与流出的质量相等。它仍然是一个质量守恒方程式，为不考虑弹性作用的连续性方程，由于和时间无关，所以又称稳定渗流的连续性方程。

（二）用积分法建立连续性方程

如图 3-2 所示，从地层中任取体积等于 Ω 的单元体，它的表面记为 S，其外法线单位向量记为 n，设 M 是体积为 dV 的单元中的任一点，则$\rho(M,t)\phi(M,t)dV$(记为 $\rho\phi dV$)表示 t 时刻 dV 体积内的质量，而整个 Ω 体积内流体的质量为：

$$\iiint\limits_{\Omega}\rho\phi dV \tag{3-15}$$

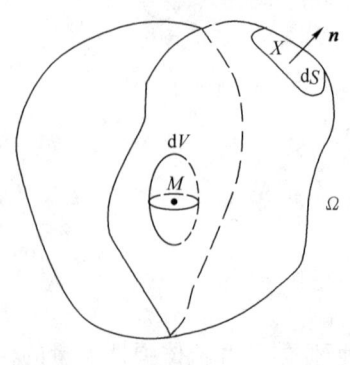

图 3-2 地层单元体示意图

另外，若在 S 表面上的面积单元 dS 内任取一点 X，则 $\rho(X,t)v(X,t)n(X)dS$(记为 $\rho vn dS$)表示从时刻 t 开始单位时间内沿法线方向流过 dS 内截面的流量。流过整个 S 表面的流量体的质量为：

$$\oiint_S \rho v n \, dS \tag{3-16}$$

从 t 时刻到 $t+dt$ 时刻在 Ω 体积内由于地层岩石和流体的弹性作用，ρ 和 ϕ 均发生了变化，因此，dV 体积内质量也发生了变化，变化的质量为：

$$dt \iiint_\Omega \frac{\partial(\rho\phi)}{\partial t} dV \tag{3-17}$$

另一个方面，从 t 时刻到 $t+dt$ 时刻通过 S 表面的质量流量：

$$dt \oiint_S \rho v n \, dS \tag{3-18}$$

根据质量守恒原理，由(3-17)式、(3-18)式得：

$$dt \iiint_\Omega \frac{\partial(\rho\phi)}{\partial t} dV = - dt \oiint_S \rho v n \, dS \tag{3-19}$$

由(3-19)式得：

$$\iiint_\Omega \frac{\partial(\rho\phi)}{\partial t} dV = - \oiint_S \rho v n \, dS \tag{3-20}$$

根据奥高定律，将(3-20)式的右端写为：

$$\oiint_S \rho v n \, dS = \iiint_\Omega [\nabla \cdot (\rho v)] dV \tag{3-21}$$

由于 Ω 的任意性并假定被积函数在 Ω 内连续，则得到单相渗流的连续性方程：

$$\frac{\partial(\rho\phi)}{\partial t} = - \nabla \cdot (\rho v) \tag{3-22}$$

$$\frac{\partial(\rho\phi)}{\partial t} + \nabla \cdot (\rho v) = 0 \tag{3-23}$$

由(3-22)式、(3-23)式同样可得到形如(3-14)式的稳定渗流连续性方程。

四、典型渗流数学模型的微分方程

根据建立渗流数学模型的方法和步骤，以单相液体渗流为例，建立几个典型的渗流数学模型的微分方程。

（一）单相不可压缩液体稳定渗流微分方程

假设单相液体在均质介质中的渗流为满足线性渗流规律的等温稳定渗流过程，不考虑多孔介质及液体的压缩性。

(1) 运动方程：

$$v = - \frac{K}{\mu} \nabla p \tag{3-24}$$

(2) 连续性方程：

$$\nabla \cdot v = 0 \tag{3-25}$$

将(3-24)式代入(3-25)式得:

$$\nabla \cdot \left(-\frac{K}{\mu}\nabla p\right)=0 \tag{3-26}$$

由于 K/μ 是常数,则由(3-26)式得到:

$$\frac{\partial}{\partial x}\left(\frac{\partial p}{\partial x}\right)+\frac{\partial}{\partial y}\left(\frac{\partial p}{\partial y}\right)+\frac{\partial}{\partial z}\left(\frac{\partial p}{\partial z}\right)=0$$

$$\frac{\partial^2 p}{\partial x^2}+\frac{\partial^2 p}{\partial y^2}+\frac{\partial^2 p}{\partial z^2}=0 \tag{3-27}$$

或

$$\nabla^2 p=0$$

$$\nabla^2=\frac{\partial^2(\ )}{\partial x^2}+\frac{\partial^2(\ )}{\partial y^2}+\frac{\partial^2(\ )}{\partial z^2}$$

式中 ∇^2——拉普拉斯算子。

(3-27)式即为均质地层中单相不可压缩液体稳定渗流数学模型的微分方程。它是一个二阶椭圆形偏微分方程,又称拉普拉斯方程,它是用直角坐标表示的,也可以换为圆柱坐标系和球坐标系。在不同坐标系下,拉普拉斯算子$\nabla^2 p$具有不同形式,如表3-1所示。

表 3-1　各种坐标系下的拉普拉斯算子$\nabla^2 p$的表达式

坐　标　系	三　维　问　题	一　维　问　题
直角坐标(x,y,z)	$\nabla^2 p=\frac{\partial^2 p}{\partial x^2}+\frac{\partial^2 p}{\partial y^2}+\frac{\partial^2 p}{\partial z^2}=0$	$\nabla^2 p=\frac{\partial^2 p}{\partial x^2}$
圆柱坐标(r,θ,z)	$\nabla^2 p=\frac{1}{r}\frac{\partial}{\partial r}\left(r\frac{\partial p}{\partial r}\right)+\frac{1}{r^2}\frac{\partial^2 p}{\partial \theta^2}+\frac{\partial^2 p}{\partial z^2}$	$\nabla^2 p=\frac{1}{r}\frac{\partial}{\partial r}\left(r\frac{\partial p}{\partial r}\right)$
球坐标(r,θ,σ)	$\nabla^2 p=\frac{1}{r^2}\frac{\partial}{\partial r}\left(r^2\frac{\partial p}{\partial r}\right)+\frac{1}{r^2\sin\theta}\frac{\partial}{\partial \theta}\left(\sin\theta\frac{\partial p}{\partial \theta}\right)+\frac{1}{r^2\sin^2\theta}\frac{\partial p}{\partial \sigma^2}$	$\nabla^2 p=\frac{1}{r^2}\frac{\partial}{\partial r}\left(r^2\frac{\partial p}{\partial r}\right)$

(二)单相可压缩液体不稳定渗流微分方程

假设单相液体在均质介质中的渗流符合线性渗流规律(层流状态),多孔介质和液体都是可以压缩的,渗流是等温的不稳定渗流过程。

(1)运动方程。考虑线性渗流,运动方程为:

$$v=-\frac{K}{\mu}\nabla p \tag{3-28}$$

(2)状态方程。由于多孔介质和液体都是可压缩的,则需要考虑孔隙介质及弹性液体的状态方程。

对弹性孔隙介质:

$$\phi=\phi_0[1+C_\phi(p-p_0)] \tag{3-29}$$

对弹性液体：

$$\rho = \rho_0[1 + C_\rho(p - p_0)] \quad (3-30)$$

(3)质量守恒方程：

$$\frac{\partial(\phi\rho)}{\partial t} + \nabla \cdot (\rho v) = 0 \quad (3-31)$$

将(3-29)式、(3-30)式代入(3-31)式左端第一项 $\partial(\phi\rho)/\partial t$ 中，因为 $\phi\rho = \phi_0\rho_0 + \phi_0\rho_0(C_\phi + C_\rho)(p - p_0) + \phi_0\rho_0 C_\phi C_\rho (p - p_0)^2$，考虑到 C_ϕ, C_ρ 是很小的数，则略去 $C_\phi C_\rho$ 项后得：$\phi\rho = \phi_0\rho_0 + \phi_0\rho_0(p - p_0)(C_\phi + C_\rho)$。

引进一个新的压缩系数 $C_t = C_\rho + C_\phi$，称其为综合压缩系数，它的物理意义是：单位岩石孔隙体积在降低单位压力时，孔隙收缩和液体膨胀总共排挤出来的液体体积，一般来说，可以看成是一个常数。

$$\phi\rho = \phi_0\rho_0 + \phi_0\rho_0 C_t (p - p_0)$$

$$\frac{\partial(\phi\rho)}{\partial t} = \phi_0\rho_0 C_t \frac{\partial p}{\partial t} \quad (3-32)$$

(3-31)式左端第二项由三项之和组成：

$$\frac{\partial(\rho v_x)}{\partial x} + \frac{\partial(\rho v_y)}{\partial y} + \frac{\partial(\rho v_z)}{\partial z}$$

其中：

$$\frac{\partial}{\partial x}(\rho v_x) = \frac{\partial}{\partial x}\left[\rho_0 e^{C_\rho(p-p_0)}\left(-\frac{K}{\mu}\frac{\partial p}{\partial x}\right)\right] = -\frac{K}{\mu}\rho_0\frac{\partial}{\partial x}\left[e^{C_\rho(p-p_0)}\frac{\partial p}{\partial x}\right]$$

$$= -\frac{K\rho_0}{\mu}\frac{\partial}{\partial x}\left\{\frac{\partial}{\partial x}\left[\frac{e^{C_\rho(p-p_0)}}{C_\rho}\right]\right\} = -\frac{K}{\mu}\frac{\rho_0}{C_\rho}\frac{\partial}{\partial x}\left\{\frac{\partial}{\partial x}\left[e^{C_\rho(p-p_0)}\right]\right\}$$

$$= -\frac{K}{\mu}\frac{\rho_0}{C_\rho}\frac{\partial}{\partial x}\left\{\frac{\partial}{\partial x}\left[1 + C_\rho(p-p_0)\right]\right\} = -\frac{K}{\mu}\frac{\rho_0}{C_\rho}C_\rho\frac{\partial^2 p}{\partial x^2}$$

$$= -\frac{K\rho_0}{\mu}\frac{\partial^2 p}{\partial x^2} \quad (3-33)$$

同理可得：

$$\frac{\partial}{\partial y}(\rho v_y) = -\frac{K\rho_0}{\mu}\frac{\partial^2 p}{\partial y^2} \quad (3-34)$$

$$\frac{\partial}{\partial z}(\rho v_z) = -\frac{K\rho_0}{\mu}\frac{\partial^2 p}{\partial z^2} \quad (3-35)$$

由(3-33)式～(3-35)式得：

$$\frac{\partial}{\partial x}(\rho v_x) + \frac{\partial}{\partial y}(\rho v_y) + \frac{\partial}{\partial z}(\rho v_z) = -\frac{K\rho_0}{\mu}\left(\frac{\partial^2 p}{\partial x^2} + \frac{\partial^2 p}{\partial y^2} + \frac{\partial^2 p}{\partial z^2}\right) \quad (3-36)$$

将(3-36)式、(3-32)式代入(3-31)式得：

$$\frac{K}{\phi_0 \mu C_t}\left(\frac{\partial^2 p}{\partial x^2} + \frac{\partial^2 p}{\partial y^2} + \frac{\partial^2 p}{\partial z^2}\right) = \frac{\partial p}{\partial t}$$

$$\frac{\partial^2 p}{\partial x^2} + \frac{\partial^2 p}{\partial y^2} + \frac{\partial^2 p}{\partial z^2} = \frac{1}{\eta}\frac{\partial p}{\partial t} \quad (3-37)$$

$$\nabla^2 p = \frac{1}{\eta}\frac{\partial p}{\partial t}$$

$$\eta = K/(\phi_0 \mu C_t)$$

式中 ϕ_0——某一压力下的孔隙度；

η——导压系数。

导压系数的物理意义是：单位时间内压力波传播的面积。

(3-37)式就是在弹性孔隙介质中单相可压缩液体渗流数学模型的微分方程。它是一个二阶抛物线形偏微分方程，又称为热传导方程，在数理方程中一般称为扩散方程。当$\partial p/\partial t=0$时，(3-37)式就是拉普拉斯方程。所以，稳定渗流的微分方程(3-27)式是不稳定渗流微分方程(3-37)式的一个特例。

第三节 渗流数学模型的定解条件

渗流数学模型的微分方程都是描述在流动域内一点上发生的物理现象。大多数情况下，稳定渗流的自变量是(x,y,z)，不稳定渗流的自变量是(x,y,z,t)，而因变量是压力、速度、饱和度和溶质浓度等。

微分方程本身不能定量描述一个具体问题，它只是对同类物理现象进行一般定性描述，即描述同类现象各物理量之间的相互关系。因此，任何一个微分方程都可能有无穷个解，每一个解代表这种现象的一个具体情况。

要从许多解中得到感兴趣的特殊问题的解，就需要补充微分方程中没有包括的信息，由这些补充信息和微分方程，就可以得到所研究的特殊问题的解。要规定一个具体特殊问题，需要的条件有：(1)发生这个物理现象的区域的集合形状；(2)影响这个物理现象的物理参数和系数；(3)描述所研究系统的初始状况条件；(4)所研究问题区域的边界条件。

由此可见，完整的数学模型必须包括微分方程及初始条件和边界条件，有了这些附加条件才能使数学模型具体化，从定性研究达到定量研究。

解决一个具体物理问题时，如液体通过特定的多孔介质域的流动，显然要从无穷多个可能的解中挑选出一个满足规定附加条件的解。也就是说，一个微分方程的通解并不是唯一确定的，因为它里面包含着待定系数和待定函数，所以必须给出附加条件来确定这些待定系数和待定函数。如果附加条件是对所研究区域空间物理位置而言的，就称为"边界条件"，这类问题称为"边值问题"。如果这类问题的因变量还是时间的变量(如不稳定渗流)，边界条件还必须同时在所有$t\geqslant 0$时都满足。此外，不稳定渗流问题还必须在研究区域所有点上，对物理过程开始瞬间状况规定条件，这种条件称为"初始条件"，即初始条件是对时间而规定的条件，这类问题称为"初始值问题"。

初始条件和边界条件一般都是从矿场观察或实践中总结出来的，要视微分方程所描述的物理现象的具体情况而定，不能任意假设。因此，由于在实际中给出的条件包含一定的误差，从而影响所研究问题的解，这个影响即所谓"解的稳定性"问题。

边界条件往往是根据过去的经验在一定假设情况下的数学表达式。在使用之前，必须对边界条件加以一定限制。

描述二阶偏微分方程的边界条件应包括以下内容：(1)边界的几何空间；(2)在同一边界上

因变量(如压力等)或其导数情况的描述。

在渗流中使用的边界条件一般有三种形式:(1)以压力(或势)表示的边界条件;(2)以流动速度表示的边界条件;(3)混合边界条件。

一、渗流数学模型的三种边界条件

(一)以压力表示的边界条件

以压力表示的边界条件实际上就是确定研究区域 Ω 的渗流问题在边界 Σ 所有点的压力,如图 3-3 所示。

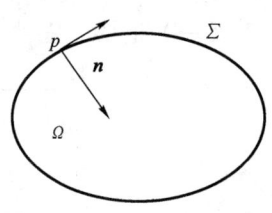

图 3-3 渗流区域示意图

对于三维流动:

$$p\big|_{\Sigma} = f(x,y,z) \text{ 或 } p\big|_{\Sigma} = f(x,y,z,t) \tag{3-38}$$

对于二维流动:

$$p\big|_{\Sigma} = f(x,y) \text{ 或 } p\big|_{\Sigma} = f(x,y,t) \tag{3-39}$$

式中 f——已知函数。

当遇到这类边界条件时,流动域无论何时都是相邻连续流体的一部分。这种边界条件的特殊情况是界面上的压力为常数,即 p=常数,这种边界称为等压面(二维问题中称等压线),在油气渗流中是常见的边界。

在偏微分方程理论中,这类边界条件问题称为"第一类边值问题",又称狄里赫利(Derichlet)问题。

(二)以流动速度表示的边界条件

沿着这类边界上的各点是向着边界法线方向流动的,如图 3-3 所示。对稳定流动,可用一个位置函数来规定边界上所有点的流动;对不稳定流动,要用位置及时间函数来描述它。可以直接用流动速度来表示边界条件,也可以通过压力的法线导数来表示流动速度的边界条件:

$$v\big|_{\Sigma} = f(x,y,z) \text{ 或 } v\big|_{\Sigma} = f(x,y,z,t) \tag{3-40}$$

$$\frac{\partial p}{\partial \boldsymbol{n}}\bigg|_{\Sigma} = g(x,y,z) \text{ 或 } \frac{\partial p}{\partial \boldsymbol{n}}\bigg|_{\Sigma} = g(x,y,z,t) \tag{3-41}$$

式中 g——已知函数。

在偏微分方程理论中,以流动速度表示的边界条件问题称为第二类边值问题,又称纽曼(Neumann)问题。

(三)混合边界条件

混合边界条件是指同时用压力函数和它的法线导数的线性组合形式来限定的边界条件:

$$\left[\frac{\partial p}{\partial \boldsymbol{n}} + \lambda(x,y,z)p\right]\bigg|_{\Sigma} = f(x,y,z) \tag{3-42}$$

式中 λ——已知函数。

像这样的边界条件称为第三类边界条件,在多孔介质渗流中很少遇到,常见的是第一类和第二类边界条件。

二、典型渗流数学模型的定解条件

(一)圆形定压边界稳定渗流

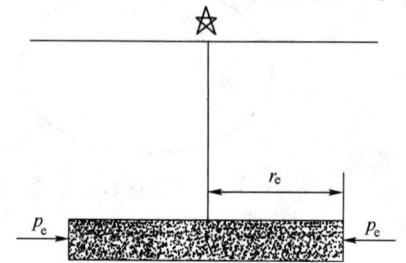

图 3-4　定压边界模型图

在圆形定压边界地层中心有一口井，液体向井的流动为满足达西定律的平面径向稳定渗流。渗流物理模型如图 3-4 所示。

稳定渗流数学模型的微分方程为：

$$\frac{d^2 p}{dr^2} + \frac{1}{r}\frac{dp}{dr} = 0 \qquad (3-43)$$

(3-43)式是一个二阶常微分方程，有两个待定系数，因此，需要对因变量 p 给出两个边界条件。

井底保持恒定压力：

$$r = r_w, \quad p = p_{wf} \qquad (3-44)$$

供给边界上保持恒定压力：

$$r = r_e, \quad p = p_e \qquad (3-45)$$

式中　r_w, r_e——井半径、供给边界半径；
　　　p_{wf}, p_e——井底流压、供给边界压力。

上述问题属于第一类边值问题。

(二)无限大地层不稳定渗流

无限大地层中有一口井，液体向井的流动为满足达西定律的平面径向不稳定渗流。

不稳定渗流数学模型的微分方程为：

$$\frac{\partial^2 p}{\partial r^2} + \frac{1}{r}\frac{\partial p}{\partial r} = \frac{\phi \mu C_t}{K}\frac{\partial p}{\partial t} \qquad (3-46)$$

(3-46)式是一个二阶偏微分方程，对因变量 p 的边界条件有两个。但 p 又是时间的因变量，所以还有一个初始条件，而且边界条件必须在所有 $t>0$ 的情况下满足。

初始条件：

$$t = 0, p = p_i \qquad (r_w < r < r_e) \qquad (3-47)$$

外边界条件：

$$r \to \infty, \quad p = p_i, \quad t > 0 \qquad \text{(第一类边界条件)} \qquad (3-48)$$

内边界条件：

$$r = r_w, \quad r\frac{\partial p}{\partial r} = \frac{q\mu}{2\pi Kh}, \quad t > 0 \qquad \text{(第二类边界条件)} \qquad (3-49)$$

式中　p_i——原始地层压力；

q——油井的地下产量。

上述问题属于混合边值问题。

(三)圆形封闭边界不稳定渗流

在圆形封闭边界地层中心有一口井,液体向井的流动为满足达西定律的平面径向不稳定渗流。渗流物理模型如图3-5所示。

不稳定渗流数学模型的微分方程为:

$$\frac{\partial^2 p}{\partial r^2}+\frac{1}{r}\frac{\partial p}{\partial r}=\frac{\phi\mu C_t}{K}\frac{\partial p}{\partial t} \qquad (3-50)$$

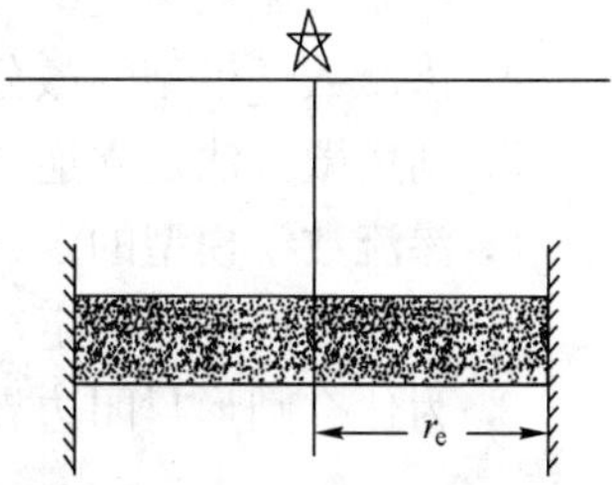

初始条件:

$$t=0, p=p_i \quad (r_w<r<r_e) \qquad (3-51)$$

图3-5 封闭边界模型图

外边界条件:

$$r=r_e, \frac{\partial p}{\partial r}=0, t>0 \quad \text{(第二类边界条件)} \qquad (3-52)$$

内边界条件:

$$r=r_w, r\frac{\partial p}{\partial r}=\frac{q\mu}{2\pi Kh}, t>0 \quad \text{(第二类边界条件)} \qquad (3-53)$$

上述问题属于第二类边值问题。

(四)圆形定压边界不稳定渗流

在圆形定压边界地层中心有一口井,液体向井的流动为满足达西定律的平面径向不稳定渗流。渗流物理模型如图3-4所示。

不稳定渗流数学模型的微分方程为:

$$\frac{\partial^2 p}{\partial r^2}+\frac{1}{r}\frac{\partial p}{\partial r}=\frac{\phi\mu C_t}{K}\frac{\partial p}{\partial t} \qquad (3-54)$$

初始条件:

$$t=0, p=p_i \quad (r_w<r<r_e) \qquad (3-55)$$

外边界条件:

$$r=r_e, p=p_i, t>0 \quad \text{(第一类边界条件)} \qquad (3-56)$$

内边界条件:

$$r=r_w, r\frac{\partial p}{\partial r}=\frac{q\mu}{2\pi Kh}, t>0 \quad \text{(第二类边界条件)} \qquad (3-57)$$

这是一个混合边值问题。从圆形封闭和定压两种情况看出,同样一个数学微分方程,只是边界条件不相同,就代表了两种不同的具体情况(不渗透边界和定压边界)。由此可以看出,数学模型中边界条件是非常重要的,它不可以任意假设。

思 考 题

1. 建立渗流数学模型的基础是什么?
2. 阐述渗流数学模型的结构。
3. 建立渗流数学模型有哪些步骤?
4. 渗流数学模型的微分方程是怎样获得的?
5. 利用微分法建立连续性方程的基本原理是什么?
6. 渗流数学模型的定解条件有哪些?
7. 推导一口油井以定产量生产时渗流数学模型的内边界条件。
8. 为什么圆形封闭边界的外边界条件是 $r=r_e, \partial p/\partial r=0$?

第四章 单相液体稳定渗流理论

第三章已经建立起单相液体稳定渗流的微分方程,只需加入具体的边界条件就构成单相液体稳定渗流的数学模型。单相液体稳定渗流存在于以下描述的情况:在水压驱动方式下,边水强大,水区与油区连通性好,因而采出多少原油,边水就供给油区多少水量,地层能量的耗损能得到及时补充,地层中的流动可视为单相液体稳定渗流;在早期注水开发方式下,保持注采平衡时,若油井以定井底压力生产,油井产量及地层压力均可保持不变,此时原油的地层渗流可视为稳定流。由于地层压力保持不变,其他地层能量,如弹性能、溶解气能量等都不能表现出来,如果忽略油水之间的物性差别,地层中原油的流动可视为单相不可压缩液体的稳定渗流。

第一节 单相液体稳定渗流基本原理

一、单相不可压缩液体的单向流

对于条带状油藏,地层的一端是供给边缘,另一端为排液道,液体从供给边缘单向流向排液道;或者油田采用排状注水,一排注水井,一排采油井,液体从注水井排流向采油井排。在上述情况下,可采用下述方法建立稳定渗流理论。

(一)物理模型

(1)水平均质等厚条带状地层,长、宽、厚分别为 L、B、h,如图 4-1 所示。

(2)地层一端有一直线供给边缘,压力为 p_e,另一端有一排液道,压力为 p_{wf}。

(3)在水压驱动方式下,单相均质不可压缩液体的渗流符合达西定律。

(4)多孔介质不可压缩。

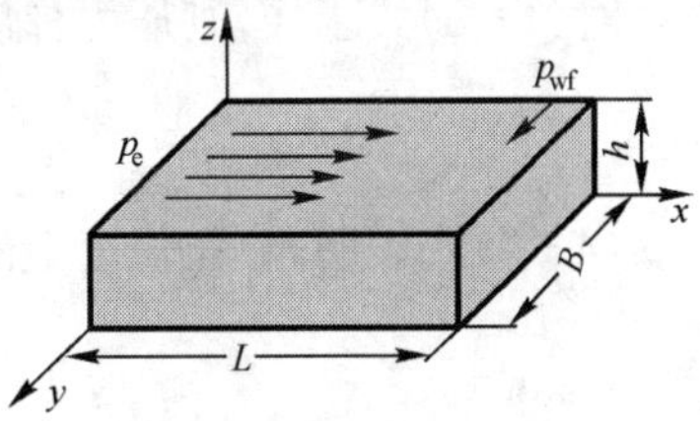

(二)渗流数学模型

图 4-1 单向流物理模型示意图

由第三章可知,对于均质储层,单相液流应该满足微分方程(3-27)式。由上述假设条件,单相不可压缩液体单向流的渗流数学模型可表示如下。

渗流微分方程:
$$\frac{\mathrm{d}^2 p}{\mathrm{d} x^2} = 0 \tag{4-1}$$

供给边界上:
$$x = 0, p = p_e \tag{4-2}$$

排液道上:
$$x = L, p = p_{wf} \tag{4-3}$$

(4-1)式~(4-3)式为单相不可压缩液体服从达西定律的单向稳定渗流数学模型。

(三)压力分布

压力分布公式实际上就是渗流数学模型(4-1)式~(4-3)式的解。(4-1)式为二阶常微分方程,可以采用分离变量法求解。将(4-1)式积分得:

$$\frac{\mathrm{d}p}{\mathrm{d}x} = C_1 \tag{4-4}$$

将(4-4)式积分得:

$$p = C_1 x + C_2 \tag{4-5}$$

式中 C_1, C_2——积分常数。

由边界条件(4-2)式及(4-5)式得:

$$C_2 = p_e \tag{4-6}$$

由边界条件(4-3)式及(4-5)式、(4-6)式得:

$$C_1 = -\frac{p_e - p_{wf}}{L} \tag{4-7}$$

将(4-6)式、(4-7)式代入(4-5)式得:

$$p = p_e - \frac{p_e - p_{wf}}{L}x \tag{4-8}$$

(4-8)式即为不可压缩液体单向稳定渗流的压力分布公式。由方程(4-8)式看出,压力 p 将随 x 的增加按线性关系下降,如图4-2所示。压力 p 的线性下降表明能量沿流程是均匀消耗的。

(四)压力梯度和渗流速度

对(4-8)式求导,则压力梯度表达式为:

$$\frac{\mathrm{d}p}{\mathrm{d}x} = -\frac{p_e - p_{wf}}{L} \tag{4-9}$$

(4-9)式表明,单位长度上的压力消耗是一个常数,如图4-3所示。

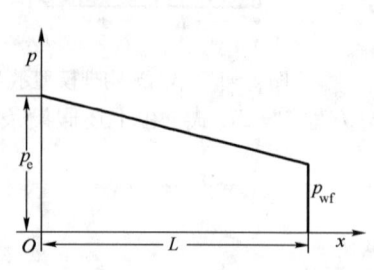

图4-2 单向流压力分布图

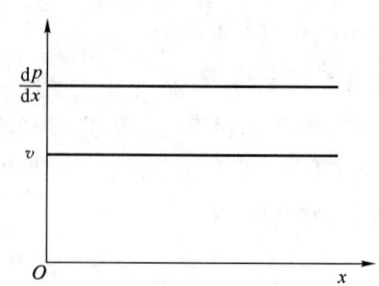

图4-3 单向流渗流速度及压力梯度分布图

由达西定律得渗流速度的表达式:

$$v = \frac{K}{\mu}\frac{p_e - p_{wf}}{L} \tag{4-10}$$

(4-10)式表明,当单相液体单向渗流时,渗流速度与位置坐标无关,是一常数,如图4-3所示。

(五)产量

设排液道产量为 q,渗流面积 $A=Bh$,则:

$$q = Av = \frac{KBh(p_e - p_{wf})}{\mu L} \tag{4-11}$$

由(4-11)式,对于不可压缩液体的单向稳定流,产量 q 与位置坐标 x 无关,即对于单相液体的单向渗流而言,渗流速度和产量在任意过水断面上均为常数。

注意:本章中的产量 q 都是地下条件下的产量,除非特别注明。

(六)质点移动规律

研究质点移动规律,是为了了解流体质点从某地运动到另一地所需要的时间。

由流体流动的真实速度与渗流速度的关系(1-16)式,并结合图 4-1 得:

$$v = \phi w = \phi \frac{dx}{dt} \tag{4-12}$$

式中 x——流体质点从供给边界开始流动的距离;

t——流体质点从供给边界开始流动 x 距离经历的时间。

对(4-12)式分离变量得:

$$\int_0^t dt = \int_0^x \frac{\phi}{v} dx \tag{4-13}$$

由(4-13)式并结合(4-10)式得:

$$t = \frac{\phi}{v} x = \frac{\phi \mu L}{K(p_e - p_{wf})} x \tag{4-14}$$

(4-14)式就是流体流过 x 距离所需要的时间。利用该公式可以计算排液道的见液时间。

(七)渗流场(水动力学场)图

渗流场图是由流线与等压线组成的图形。渗流场图中压力相等的空间点组成的面称为等压面。在同一渗流平面内,压力相等的点组成的线称为等压线。

等压线的绘制:在同一渗流平面内可以作无数条等压线,因此规定,作等压线时,必须使任意两条相邻等压线间的压差相等。

流线的绘制:在同一渗流平面内可以作无数条流线,因此规定,作流线时,必须使两相邻流线间的流量相等。

根据渗流场图的绘制原则可知,单向流的等压线是与 x 轴垂直且相互平行等距的直线,由(4-8)式可知,等压线方程为 $x=$常数,如图 4-4 所示。

按照流线的定义,单向流的流线应是与 x 轴平行且等间隔的水平线,其方程为 $y=$常数,如图 4-4 所示。

由上述分析看出,单向流的渗流场图是由等间隔的水平线与垂线组成的网格。等压线均匀分布,表示能量消耗是均匀的;流线相互平行、间隔相等,表明流速和流量不变。

流线、等压线形象地描绘了流体的流向及能量损耗规律和流速分布规律,它比计算公式更直观、生动和具体。

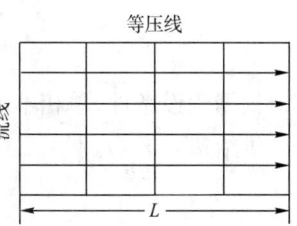

图 4-4 单向流渗流场图

二、单相不可压缩液体的平面径向流

对于单一的生产井或注水井,不能用单向流描述液体的渗流过程,尤其是近井周围,不再是单向流动而是径向流动。

(一)物理模型

(1)圆形等厚水平均质地层中心有一口完善井(井将油层全部穿透且在油层部分是裸露的),地层边缘有充足的液源供给,如图 4-5 所示。供给边缘半径为 r_e,供给压力(地层压力)为 p_e,油井半径为 r_w,井底流压为 p_{wf},地层厚度为 h,地层渗透率为 K,液体黏度为 μ。

(2)在水压驱动下,单相均质不可压缩液体满足达西定律且呈稳定渗流。

(二)渗流数学模型

由第三章可知,均质储层单相液体渗流满足微分方程(3-27)式,由于液体及多孔介质均不可压缩,流动是稳定的,则平面径向渗流的微分方程为:

$$\frac{\partial^2 p}{\partial x^2} + \frac{\partial^2 p}{\partial y^2} = 0 \quad (4-15)$$

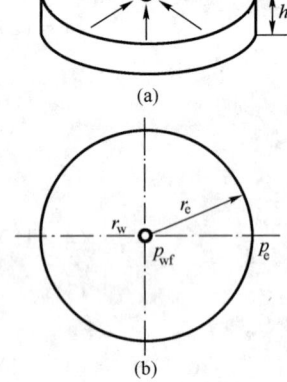

图 4-5 平面径向流示意图

如果采用平面极坐标,则有如下关系:

$$r = \sqrt{x^2 + y^2} \quad (4-16)$$

对(4-15)式进行坐标变换后得:

$$\frac{\partial^2 p}{\partial x^2} = \frac{1}{r}\frac{\mathrm{d}p}{\mathrm{d}r} - \frac{x^2}{r^3}\frac{\mathrm{d}p}{\mathrm{d}r} + \frac{x^2}{r^2}\frac{\mathrm{d}^2 p}{\mathrm{d}r^2} \quad (4-17)$$

$$\frac{\partial^2 p}{\partial y^2} = \frac{1}{r}\frac{\mathrm{d}p}{\mathrm{d}r} - \frac{y^2}{r^3}\frac{\mathrm{d}p}{\mathrm{d}r} + \frac{y^2}{r^2}\frac{\mathrm{d}^2 p}{\mathrm{d}r^2} \quad (4-18)$$

将(4-17)式、(4-18)式代入(4-15)式,得到单相不可压缩液体平面径向稳定渗流的微分方程:

$$\frac{\mathrm{d}^2 p}{\mathrm{d}r^2} + \frac{1}{r}\frac{\mathrm{d}p}{\mathrm{d}r} = 0 \quad (4-19)$$

或

$$\frac{1}{r}\frac{\mathrm{d}}{\mathrm{d}r}\left(r\frac{\mathrm{d}p}{\mathrm{d}r}\right) = 0 \quad (4-20)$$

根据假设条件,单相不可压缩液体平面径向稳定渗流的边界条件为:

供给边界 $r = r_e$ 处:

$$p = p_e \quad (4-21)$$

井底 $r = r_w$ 处:

$$p = p_{wf} \quad (4-22)$$

由(4-19)式或(4-20)式~(4-22)式构成均质地层中单相不可压缩液体平面径向稳定渗流的数学模型。

(三)压力分布

压力分布公式实际上就是上述渗流数学模型的解。渗流微分方程(4-19)式、(4-20)式仍为二阶的常微分方程(拉普拉斯方程),可采用降阶法求解。

由(4-20)式积分得:

$$r\frac{\mathrm{d}p}{\mathrm{d}r} = C_1$$

分离变量得:

$$\mathrm{d}p = C_1 \frac{1}{r}\mathrm{d}r$$

积分上式得:

$$p = C_1 \ln r + C_2 \tag{4-23}$$

将(4-21)式、(4-22)式代入(4-23)式得:

$$p_e = C_1 \ln r_e + C_2 \tag{4-24}$$

$$p_{wf} = C_1 \ln r_w + C_2 \tag{4-25}$$

联立(4-24)式、(4-25)式求解得:

$$C_1 = \frac{p_e - p_{wf}}{\ln \frac{r_e}{r_w}} \tag{4-26}$$

$$C_2 = p_e - \frac{p_e - p_{wf}}{\ln \frac{r_e}{r_w}}\ln r_e = p_{wf} - \frac{p_e - p_{wf}}{\ln \frac{r_e}{r_w}}\ln r_w \tag{4-27}$$

将(4-26)式、(4-27)式代入(4-24)式、(4-25)式分别得到:

$$p = p_e - \frac{p_e - p_{wf}}{\ln \frac{r_e}{r_w}}\ln \frac{r_e}{r} \tag{4-28}$$

$$p = p_{wf} + \frac{p_e - p_{wf}}{\ln \frac{r_e}{r_w}}\ln \frac{r}{r_w} \tag{4-29}$$

(4-28)式、(4-29)式为单相不可压缩液体平面径向渗流的压力分布公式,由此看出,从供给边界到井底,地层中的压力降落是按对数关系分布的,如图4-6所示。从空间形态看,它形似漏斗,所以习惯上称之为"压降漏斗"。由图4-6可知平面径向流压力消耗的特点:压力主要消耗在井底附近,这是因为越靠近井底,渗流面积越小,渗流阻力越大。

为进一步了解平面径向流的压力消耗特点,再作分

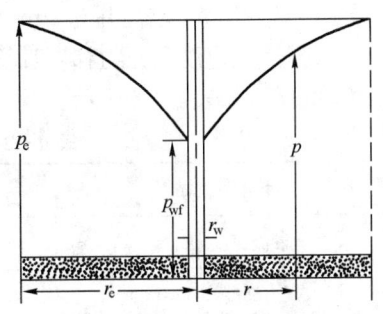

图 4-6 平面径向流压力分布曲线

析。由(4-28)式、(4-29)式得：

$$\frac{p_e - p}{p_e - p_{wf}} = \ln\frac{r_e}{r} \Big/ \ln\frac{r_e}{r_w} \qquad (4-30)$$

假设井半径 $r_w = 0.1\text{m}$，供给半径 $r_e = 10\text{km}$，利用(4-30)式，计算压力降的消耗情况，如表4-1所示。

表4-1 压力降消耗的比较

r,m	0.1	1	10	100	1000	10000
$\dfrac{p_e - p}{p_e - p_{wf}}$	1	0.8	0.6	0.4	0.2	0

由表4-1可见，液体从1m处流动至0.1m处，消耗的压力降是总压降的20%，而从10000m处流动至1000m处，所消耗的压力降也只有总压降的20%，足见能量消耗主要集中在井底附近。

（四）压力梯度和渗流速度

对(4-28)式、(4-29)式求导得到：

$$\frac{\mathrm{d}p}{\mathrm{d}r} = \frac{p_e - p_{wf}}{\ln\dfrac{r_e}{r_w}} \cdot \frac{1}{r} \qquad (4-31)$$

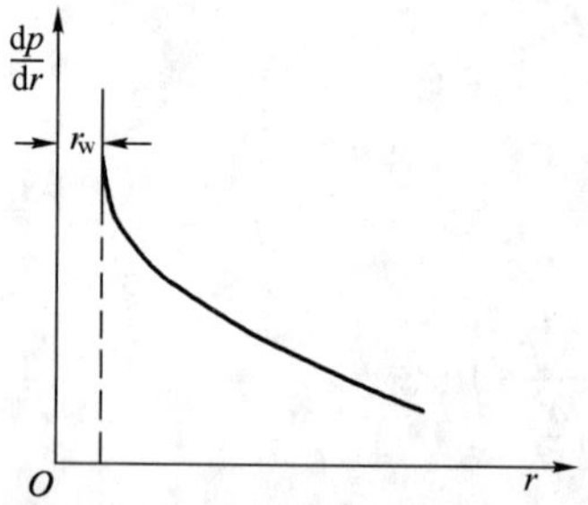

(4-31)式为平面径向渗流压力梯度公式，它表明压力梯度与径向距离成双曲反比关系，如图4-7所示。由此曲线可以看出，随着径向距离的减小，能量消耗速度越来越快，在井壁处能量消耗最快。

由达西定律并结合(4-31)式得到渗流速度公式：

$$v = \frac{K}{\mu} \cdot \frac{p_e - p_{wf}}{\ln\dfrac{r_e}{r_w}} \cdot \frac{1}{r} \qquad (4-32)$$

图4-7 平面径向流压力梯度分布曲线

由(4-32)式可知，渗流速度与径向距离成双曲反比关系，如图4-7所示。径向距离越小，渗流速度越大，这是因为不可压缩液体呈稳定渗流时体积流量为常数，而过水断面面积随径向距离的减小而减小，因而渗流速度随径向距离的减小而增大，压能迅速转变成动能，表现出井底附近压力迅速下降、能量消耗加快的特征。

在一水平均质等厚圆形地层中心有一口完善井，地层边缘有充足的液源供给，单相均质不可压缩液体服从达西渗流。已知 $r_e = 10000\text{m}$，$r_w = 0.1\text{m}$，$p_e = 10\text{MPa}$，$p_{wf} = 9\text{MPa}$，$K = 0.5\mu\text{m}^2$，$\mu = 3\text{mPa·s}$，$h = 10\text{m}$。求离井0.1m、100m、10000m处的渗流速度和压力梯度。

根据渗流速度和压力梯度计算公式分别计算出井0.1m、100m、10000m处的渗流速度和压力梯度值，如表4-2所示。

表4-2 不同位置处的渗流速度和压力梯度

离井距离,m	0.1	100	10000
渗流速度,cm/s	1.45×10^{-2}	1.45×10^{-5}	1.45×10^{-7}
压力梯度,MPa/m	8.7×10^{-1}	8.7×10^{-4}	8.7×10^{-6}

计算结果表明,离井越近,渗流速度和压力梯度越大。

（五）产量

平面径向稳定渗流的产量可表示为：

$$q = Av = 2\pi rhv$$

将(4-32)式代入上式得到油井产量公式：

$$q = \frac{2\pi Kh(p_e - p_{wf})}{\mu \ln \frac{r_e}{r_w}} \tag{4-33}$$

式中　q——油井产量,cm^3/s；

　　　K——地层渗透率,μm^2；

　　　h——油层厚度,cm；

　　　p_e——供给压力(地层压力),10^{-1}MPa；

　　　p_{wf}——井底压力,10^{-1}MPa；

　　　μ——液体的黏度,mPa·s；

　　　r_e——供给半径,cm；

　　　r_w——油井半径,cm。

SI 实用单位制下的油井产量公式见附录三。

(4-33)式即为平面径向稳定渗流油井产量公式,它表明了产量与压差及地层流动系数(Kh/μ)的正比关系。由(4-33)式可以得到如下认识：增加供给压力或降低井底流压,即增大压差,可以提高井产量；改善地层的渗透率,可以提高产量；降低原油黏度,可以提高井产量。

由(4-33)式可知,供给半径 r_e 以及油井半径 r_w 均在对数符号之内,因此,它们的变化对产量的影响较小。

在实际生产中,通常取井距之半作为供给半径,或按泄油面积折算获得 r_e。按井距之半确定井的泄油面积 A,如图 4-8 中带斜线的部分所示。在图 4-8 中,$2d$ 表示井距,L 表示排距,则泄油面积 $A=2dL$,然后将 A 换算成等值的圆面积 $A=\pi r_e^2$,由此求出供给半径 $r_e=\sqrt{A/\pi}$。

（六）质点移动规律

假设在流体平面径向渗流过程中,流体质点从位置 r_0 运动到 r_1,如图 4-9 所示。

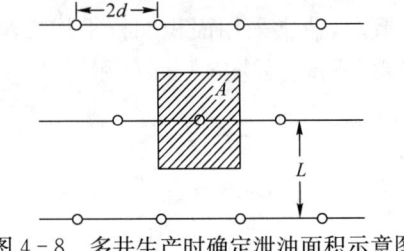

图 4-8　多井生产时确定泄油面积示意图
　　○—生产井

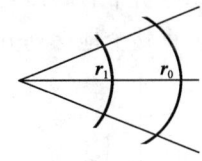

图 4-9　平面径向流流体质点运动示意图

由流体流动的真实速度与渗流速度的关系(1-16)式并结合图 4-9 得：

$$v = \phi w = -\phi \frac{dr}{dt} \tag{4-34}$$

(4-34)式分离变量得：

$$\int_0^t dt = -\int_{r_0}^{r_1} \frac{\phi}{v} dr \qquad (4-35)$$

(4-35)式分离变量并结合(4-32)式得：

$$t = \frac{\phi \mu \ln \frac{r_e}{r_w}}{2K(p_e - p_{wf})}(r_0^2 - r_1^2) \qquad (4-36)$$

(4-36)式即为流体质点由位置 r_0 运动到 r_1 所经历的时间。

若流体质点从供给边界运动到井底，即 $r_0 = r_e, r_1 = r_w$，则井底产出流体时间为：

$$t = \frac{\phi \mu \ln \frac{r_e}{r_w}}{2K(p_e - p_{wf})}(r_e^2 - r_w^2) \qquad (4-37)$$

(4-37)式变形得：

$$t = \frac{\phi(r_e^2 - r_w^2)}{\dfrac{2K(p_e - p_{wf})}{\mu \ln \frac{r_e}{r_w}}} \frac{\pi h}{\pi h} = \frac{\pi(r_e^2 - r_w^2)\phi h}{q} \qquad (4-38)$$

(4-38)式左端的分子项为油井控制的地层孔隙体积，分母项为油井的产量。

已知地层渗透率为 $1\mu m^2$，孔隙度为 0.15，油层厚度为 10m，原油黏度为 1mPa·s，油井生产压差为 1MPa，油井半径为 0.1m，泄油半径为 1000m。由(4-38)式计算，原油质点从 1000m 处流到井底需要的时间大约为 22 年。由计算结果看出，在供给半径为 1000m 的地层中，只用一口中心井进行开采是完全不合适的。

（七）渗流场图

由压力分布方程可知，等压线方程为 r＝常数，即等压线为一簇与井同心的圆。由于压能在井底附近消耗多，因而井底附近等压线密集，如图 4-10 所示。

流线是以井为中心的径向线，其方程为 θ＝常数，流线在井底附近密集，表明流速在井附近增大，如图 4-10 所示。由于井底附近渗流速度增大，能量消耗大，因此井底附近渗流条件的变化将对整个流动发生巨大影响。例如，井底附近渗透率的增加，将使渗流速度增加，导致井产量明显增大。

（八）平均地层压力

在油藏动态分析中有时需要用到平均地层压力的概念，通常采用面积加权平均方法求地层的平均压力。将整个地层划分为若干以井为中心的微小圆环，如图 4-11 所示。

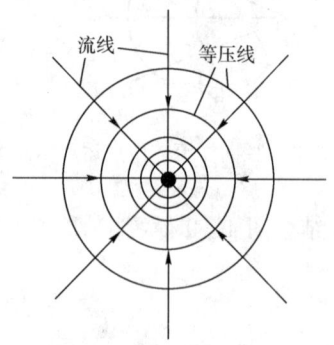

图 4-10 平面径向流渗流场图

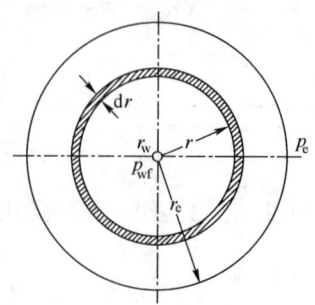

图 4-11 面积加权平均示意图

微小圆环的面积为：
$$dA = 2\pi r dr \tag{4-39}$$

若小圆环上的压力为 p，则可用面积加权平均法求地层的平均地层压力 $\bar{p}$：

$$\bar{p} = \frac{\int p dA}{\int dA} \tag{4-40}$$

将压力分布表达式(4-28)式、(4-39)式代入(4-40)式得：

$$\bar{p} = \frac{\int_{r_w}^{r_e} \left(p_e - \frac{p_e - p_{wf}}{\ln \frac{r_e}{r_w}} \ln \frac{r_e}{r} \right) 2\pi r dr}{\int_{r_w}^{r_e} 2\pi r dr} \tag{4-41}$$

其中，$\int_{r_w}^{r_e} 2\pi r dr = \pi(r_e^2 - r_w^2)$。由于 r_w 相对于 r_e 很小，故可忽略。

将(4-41)式积分并整理后得：

$$\bar{p} = p_e - \frac{p_e - p_{wf}}{2\ln \frac{r_e}{r_w}} \tag{4-42}$$

利用(4-42)式可以计算平面径向渗流时地层的平均地层压力。由于(4-42)式右端第二项比第一项小得多，实际应用时可近似取 $\bar{p} \approx p_e$。

例如，若 $p_e = 10\text{MPa}$，$p_{wf} = 9\text{MPa}$，$r_e = 10000\text{m}$，$r_w = 0.1\text{m}$，则平均地层压力为：

$$\bar{p} = 10 - \frac{10 - 9}{2\ln \frac{1000000}{10}} = 9.96(\text{MPa})$$

由此可见，大部分渗流面积上的平均压力与供给边界上的压力接近。这进一步说明，平面径向稳定渗流时，压力主要消耗于井底附近的特点。

三、单相不可压缩液体的球面向心流

对于一些特殊的储层，如存在底水或者是块状厚油层，当打开的油层厚度很小时，液体在井底的流动往往可以看成球面向心流，如图4-12所示。

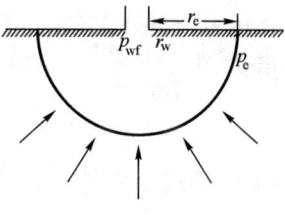

图 4-12 球面向心流示意图

（一）物理模型

假设供给区是以 r_e 半径的球面，液源供给充足，球面上压力恒定为 p_e，球心有半径为 r_w 的小球吸收液体，小球面上的压力为 p_{wf}；在水压驱动方式下，单相不可压缩液体服从达西定律稳定渗流。

（二）渗流数学模型

由假设条件，则渗流微分方程可表示为：

$$\frac{\partial^2 p}{\partial x^2}+\frac{\partial^2 p}{\partial y^2}+\frac{\partial^2 p}{\partial z^2}=0 \tag{4-43}$$

采用空间极坐标形式：

$$r=\sqrt{x^2+y^2+z^2} \tag{4-44}$$

利用(4-44)式可得：

$$\frac{\partial^2 p}{\partial x^2}=\frac{1}{r}\frac{\mathrm{d}p}{\mathrm{d}r}-\frac{x^2}{r^3}\frac{\mathrm{d}p}{\mathrm{d}r}+\frac{x^2}{r^2}\frac{\mathrm{d}^2 p}{\mathrm{d}r^2} \tag{4-45}$$

$$\frac{\partial^2 p}{\partial y^2}=\frac{1}{r}\frac{\mathrm{d}p}{\mathrm{d}r}-\frac{y^2}{r^3}\frac{\mathrm{d}p}{\mathrm{d}r}+\frac{y^2}{r^2}\frac{\mathrm{d}^2 p}{\mathrm{d}r^2} \tag{4-46}$$

$$\frac{\partial^2 p}{\partial z^2}=\frac{1}{r}\frac{\mathrm{d}p}{\mathrm{d}r}-\frac{z^2}{r^3}\frac{\mathrm{d}p}{\mathrm{d}r}+\frac{z^2}{r^2}\frac{\mathrm{d}^2 p}{\mathrm{d}r^2} \tag{4-47}$$

将(4-45)式~(4-47)式代入(4-43)式,得单相不可压缩液体球面向心稳定渗流的微分方程：

$$\frac{\mathrm{d}^2 p}{\mathrm{d}r^2}+\frac{2}{r}\frac{\mathrm{d}p}{\mathrm{d}r}=0 \tag{4-48}$$

或

$$\frac{1}{r^2}\frac{\mathrm{d}}{\mathrm{d}r}\left(r^2\frac{\mathrm{d}p}{\mathrm{d}r}\right)=0 \tag{4-49}$$

根据假设条件,球面向心稳定渗流的边界条件为：

供给边界 $r=r_e$ 处： $\qquad p=p_e \tag{4-50}$

井底 $r=r_w$ 处： $\qquad p=p_{wf} \tag{4-51}$

(4-48)式或(4-49)式~(4-51)式构成单相不可压缩液体球面向心稳定渗流的数学模型。

(三)压力分布

压力分布公式实际上就是上述渗流数学模型的解,仍然采用降阶法求解。(4-49)式积分得：

$$r^2\frac{\mathrm{d}p}{\mathrm{d}r}=C_1 \tag{4-52}$$

将(4-52)式分离变量并积分得：

$$p=-C_1 r^{-1}+C_2 \tag{4-53}$$

将(4-50)式、(4-51)式代入(4-53)式分别得到：

$$p_e=-C_1 r_e^{-1}+C_2 \tag{4-54}$$

$$p_{wf}=-C_1 r_w^{-1}+C_2 \tag{4-55}$$

联立(4-54)式、(4-55)式求解得：

$$C_1=\frac{p_e-p_{wf}}{r_w^{-1}-r_e^{-1}}$$

$$C_2=p_e+\frac{p_e-p_{wf}}{r_w^{-1}-r_e^{-1}}r_e^{-1}$$

或

$$C_2 = p_{wf} + \frac{p_e - p_{wf}}{r_w^{-1} - r_e^{-1}} r_w^{-1}$$

将 C_1、C_2 的表达式代入(4-53)式,得球面向心稳定渗流的压力分布公式:

$$p = p_e - \frac{p_e - p_{wf}}{r_w^{-1} - r_e^{-1}} (r^{-1} - r_e^{-1}) \tag{4-56}$$

或

$$p = p_{wf} + \frac{p_e - p_{wf}}{r_w^{-1} - r_e^{-1}} (r_w^{-1} - r^{-1}) \tag{4-57}$$

(四)压力梯度及渗流速度

(4-56)式、(4-57)式对 r 求导得:

$$\frac{dp}{dr} = \frac{p_e - p_{wf}}{r_w^{-1} - r_e^{-1}} \frac{1}{r^2} \tag{4-58}$$

由(4-58)式可知,球形向心稳定流压力消耗速度随 r 变小而增大的程度比平面径向流更大。由达西渗流定律得:

$$v = \frac{K}{\mu} \frac{dp}{dr} = \frac{K}{\mu} \frac{p_e - p_{wf}}{r_w^{-1} - r_e^{-1}} \frac{1}{r^2} \tag{4-59}$$

由(4-59)式可知,渗流速度随 r 变小而增大的程度比平面径向流更大。

(五)产量

油井产量公式可表示为:

$$q = Av \tag{4-60}$$
$$A = 2\pi r^2$$

式中　A——半球表面积。

将(4-59)式及半球的表面积公式代入(4-60)式得油井产量计算公式:

$$q = \frac{2\pi K(p_e - p_{wf})}{\mu(r_w^{-1} - r_e^{-1})} \tag{4-61}$$

由于 r_e 比 r_w 大得多,因此,(4-61)式可近似表示为:

$$q = \frac{2\pi K r_w (p_e - p_{wf})}{\mu} \tag{4-62}$$

(4-62)式中各物理量的意义及单位与(4-33)式相同。

第二节　不完善井对渗流的影响

一、不完善井的类型

前面讨论的井都是水动力学完善井,即油层全部被钻穿且裸眼完井,如图4-13(a)所示。但实际上,油层不一定完全被钻穿,且大多数井是下套管完成的,因而多数油井是不完善井。

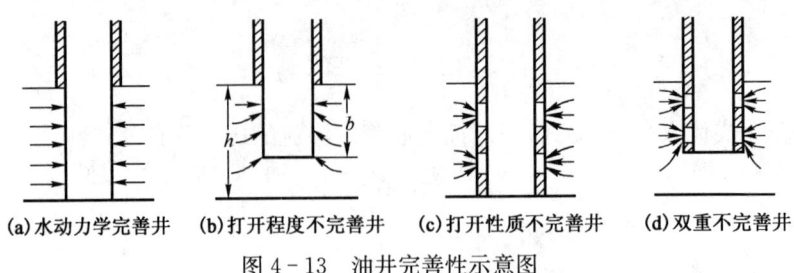

(a)水动力学完善井　(b)打开程度不完善井　(c)打开性质不完善井　(d)双重不完善井

图 4-13　油井完善性示意图

从渗流的角度可将油井分为两大类,一类是水动力学完善井,另一类是水动力学不完善井,不完善井又可分为三类。

（一）打开程度不完善井

打开程度不完善井是指油层未被全部钻穿,但已钻穿的部分是裸眼完井,如图 4-13(b)所示,此时流线在井底附近发生弯曲和密集。这类井的不完善性取决于打开程度 b/h,其中 h 为油层厚度,b 为油层钻穿部分的厚度。

（二）打开性质不完善井

打开性质不完善井是指油层全部钻穿,但采用下套管射孔完井,如图 4-13(c)所示,此时流线在孔眼附近发生弯曲和密集。这类井的不完善性取决于射孔数、射孔弹的直径及射入深度等。

（三）双重不完善井

双重不完善井是指油层未全部钻穿,但钻穿部分又是下套管射孔完井,如图 4-13(d)所示,液流通过钻穿部分的孔眼流入井底,流线也发生弯曲和密集。这类井的不完善性取决于前面两种情形的影响。

二、不完善井产量计算

一般情况下,不完善井的产量比完善井低,其主要原因是不完善井在井底附近渗流面积小,流线发生弯曲和密集,渗流阻力增加。不完善井在井底附近不是平面径向流动,而是空间流动,但在较远处($r>h$)仍然可保持平面径向流动。

虽然可以从理论上精确地推导出考虑各种不完善性影响的计算公式,但是推导过程非常复杂。考虑到不完善井的共同特点之一是井底附近渗流面积发生改变,因而可以把不完善井假想成具有某一半径的完善井,其产量和压差与实际的不完善井相等。这种假想完善井的半径称为折算半径或有效半径。这样,所有按完善井研究的成果都可用于不完善井,只是将油井的半径用折算半径代替即可。

不完善井的产量公式为:

$$q = \frac{2\pi Kh(p_e - p_{wf})}{\mu \ln \dfrac{r_e}{r_{we}}} \quad (4-63)$$

式中　r_{we}——油井的折算半径。

油井的折算半径通常由矿场不稳定试井确定。

油井的不完善性也可用增加一个附加阻力系数的方法来表示。考虑到不完善井的另一特点是渗流阻力的变化，因此可以修正渗流阻力。不完善井的产量经修正后变为：

$$q = \frac{2\pi Kh(p_e - p_{wf})}{\mu\left(\ln\dfrac{r_e}{r_w} + S\right)} \quad (4-64)$$

式中 S——附加阻力系数。

比较(4-63)式和(4-64)式，则渗流阻力系数 S 与油井折算半径 r_{we} 的关系为：

$$r_{we} = r_w e^{-S} \quad (4-65)$$

由(4-65)可知，若 $S=0$，则油井为完善井；若 $S>0$，则油井为不完善井；若 $S<0$，则油井为超完善井。

第三节　多井干扰与势的叠加理论

前面分析的是一口井的渗流问题。实际上，在一个油藏中总是有大批的井同时存在，当这些井同时工作时就会产生干扰。本节将着重讨论在多井同时工作时，求解渗流问题的基本原则和方法。

一、多井干扰与压降叠加原则

（一）多井干扰的物理现象

在同一油层内，若有多口井同时生产，其中任意一口井改变工作制度，如新井投产、关井或更换油嘴等等，都会引起周围井井底压力及产量发生变化，这种现象称为井间干扰，主要表现为地层中压力的重新分布。

当地层中的井生产稳定时，地层内的能量供应和消耗处于暂时平衡之中，若有新井投产或老井改变工作制度，均会使原有的能量平衡遭到破坏，引起地层渗流场发生变化，从而导致地层内各点压力重新分布。

下面以两口生产井之间的相互干扰为例来分析井间干扰现象及其本质。设在地层中有Ⅰ、Ⅱ两口井工作，如图 4-14 所示。

当油藏未投入开发时，地层中各点的压力均为原始地层压力，见图 4-14 中 HH' 线。当Ⅰ井以产量 q_1 单独生产时，在地层中形成压力分布如曲线 A_2B_1 所示，在Ⅰ井井底产生的压降如曲线 AA_2 所示，在Ⅱ井井底产生的压降如曲线 BB_1 所示，在地层中任意点 M 处产生的压降如曲线 MM_1 所示；当Ⅱ井以产量 q_2 单独生产时，在地层中形成的压力分布如曲线 B_2A_1 所示，在Ⅱ井井底产生的压降如曲线 BB_2 所示，在Ⅰ井井底产生的压降如曲线 AA_1 所示，在地层中任意点 M 处产生的压降如曲线 MM_2 所示。

当Ⅰ、Ⅱ两井分别以产量 q_1、q_2 同时生产时，压力分布曲线又如何呢？为了了解干扰后的压力分布曲线，可以从两口井井底处的压力值来讨论。

对于Ⅰ井井底而言，当其以产量 q_1 单独生产时，需要消耗的压降值如曲线 AA_2 所示，而Ⅱ井以产量 q_2 单独生产时，在Ⅰ井井底消耗的压降值如曲线 AA_1 所示。当两口井同时生产

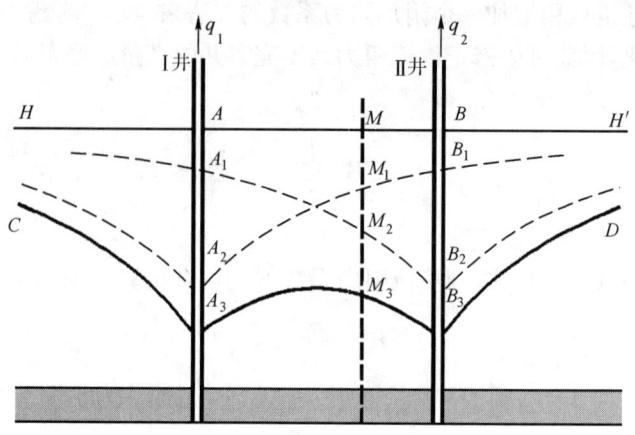

图 4-14 两口生产井干扰的压力分布曲线

且保持各自原来的产量 q_1、q_2 时,就必然会使 Ⅰ 井的井底压力下降到 A_3 值,这是因为在 Ⅰ 井井底处地层消耗的能量必须满足两口井的生产。如果 Ⅰ 井的井底压降仍然维持原来的值 AA_2,这一压降维持了 Ⅰ 井的产量 q_1 就不能维持 Ⅱ 井的产量 q_2;若维持 Ⅱ 井的产量 q_2,则 Ⅰ 井的产量就要下降而不能维持到 q_1 值,因此,要保持两口井的产量不变,Ⅰ 井的井底压力必须要再下降一些。具体地说,就是使 Ⅰ 井井底的压降在原来的基础上再下降一个 AA_1 值,由此,Ⅰ 井井底的压降如曲线 AA_3 所示,其中 $A_2A_3 = AA_1$。同理,Ⅱ 井井底的压降在原来的基础上再下降一个 BB_1 值,才能保持两口井的产量不变。

对于地层中的任意一点 M,都有上述类似的特性,若要维持两口井分别以产量 q_1、q_2 同时生产,则 M 点的压降如曲线 MM_3 所示,其中 $M_2M_3 = MM_1$。从整个地层来看,当两口井同时生产时,地层内各点的压力分布如曲线 $CA_3M_3B_3D$ 所示。

上述分析也适用于注水井,在矿场实际中,常把生产井的压降称为正的压降,而注水井的压降称为负的压降,即为压力升,如图 4-15 所示。

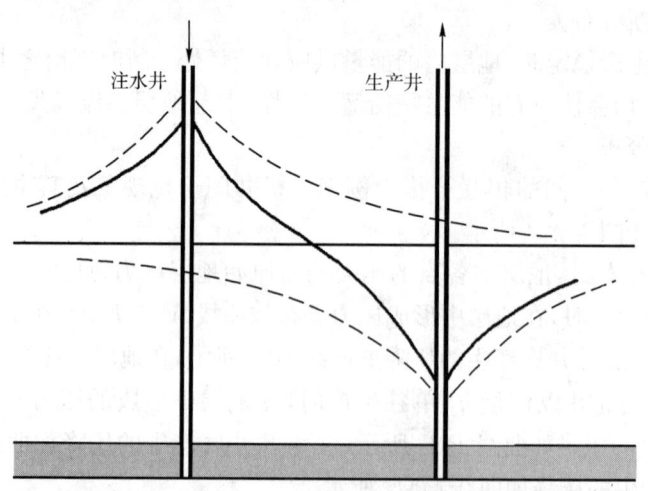

图 4-15 一口生产井和一口注水井干扰的压力分布曲线

(二) 压降叠加原则的概念

从以上分析看出,多井干扰的实质是地层中能量的重新平衡。能量的大小用压力表示,故多井干扰的最终结果表现为地层中压力的重新分布,而这种分布是按照压降的叠加原则来进行的。

压降叠加原则表述为:在连通的多井系统(同一水动力学系统)中,地层中任意一点的压降等于各井单独工作时,在该点产生的压降的代数和。

按照压降叠加原则,由图 4-14 可知, $AA_1+AA_2=AA_3$,即 $\Delta p_{AA_1}+\Delta p_{AA_2}=\Delta p_{AA_3}$ 。

(三)压降叠加原则的应用

下面以平面径向稳定渗流为例,对两口井及多口井同时工作时,在一口井井底产生的压降进行分析。

1. 两口井情形

以Ⅰ井为研究对象,如果Ⅰ、Ⅱ井同为生产井,根据平面径向稳定渗流公式,Ⅰ井以 q_1 单独生产时在Ⅰ井井底产生的压降为:

$$\Delta p_{wfAA_2}=\frac{q_1\mu}{2\pi Kh}\ln\frac{r_e}{r_w} \tag{4-66}$$

式中　r_e——供给半径;

r_w——Ⅰ井井半径。

Ⅱ井以 q_2 单独生产时在Ⅰ井井底产生的压降为:

$$\Delta p_{wfAA_1}=\frac{q_2\mu}{2\pi Kh}\ln\frac{r_e}{r_{AB}} \tag{4-67}$$

式中　r_{AB}——Ⅱ井到Ⅰ井的距离。

由压降叠加原则,当Ⅰ、Ⅱ井同时生产时,在Ⅰ井井底产生的压降为:

$$\Delta p_{wfA}=\frac{q_1\mu}{2\pi Kh}\ln\frac{r_e}{r_w}+\frac{q_2\mu}{2\pi Kh}\ln\frac{r_e}{r_{AB}} \tag{4-68}$$

如果Ⅰ井为生产井、Ⅱ井为注水井,由压降叠加原则,则两井同时工作时,在Ⅰ井井底产生的压降为:

$$\Delta p_{wfA}=\frac{q_1\mu}{2\pi Kh}\ln\frac{r_e}{r_w}-\frac{q_2\mu}{2\pi Kh}\ln\frac{r_e}{r_{AB}} \tag{4-69}$$

(4-69)式右端第一项为Ⅰ井单独生产时在自身井底产生的压降;第二项为Ⅱ井单独注入时,在Ⅰ井井底产生的压力升。通常生产井产量取正值,注入井产量取负值。

2. 多口井情形

地层中多口井同时工作的示意图如图 4-16 所示。

由压降叠加原则,当多口井同时工作时,地层中任一点的压降等于每口井单独工作时,在该点所产生的压降的代数和,其数学表达式为:

$$\Delta p_M=p_e-p_M=\sum_{i=1}^{n}\Delta p_i=\sum_{i=1}^{n}\pm\frac{q_i\mu}{2\pi Kh}\ln\frac{r_e}{r_i} \tag{4-70}$$

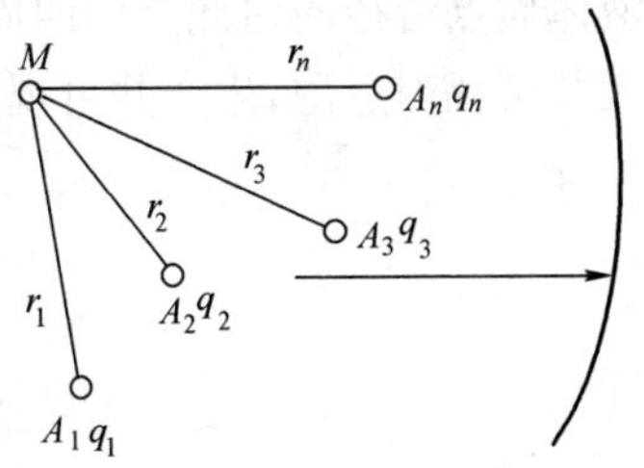

图 4-16　多井系统示意图

式中　Δp_M——n 口井同时工作时,在点 M 产生的压降,10^{-1}MPa;

p_e——供给边缘上的压力,10^{-1}MPa;

p_M——n 口井同时工作时,在点 M 产生的压力,10^{-1}MPa;

Δp_i——第 i 口井单独工作时,在点 M 产生的压降,10^{-1}MPa;

r_e——供给边缘到井中心的平均距离,cm;
r_i——第 i 井到 M 点的距离,cm;
q_i——第 i 井井产量(地下),cm³/s;
K——地层渗透率,μm²;
h——油层厚度,cm;
μ——液体的黏度,mPa·s。

在 SI 实用单位制下,压降叠加原则的数学表达式见附录四。

压降叠加原则的数学表达式也可采用以下形式:

$$p_M = \sum_{i=1}^{n} \pm \frac{q_i \mu}{2\pi K h} \ln r_i + C \tag{4-71}$$

式中 C——积分常数,它由 n 口井同时投产的边界条件确定。

当 $r_i = r_e$ 时,$p_M = p_e$,因此有:

$$p_e = \sum_{i=1}^{n} \pm \frac{q_i \mu}{2\pi K h} \ln r_e + C \tag{4-72}$$

由(4-71)式、(4-72)式可以得到(4-70)式。

二、势的叠加原则

在水压驱动下,由生产井工作制度改变或新井投产引起的干扰表现为压力的重新分布,而压力重新分布又是按照压降的代数叠加原则进行的。均质不可压缩液体稳定渗流时,可用势的大小来反映压力的大小,因此借助于势的叠加理论可以研究多井干扰问题。

(一)基本概念

1. 点源与点汇

点汇是指渗流平面上(或渗流空间中)的一点,流体质点沿径向向此点汇集,并在此点被吸收,这样的点称为点汇,如图 4-17(a)所示。点源是指渗流平面上(或渗流空间中)的一个点,液体质点沿径向由此点向四周发射(流出),这样的点称为点源,如图 4-17(b)所示。显然,注入井可视为点源,生产井可视为点汇。

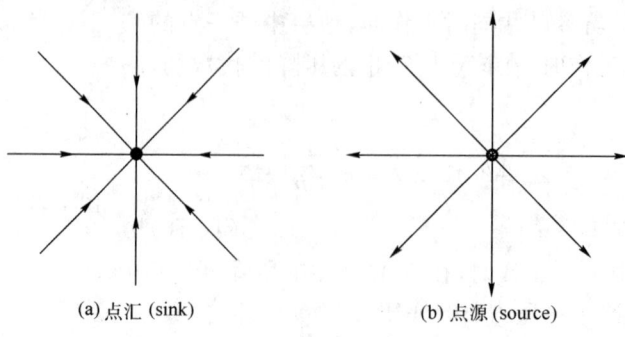

(a) 点汇 (sink)　　　　(b) 点源 (source)

图 4-17　点汇与点源示意图

2. 势

"势"是表示一个标量,这个量的梯度形成一个力场。在渗流力学中,势的概念常与拉普拉斯方程联系在一起,有时常把拉普拉斯方程的解称势函数。

达西定律:

$$v = -\frac{K}{\mu}\frac{dp}{dx} \qquad (4-73)$$

引入一个新的量:

$$\Phi = \frac{K}{\mu}p \qquad (4-74)$$

由(4-74)式,则(4-73)式变为:

$$v = -\frac{d\Phi}{dx}$$

定义"Φ"为势,通常称为速度势。对(4-66)式进行微分得:

$$d\Phi = \frac{K}{\mu}dp \qquad (4-75)$$

通常用(4-75)式来研究平面上或空间中一点的势。由势的定义看出,某点的势等于该点的压力乘以该点的流度 K/μ。在均质等厚地层中,单相不可压缩液体渗流时,地层各点的流度 K/μ 可视为常数,则势等于压力乘一个常数,因此,势仍具有压力的含义。

(二)势函数和流函数

1. 势函数

由势的基本概念,当渗流服从达西定律时,在平面渗流场(直角坐标系统)中任意一点的渗流速度可用势的形式表示为:

$$v_x = -\frac{\partial \Phi}{\partial x} \qquad (4-76)$$

$$v_y = -\frac{\partial \Phi}{\partial y} \qquad (4-77)$$

式中 v_x——x 方向渗流速度;
　　　v_y——y 方向渗流速度;
　　　Φ——势。

由稳定渗流的连续性方程(3-14)式得:

$$\frac{\partial v_x}{\partial x} + \frac{\partial v_y}{\partial y} = 0 \qquad (4-78)$$

将(4-76)式、(4-77)式代入(4-78)式得:

$$\frac{\partial^2 \Phi}{\partial x^2} + \frac{\partial^2 \Phi}{\partial y^2} = 0 \qquad (4-79)$$

(4-79)式表明,势函数满足拉普拉斯方程。

等压线上每一点的势函数相等,即为势函数的等值线。等值线 $\Phi(x,y) = C$ 表示等势线。不同等势线上的势函数不相同。

2. 流函数

按照流线的定义,流线的方向代表流体流动的方向。流线是一条曲线,在该曲线上任一点的切线与速度方向一致,如图 4-18 所示。

沿流线取长度为 ds 的微元段,可近似为直线,ds 在 x、y 坐标上的投影分别为 dx、dy,微元

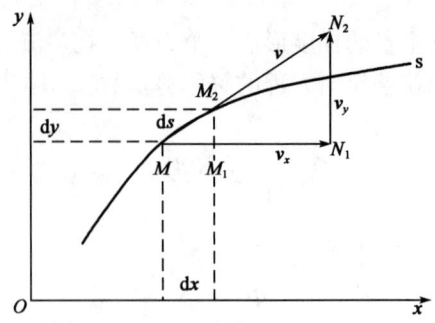

图 4-18 流线示意图

段上任一点 $M(x,y)$ 的渗流速度在 x、y 方向上的分量分别为 v_x、v_y。由图 4-18 中的 $\triangle MM_1M_2$ 与 $\triangle MN_1N_2$ 相似得：

$$\frac{\mathrm{d}x}{v_x} = \frac{\mathrm{d}y}{v_y} \tag{4-80}$$

(4-80)式改写成：

$$v_y\mathrm{d}x - v_x\mathrm{d}y = 0 \tag{4-81}$$

(4-81)式的左端项实际上是某一函数 $\psi(x,y)$ 的全微分，可表示为 $\mathrm{d}\psi$，即：

$$\mathrm{d}\psi = \frac{\partial \psi}{\partial x}\mathrm{d}x + \frac{\partial \psi}{\partial y}\mathrm{d}y = v_y\mathrm{d}x - v_x\mathrm{d}y \tag{4-82}$$

由(4-81)式、(4-82)式得：

$$\psi(x,y) = C \tag{4-83}$$

式中 $\psi(x,y)$——流函数；

C——常数。

(4-83)式为流函数方程，给定一个 C 值就得到一条流线，在不同的 C 值下得到不同的流线，从而形成流线族。

由(4-82)式得：

$$v_x = -\frac{\partial \psi}{\partial y} \tag{4-84}$$

$$v_y = \frac{\partial \psi}{\partial x} \tag{4-85}$$

3. 势函数和流函数的关系

由(4-76)式、(4-77)式、(4-84)式、(4-85)式得：

$$\frac{\partial \Phi}{\partial x} = \frac{\partial \psi}{\partial y} \tag{4-86}$$

$$\frac{\partial \Phi}{\partial y} = -\frac{\partial \psi}{\partial x} \tag{4-87}$$

(4-86)式、(4-87)式称为柯西—黎曼方程。

(4-86)式、(4-87)式分别对 y、x 微分，得：

$$\frac{\partial^2 \Phi}{\partial x \partial y} = \frac{\partial^2 \psi}{\partial y^2} \tag{4-88}$$

$$\frac{\partial^2 \Phi}{\partial x \partial y} = -\frac{\partial^2 \psi}{\partial x^2} \tag{4-89}$$

由(4-88)式、(4-89)式得:

$$\frac{\partial^2 \psi}{\partial x^2} + \frac{\partial^2 \psi}{\partial y^2} = 0 \tag{4-90}$$

(4-90)式表明,流函数也满足拉普拉斯方程。

由复变函数理论,满足拉普拉斯方程的函数称为调和函数,即在平面渗流场中,势函数和流函数都是调和函数。

沿等势线,势函数的全微分关系:

$$d\Phi = \frac{\partial \Phi}{\partial x}dx + \frac{\partial \Phi}{\partial y}dy = 0 \tag{4-91}$$

由(4-91)式,等势线上任一点的切线斜率:

$$k_1 = \frac{dy}{dx} = -\frac{\dfrac{\partial \Phi}{\partial x}}{\dfrac{\partial \Phi}{\partial y}} = -\frac{v_x}{v_y} \tag{4-92}$$

沿流线,流函数的全微分关系:

$$d\psi = \frac{\partial \psi}{\partial x}dx + \frac{\partial \psi}{\partial y}dy = 0 \tag{4-93}$$

由(4-93)式,流线上任一点的切线斜率:

$$k_2 = \frac{dy}{dx} = -\frac{\dfrac{\partial \psi}{\partial x}}{\dfrac{\partial \psi}{\partial y}} = -\frac{v_y}{v_x} \tag{4-94}$$

由(4-92)式、(4-94)式及(4-86)式、(4-87)式得:

$$k_1 k_2 = \frac{\dfrac{\partial \Phi}{\partial x} \dfrac{\partial \psi}{\partial x}}{\dfrac{\partial \Phi}{\partial y} \dfrac{\partial \psi}{\partial y}} = -1 \tag{4-95}$$

(4-95)式表明,在平面渗流场中,流线与等势线正交。

(三)平面及空间上一点的势

1. 平面上一点的势

假设渗流平面上有一点汇,液体质点沿径向流向该点,并在此消失。如在该点画出半径为r的圆周,则其平面径向流的流量为:

$$q = 2\pi r h \frac{K}{\mu} \frac{dp}{dr} \tag{4-96}$$

将(4-75)式代入(4-96)式,并令$q_h = q/h$,则(4-96)式变为:

$$\frac{q_h}{2\pi r} = \frac{d\Phi}{dr} \tag{4-97}$$

对(4-97)式分离变量并积分得:

$$\Phi = \frac{q_h}{2\pi}\ln r + C \tag{4-98}$$

(4-98)式为平面上点汇势的数学表达式,其中C是由边界条件确定的积分常数。

当$r = r_e$时,$\Phi = \Phi_e$,将其代入(4-98)式得:

$$\Phi_e = \frac{q_h}{2\pi}\ln r_e + C \tag{4-99}$$

当 $r=r_w$ 时，$\Phi=\Phi_{wf}$，将其代入(4-98)式得：

$$\Phi_{wf}=\frac{q_h}{2\pi}\ln r_w+C \tag{4-100}$$

由(4-98)式、(4-99)式或(4-100)式得平面上任意一点势：

$$\Phi=\Phi_e-\frac{q_h}{2\pi}\ln\frac{r_e}{r} \tag{4-101}$$

或

$$\Phi=\Phi_{wf}+\frac{q_h}{2\pi}\ln\frac{r}{r_w} \tag{4-102}$$

由(4-101)式、(4-102)式得单位厚度上的产量：

$$q_h=\frac{2\pi(\Phi_e-\Phi_{wf})}{\ln\dfrac{r_e}{r_w}} \tag{4-103}$$

由(4-103)式，平面上点汇的产量：

$$q=q_h h=\frac{2\pi h(\Phi_e-\Phi_{wf})}{\ln\dfrac{r_e}{r_w}}=\frac{2\pi Kh(p_e-p_{wf})}{\mu\ln\dfrac{r_e}{r_w}} \tag{4-104}$$

对于点源而言，液体由此点沿径向向四周流出，此时平面上势的分布公式实际上是将(4-98)式中的 q_h 取负值，由上述过程同样可得到点源的产量公式。

2. 空间上一点的势

假设渗流空间中存在一点汇 M，液体质点沿径向流向该点，并在此消失，点汇 M 的产量 q 为常数，如图4-19所示，则在渗流空间中，以 M 点为中心、以任意半径 r 为球形表面的渗流速度为：

$$v=\frac{q}{4\pi r^2} \tag{4-105}$$

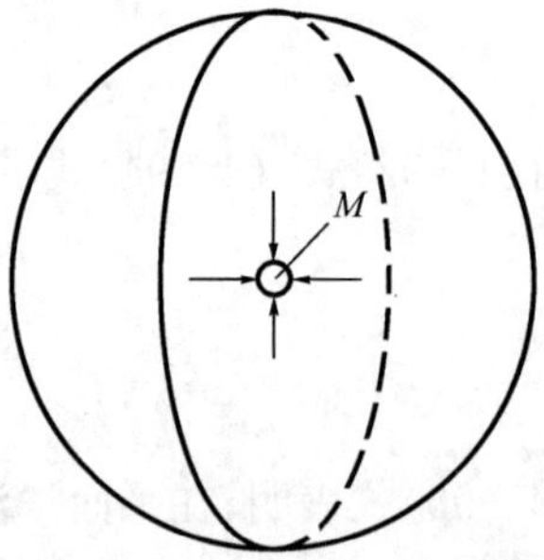

由达西定律及势的定义：

$$v=\frac{K}{\mu}\frac{dp}{dr}=\frac{d\Phi}{dr} \tag{4-106}$$

图4-19 空间点汇示意图

则由(4-105)式、(4-106)式得：

$$\frac{q}{4\pi r^2}=\frac{d\Phi}{dr} \tag{4-107}$$

对(4-107)式分离变量并积分得空间点汇的势：

$$\Phi=-\frac{q}{4\pi r}+C \tag{4-108}$$

当 $r=r_e$ 时，$\Phi=\Phi_e$，将其代入(4-108)式得：

$$\Phi_e=-\frac{q}{4\pi r_e}+C \tag{4-109}$$

当 $r=r_w$ 时，$\Phi=\Phi_{wf}$，将其代入(4-108)式得：

$$\Phi_{wf}=-\frac{q}{4\pi r_w}+C \tag{4-110}$$

由(4-108)式、(4-109)式或(4-110)式得空间上任意一点势：

$$\Phi=\Phi_e-\frac{q}{4\pi}\left(\frac{1}{r}-\frac{1}{r_e}\right) \tag{4-111}$$

或

$$\Phi = \Phi_{wf} + \frac{q}{4\pi}\left(\frac{1}{r_w} - \frac{1}{r}\right) \tag{4-112}$$

由(4-109)式、(4-110)式得空间上点汇的产量:

$$q = \frac{4\pi(\Phi_e - \Phi_{wf})}{\dfrac{1}{r_w} - \dfrac{1}{r_e}} = \frac{4\pi K(p_e - p_{wf})}{\mu\left(\dfrac{1}{r_w} - \dfrac{1}{r_e}\right)} \tag{4-113}$$

对于空间上点源的势,只需将 q 取负值,由上述过程同样可得到点源的产量公式。

（四）叠加原则

当地层中同时存在若干口井时,可根据势的叠加原则来确定地层中任意一点的势。如图 4-16 所示,若有 n 口井,各口井的产量分别为 $q_1,q_2,q_3,\cdots,q_n$,单位厚度上的产量分别为 $q_{h1},q_{h2},q_{h3},\cdots,q_{hn}$,则地层中任意一点 M 的势差应为各井单独工作时在该点产生的势差的代数和,即：

$$\Phi_e - \Phi_M = \sum_{i=1}^{n}(\Phi_e - \Phi_{Mi}) \tag{4-114}$$

式中 Φ_{Mi}——第 i 井单独工作时 M 点的势。

由(4-98)式,对地层中任意一点 M 而言,当第 i 井单独工作时,存在：

$$\Phi_{Mi} = \frac{q_{hi}}{2\pi}\ln r_i + C_i$$

且

$$\Phi_e = \frac{q_{hi}}{2\pi}\ln r_{ei} + C_i$$

则当第 i 井单独工作时在 M 点产生的势差为：

$$\Phi_e - \Phi_{Mi} = \frac{q_{hi}}{2\pi}\ln\frac{r_{ei}}{r_i}$$

式中 r_i——第 i 井到 M 点的距离；

r_{ei}——第 i 井到供给边界的距离；

C_i——第 i 井单独工作时由边界条件确定的常数。

当 n 口井同时工作时,由(4-114)式得 M 点的势差：

$$\Phi_e - \Phi_M = \frac{1}{2\pi}\sum_{i=1}^{n}q_{hi}\ln\frac{r_{ei}}{r_i} \tag{4-115}$$

多井工作时,每一口井到供给边界的距离 r_{ei} 不相等,这就造成了计算困难。实际中,常取油井所在区域中心到供给边界的半径作为各井共同的供给边界半径。实践证明,只要供给边界离井所在区域足够远,一般供给边界半径大于油井分布区域直径的 2～2.5 倍时已经足够准确,于是得到多井干扰情况下地层中任意一点的势差为：

$$\Phi_e - \Phi_M = \frac{1}{2\pi}\sum_{i=1}^{n}q_{hi}\ln\frac{r_e}{r_i} \tag{4-116}$$

此外,从(4-98)式出发,可直接得到：

$$\Phi_M = \frac{1}{2\pi}\sum_{i=1}^{n}q_{hi}\ln r_i + C \tag{4-117}$$

当 $r = r_e$ 时,$\Phi = \Phi_e$,将其代入(4-117)式得：

$$\Phi_e = \frac{1}{2\pi}\sum_{i=1}^{n} q_{hi}\ln r_e + C \tag{4-118}$$

由(4-117)式、(4-118)式同样可以得到(4-116)式。(4-117)式、(4-118)式均是势叠加原则的数学表达式。

应用势的叠加原则,可以解决一系列的实际问题,如多源、多汇的产量计算问题。

假设渗流平面上存在 n 个点汇(或点源),即有 n 口井同时投产,由(4-116)式可以建立 n 个方程式:

$$\begin{cases} \Phi_e - \Phi_{wf1} = \frac{1}{2\pi}\left(q_{h1}\ln\frac{r_e}{r_{w1}} + q_{h2}\ln\frac{r_e}{r_{2,1}} + q_{h3}\ln\frac{r_e}{r_{3,1}} + \cdots + q_{hn}\ln\frac{r_e}{r_{n,1}}\right) \\ \Phi_e - \Phi_{wf2} = \frac{1}{2\pi}\left(q_{h1}\ln\frac{r_e}{r_{1,2}} + q_{h2}\ln\frac{r_e}{r_{w2}} + q_{h3}\ln\frac{r_e}{r_{3,2}} + \cdots + q_{hn}\ln\frac{r_e}{r_{n,2}}\right) \\ \Phi_e - \Phi_{wf3} = \frac{1}{2\pi}\left(q_{h1}\ln\frac{r_e}{r_{1,3}} + q_{h2}\ln\frac{r_e}{r_{2,3}} + q_{h3}\ln\frac{r_e}{r_{w3}} + \cdots + q_{hn}\ln\frac{r_e}{r_{n,3}}\right) \\ \cdots\cdots \\ \Phi_e - \Phi_{wfn} = \frac{1}{2\pi}\left(q_{h1}\ln\frac{r_e}{r_{1,n}} + q_{h2}\ln\frac{r_e}{r_{2,n}} + q_{h3}\ln\frac{r_e}{r_{3,n}} + \cdots + q_{hn}\ln\frac{r_e}{r_{wn}}\right) \end{cases} \tag{4-119}$$

式中 $r_{i,j}$——第 j 井至 i 井的距离;

r_{wi}——第 i 井的井半径。

由方程(4-119)式可以解决两类问题:(1)已知 n 口井的井产量,可确定每口井的井底压力;(2)已知每口井井底压力可确定每口井的产量。

三、渗流速度的合成原则

当多井(多源、多汇)同时工作时,有两种常用方法求地层中任一点的渗流速度。

(一)等势线(或等压线)法

多井(多源、多汇)同时工作时,可由(4-117)式可以作出等势线(或等压线),根据等压线就可确定地层中任意一点 M 的渗流速度和方向。基本原则是:在地层中任一区域,都可有两条相邻的已知等势线(或等压线)Φ_1 和 Φ_2,L 为两条相邻等势线(或等压线)之间的垂直距离,如图4-20所示。

在图4-20中,任意一点 M 的渗流速度:

$$v = \frac{\Phi_1 - \Phi_2}{L} = \frac{K}{\mu}\frac{p_1 - p_2}{L} \tag{4-120}$$

式中 Φ_1, Φ_2——两条相邻等势线的势;

p_1, p_2——两条相邻等压线的压力;

L——两条相邻等势线(或等压线)之间的垂直距离;

v——两条相邻等势线(或等压线)之间的渗流速度。

渗流速度的方向为等势线(或等压线)的法线方向。

(二)矢量合成法

当地层中只有一口生产井(汇)时,则距离井(汇)r_1 处的 M 点的渗流速度:

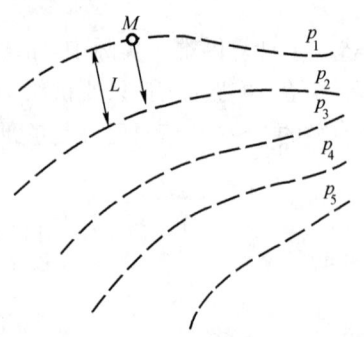

图4-20 等压线确定渗流速度示意图
$p_1 > p_2 > p_3 > \cdots$

$$v_1 = \frac{q_{h1}}{2\pi r_1} \tag{4-121}$$

式中 q_{h1}——单位地层厚度的产量。

渗流速度的方向为 M 点与井(汇)连线的方向,并指向生产井,即渗流方向与 r 方向重合。若为注水井(源),则方向相反。

如果地层中同时有 n 口井,每口井单独工作时在 M 点都会产生一个渗流速度,如图4-21所示。

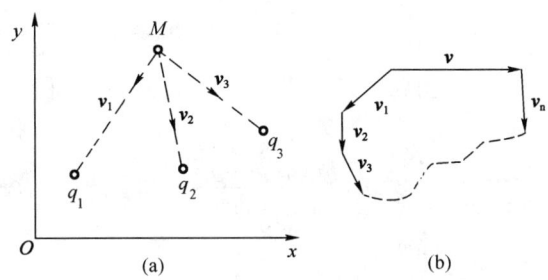

图 4-21 失量合成法确定渗流速度示意图

第 i 口井单独工作时,在 M 点的渗流速度:

$$v_i = \frac{q_{hi}}{2\pi r_i} \tag{4-122}$$

式中 q_{hi}——第 i 井单位地层厚度的产量;
r_i——第 i 井至 M 点的距离。

渗流速度 v_i 的方向视生产井或注入井而不同,M 点的渗流合速度应为各井(源、汇)单独工作在 M 点产生的渗流速度的矢量和,即:

$$v_M = v_1 + v_2 + \cdots + v_n \tag{4-123}$$

M 点的渗流合速度 v_M 可用几何方法(矢量合成法)确定。

四、镜像反映法和边界效应

各类边界(开启的供给源或封闭断层等)对井附近渗流场所产生的影响称为"边界效应"。利用势的叠加原则来解决边界对渗流场的影响,需要借助镜像反映法(即汇源反映法或汇点反映法)。

(一)一源一汇的渗流与汇源反映法

1. 一源一汇的渗流

假设在均质无限大地层中存在等产量一源 B(注水井)和一汇 A(生产井),源与汇之间的距离为 $2a$,汇的产量为 q,源的产量为 $-q$,井半径均为 r_w,汇的井底压力为 p_{wf},源的井底压力为 p_{iwf},地层压力为 p_e,如图4-22所示。

1)产量

由(4-98)式,根据势的叠加原则,地层中任意点 M 的势:

$$\Phi_M = \frac{1}{2\pi}(q_h \ln r_1 - q_h \ln r_2) + C$$

$$\Phi_M = \frac{q_h}{2\pi} \ln \frac{r_1}{r_2} + C \tag{4-124}$$

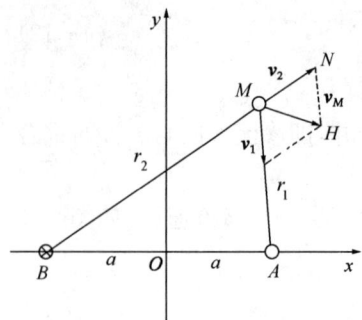

图 4-22 等产量一源一汇示意图

式中 r_1, r_2 —— M 点至汇和源的距离。

在 A 井井壁上，$\Phi = \Phi_{wf}$，$r_1 = r_w$，$r_2 = r_w + 2a$。由于 $r_w \ll 2a$，可取 $r_2 \approx 2a$，代入 (4-124) 式得：

$$\Phi_{wf} = \frac{q_h}{2\pi} \ln \frac{r_w}{2a} + C \tag{4-125}$$

在 B 井井壁上，$\Phi = \Phi_{iwf}$，$r_1 = r_w + 2a$，$r_2 = r_w$。由于 $r_w \ll 2a$，可取 $r_1 \approx 2a$，代入 (4-124) 式得：

$$\Phi_{iwf} = \frac{q_h}{2\pi} \ln \frac{2a}{r_w} + C \tag{4-126}$$

由 (4-125) 式、(4-126) 式得平面上一源一汇渗流时汇 (生产井) 的产量公式：

$$q_h = \frac{\pi(\Phi_{iwf} - \Phi_{wf})}{\ln \frac{2a}{r_w}} \tag{4-127}$$

$$q = \frac{\pi K h (p_{iwf} - p_{wf})}{\mu \ln \frac{2a}{r_w}} \tag{4-128}$$

若 M 点处于供给边缘上，则 $\Phi_M = \Phi_e$，$r_1 = r_2 = r_e$，则由 (4-124) 式得：

$$\Phi_e = C \tag{4-129}$$

将 (4-129) 式代入 (4-126) 式得：

$$q_h = \frac{2\pi(\Phi_{iwf} - \Phi_e)}{\ln \frac{2a}{r_w}} \tag{4-130}$$

由势定义 (4-74) 式及 (4-130) 式得：

$$q = \frac{2\pi K h (p_{iwf} - p_e)}{\mu \ln \frac{2a}{r_w}} \tag{4-131}$$

2) 压力分布

由 (4-124) 式、(4-125) 式得：

$$\Phi_M = \Phi_{wf} + \frac{q_h}{2\pi} \ln \left(\frac{r_1}{r_2} \frac{2a}{r_w} \right) \tag{4-132}$$

由势定义 (4-74) 式及 (4-132) 式得：

$$p_M = p_{wf} + \frac{q\mu}{2\pi K h} \ln \left(\frac{r_1}{r_2} \frac{2a}{r_w} \right) \tag{4-133}$$

由 (4-124) 式、(4-126) 式得：

$$\Phi_M = \Phi_{iwf} + \frac{q_h}{2\pi} \ln \left(\frac{r_1}{r_2} \frac{r_w}{2a} \right) \tag{4-134}$$

由势定义 (4-74) 式及 (4-134) 式得：

$$p_M = p_{iwf} + \frac{q\mu}{2\pi K h} \ln \left(\frac{r_1}{r_2} \frac{r_w}{2a} \right) \tag{4-135}$$

将 (4-129) 式代入 (4-124) 式得：

$$\Phi_M = \Phi_e + \frac{q_h}{2\pi} \ln \frac{r_1}{r_2} \tag{4-136}$$

由势定义 (4-74) 式及 (4-136) 式得：

$$p_M = p_e + \frac{q\mu}{2\pi Kh}\ln\frac{r_1}{r_2} \tag{4-137}$$

由(4-132)式、(4-133)式可计算平面上一源一汇渗流时任意一点 M 的势或压力。

3) 渗流场

a. 等压线

由势或压力分布公式(4-136)式、(4-137)可知,等压线方程可表示为:

$$\frac{r_1}{r_2} = C_0 \tag{4-138}$$

式中,C_0 为常数。给定不同的 C_0 值,便得到不同的等压线(或等势线)。

由图 4-22 可得:

$$r_2^2 = (x+a)^2 + y^2 \tag{4-139}$$

$$r_1^2 = (x-a)^2 + y^2 \tag{4-140}$$

将(4-139)式、(4-140)式代入(4-138)式并整理得:

$$\left(x - \frac{1+C_0^2}{1-C_0^2}a\right)^2 + y^2 = \frac{4C_0^2 a^2}{(1-C_0^2)^2} \tag{4-141}$$

(4-141)式即为无限大地层存在等产量一源一汇渗流时的等压线方程,它表示圆心在 x 轴上移动的一簇圆。圆心坐标为 $\left(\frac{1+C_0^2}{1-C_0^2}a, 0\right)$,圆半径为 $\frac{2aC_0}{1-C_0^2}$,给出不同的 C_0 值,得到不同的圆,由此可以得到一源一汇渗流形成的等压线分布图,如图 4-23 所示。

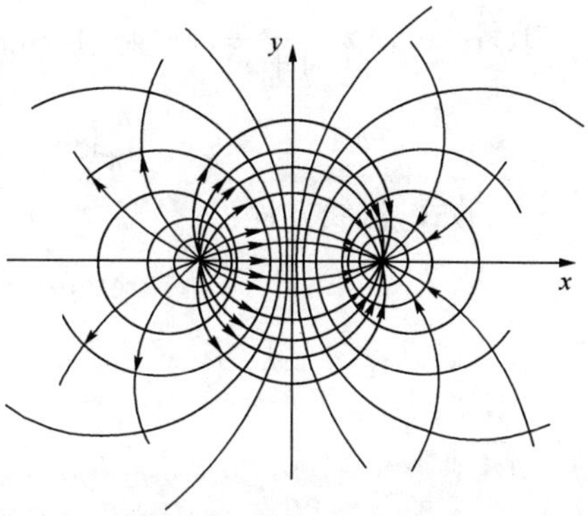

在 y 轴上的所有的点都满足 $r_1 = r_2$ 的条件,因此得到:

$$\Phi_y = \frac{q_h}{2\pi}\ln\frac{r_1}{r_2} + C = C \tag{4-142}$$

图 4-23 等产量一源一汇的流线和等压线

由(4-142)式可知,y 轴上的势(压力)为一常数,因而 y 轴也是一条等势(压)线。比较(4-142)式、(4-129)式得:

$$\Phi_e = \Phi_y \tag{4-143}$$

将(4-143)式代入(4-124)式得:

$$\Phi_M = \Phi_y + \frac{q_h}{2\pi}\ln\frac{r_1}{r_2} \tag{4-144}$$

b. 流线

将(4-139)式、(4-140)式代入(4-144)式得:

$$\Phi = \frac{q_h}{2\pi}\ln\frac{[(x-a)^2+y^2]^{1/2}}{[(x+a^2)+y^2]^{1/2}} + C = \frac{q_h}{2\pi}\frac{1}{2}\{\ln[(x-a)^2+y^2] - \ln[(x+a)^2+y^2]\} + C \tag{4-145}$$

(4-145)式对 x 求导得:

$$\frac{\partial \Phi}{\partial x} = \frac{q_h}{2\pi}\frac{1}{2}\left[\frac{2(x-a)}{(x-a)^2+y^2} - \frac{2(x+a)}{(x+a)^2+y^2}\right] = \frac{q_h}{2\pi}\left[\frac{x-a}{(x-a)^2+y^2} - \frac{x+a}{(x+a)^2+y^2}\right]$$

$$= \frac{q_h}{2\pi}\left[\frac{\frac{1}{x-a}}{1+\left(\frac{y}{x-a}\right)^2} - \frac{\frac{1}{x+a}}{1+\left(\frac{y}{x+a}\right)^2}\right] \tag{4-146}$$

由势函数和流函数的关系(4-86)式得：

$$\frac{\partial \psi}{\partial y} = \frac{q_h}{2\pi}\left[\frac{\frac{1}{x-a}}{1+\left(\frac{y}{x-a}\right)^2} - \frac{\frac{1}{x+a}}{1+\left(\frac{y}{x+a}\right)^2}\right] \quad (4-147)$$

(4-147)式对 y 积分得：

$$\psi = \frac{q_h}{2\pi}\int\left[\frac{\frac{1}{x-a}}{1+\left(\frac{y}{x-a}\right)^2} - \frac{\frac{1}{x+a}}{1+\left(\frac{y}{x+a}\right)^2}\right]dy + C$$

$$= \frac{q_h}{2\pi}\left[\int\frac{1}{1+\left(\frac{y}{x-a}\right)^2}d\left(\frac{y}{x-a}\right) + \int\frac{1}{1+\left(\frac{y}{x+a}\right)^2}d\left(\frac{y}{x+a}\right)\right] + C \quad (4-148)$$

因 $(\arctan x)' = \frac{1}{1+x^2}$，则(4-148)式可写为：

$$\psi = \frac{q_h}{2\pi}\left(\arctan\frac{y}{x-a} - \arctan\frac{y}{x+a}\right) + C \quad (4-149)$$

由(4-149)式，流线方程：

$$\arctan\frac{y}{x-a} - \arctan\frac{y}{x+a} = C_0' \quad (4-150)$$

或

$$\arctan\frac{\frac{y}{x-a} - \frac{y}{x+a}}{1 + \frac{y^2}{(x-a)(x+a)}} = C_0' \quad (4-151)$$

由(4-151)式得：

$$\frac{\frac{y}{x-a} - \frac{y}{x+a}}{1 + \frac{y^2}{(x-a)(x+a)}} = C_1 \quad (4-152)$$

整理(4-152)式得：

$$x^2 + y^2 - \frac{2a}{C_1}y - a^2 = 0 \quad (4-153)$$

(4-153)式配方并整理得：

$$x^2 + \left(y - \frac{a}{C_1}\right)^2 = \left(\frac{a\sqrt{1+C_1^2}}{C_1}\right)^2 \quad (4-154)$$

(4-154)式表示圆心坐标为 $\left(0, \frac{a}{C_1}\right)$、圆半径为 $\frac{a\sqrt{1+C_1^2}}{C_1}$ 的圆方程，即表示圆心在 y 轴上移动的一簇圆的方程。

C_1 的数值不同，得到不同的圆心位置和圆半径值，由此可绘出全部流线。当 $C_1 = 0$ 时，圆半径为无穷，此时流线为一条直线，可认为是圆的特殊情况。

当 $C_1=0$ 时,由(4-152)式得 $\frac{y}{x-a}-\frac{y}{x+a}=0$,$2ay=0$,$y=0$,它表示该直线为 x 轴,即 x 轴也是一条流线。

由图4-23可知,一源一汇的水动力学场具有以下特点:它的等压线是圆心在 x 轴上移动的一簇圆,流线是圆心在 y 轴上移动的一簇圆。y 轴也是等压线,x 轴也是流线,整个水动力学场关于 y 轴对称。

c. 渗流速度分布

无限大地层中存在一源一汇时,地层中任意一点 M 的渗流速度 $\boldsymbol{v}_M$ 可用矢量合成法求得,如图4-22所示。

$$\boldsymbol{v}_M = \boldsymbol{v}_1 + \boldsymbol{v}_2 \tag{4-155}$$

在流速三角形 $\triangle MNH$ 与位置三角形 $\triangle BMA$ 中,$NH /\!/ MA$,$\angle BMA = \angle MNH$,且

$$\frac{v_1}{v_2}=\frac{q}{2\pi r_1 h}\frac{2\pi r_2 h}{q}=\frac{r_2}{r_1}$$

故
$$\triangle MNH \backsim \triangle BMA$$

由解析几何理论得:

$$\frac{v_1}{r_2}=\frac{v_2}{r_1}=\frac{v_M}{2a} \tag{4-156}$$

$$v_M=2a\frac{v_2}{r_1},\quad v_2=\frac{q}{2\pi r_2 h}$$

$$v_M=\frac{q_h}{\pi}\frac{a}{r_1 r_2} \tag{4-157}$$

(4-157)式即为渗流速度的分布公式。由该式可以看出,$r_1 r_2$ 的值越大,v_M 越小,由此,渗流速度分布具有以下特点:(1)流线越靠近 x 轴,$r_1 r_2$ 的积越小,因而渗流速度越大。在 x 轴上,$r_1 r_2$ 乘积最小,渗流速度最大,因此 x 轴称为主流线。当注入井注水时,水由注入井出发向生产井流动,但由于沿 x 轴的液流速度大,水质点沿 x 轴最先到达生产井,因而形成"舌进"现象,如图4-24所示。"舌进"现象是注水开发时采收率不可能达到百分之百的重要因素之一。为了减轻这种

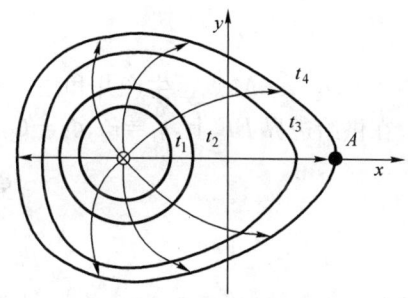

图4-24 "舌进"现象示意图

"舌进"现象的影响,在行列注水开发的井网中,注水井与生产井的位置应当互相交错开。(2)在同一条流线上,在注入井井壁流速最大,然后慢慢变小,在 $r_1=r_2$ 处流速最小,越过 y 轴流速又逐渐增大,在生产井井壁流速又获最大值。这是因为越靠近生产井或注入井,$r_1 r_2$ 乘积越小。(3)流速分布是关于 y 轴对称的。

2. 汇源反映法

由以上分析可知,无穷大地层存在等产量一源一汇渗流时,其水动力学场关于 y 轴对称。从 y 轴的右边看,y 轴是一条等压线,y 轴上的压力 p_y 为常数,井壁与 y 轴之间液体正是在压差 $(p_y - p_{wf})$ 的作用下,由 y 轴流向井壁。这种情况与直线供给边缘附近存在一口生产井的流动条件完全一样,因而两者流动规律相同。所以,在求解直线供给边界附近存在一口生产井的渗流问题时,以直线供给边界为对称轴,在其另一侧,与生产井对称的位置上虚设一口等产量的注入井(该注入井可视为以直线供给边缘为镜面反映出的生产井的异号像),把问题转化为

无限大地层存在等产量一源一汇的求解。像这种以等产量异号像的作用来代替直线供给边缘作用的求解方法称为汇源反映法。

1) 直线供给边缘一侧有一口生产井

如图 4-25 所示，假设直线供给边缘一侧有一口生产井 A，供给压力为 p_e，井底压力为 p_{wf}，单相不可压缩液体按达西定律稳定渗流。

以直线供给边界 EF 为镜面，反映出生产井的异号镜像，即一口等产量的注入井，如图 4-26 所示。

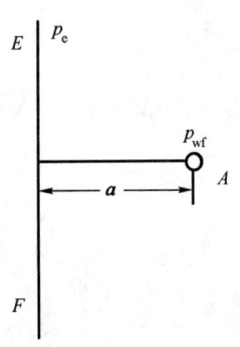
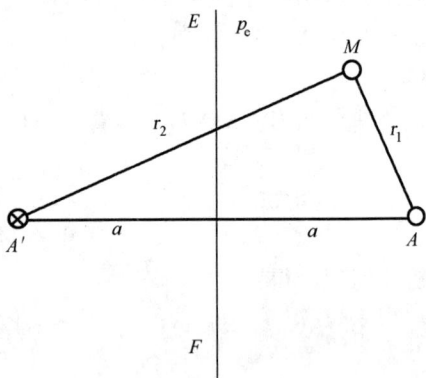

图 4-25　直线供给边缘附近一口生产井　　图 4-26　直线供给边缘附近一口生产井反映图

将问题转变成无限大地层存在等产量一源一汇的求解。地层中任意一点 M 的势可表示为：

$$\Phi_M = \frac{q_h}{2\pi} \ln \frac{r_1}{r_2} + C \tag{4-158}$$

式中　r_1, r_2——M 点至生产井和注入井的距离。

在供给边界 EF 上，$r_1 = r_2$，$\Phi_e = C$，由此得地层中任一点 M 的势（或压力）：

$$\Phi_M = \Phi_e + \frac{q_h}{2\pi} \ln \frac{r_1}{r_2} \tag{4-159}$$

$$p_M = p_e + \frac{q\mu}{2\pi Kh} \ln \frac{r_1}{r_2} \tag{4-160}$$

在井壁上，$r_1 = r_w$，$r_2 = 2a$，$p_M = p_{wf}$，由此得直线供给边缘附近存在一口生产井时，井底压力及井产量的计算公式：

$$p_{wf} = p_e - \frac{q\mu}{2\pi Kh} \ln \frac{2a}{r_w} \tag{4-161}$$

$$q = \frac{2\pi Kh(p_e - p_{wf})}{\mu \ln \frac{2a}{r_w}} \tag{4-162}$$

值得注意的是：在使用汇源反映法时，必须满足反映前后渗流场不变的原则。

一般而言，欲使反映前后水动力学场保持不变，必须进行对称、等强度、异号反映。"对称"是指井及其像井所处条件关于供给边缘是对称的；"等强度"是指井及其像井产量的绝对值相等；"异号反映"是指生产井反映注入井，注入井反映生产井。

2) 直线供给边缘一侧有两口生产井

如图 4-27 所示，假设直线供给边缘 yy' 一侧存在两口生产井 A、B，A 井井底压力为 p_{wf1}，B 井井底压力为 p_{wf2}，供给压力为 p_e。

应用汇源反映法设置 A 井的等强度、对称的异号像 A'，设置 B 井的等强度、对称的异号像 B'，将问题转变成无限大地层存在二源二汇的求解。根据势的叠加原理，可以写出地层中任意一点 M 的势为：

$$\Phi_M = \frac{q_{hA}}{2\pi}\ln\frac{r_1}{r_2} + \frac{q_{hB}}{2\pi}\ln\frac{r_3}{r_4} + C \qquad (4-163)$$

式中　q_{hA},q_{hB}——单位油层厚度上 A、B 井的产量；
　　　r_1,r_2——点 M 至 A、A' 井的距离；
　　　r_3,r_4——点 M 至 B、B' 井的距离。

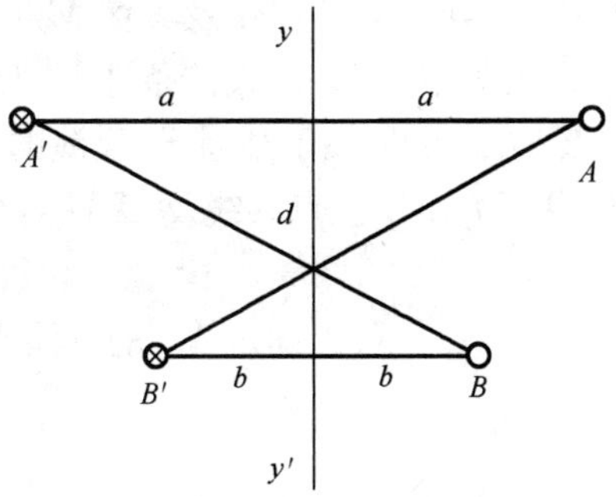

图 4-27　直线供给边缘一侧两口生产井反映图

在供给边缘 yy' 上，$r_1=r_2$，$r_3=r_4$，$\Phi_M=\Phi_e$，代入 (4-163) 式得：

$$\Phi_e = C \qquad (4-164)$$

由 (4-163) 式、(4-164) 式得无限大地层存在二源二汇时势的分布：

$$\Phi_M = \Phi_e + \frac{q_{hA}}{2\pi}\ln\frac{r_1}{r_2} + \frac{q_{hB}}{2\pi}\ln\frac{r_3}{r_4} \qquad (4-165)$$

在 A 井井壁上，$r_1=r_w$，$r_2=2a$，$r_3=\sqrt{d^2+(a-b)^2}$，$r_4=\sqrt{d^2+(a+b)^2}$，$\Phi_M=\Phi_{wf1}$，代入 (4-165) 式并结合 (4-164) 式得：

$$\Phi_{wf1} = \Phi_e + \frac{q_{hA}}{2\pi}\ln\frac{r_w}{2a} + \frac{q_{hB}}{2\pi}\ln\frac{\sqrt{d^2+(a-b)^2}}{\sqrt{d^2+(a+b)^2}} \qquad (4-166)$$

在 B 井井壁上，$r_3=r_w$，$r_4=2b$，$r_2=\sqrt{d^2+(a+b)^2}$，$r_1=\sqrt{d^2+(a-b)^2}$，$\Phi_M=\Phi_{wf2}$，代入 (4-166) 式并结合 (4-164) 式得：

$$\Phi_{wf2} = \Phi_e + \frac{q_{hA}}{2\pi}\ln\frac{\sqrt{d^2+(a-b)^2}}{\sqrt{d^2+(a+b)^2}} + \frac{q_{hB}}{2\pi}\ln\frac{r_w}{2b} \qquad (4-167)$$

利用 (4-166) 式、(4-167) 式联立求解 q_{hA}、q_{hB} 或已知 q_{hA}、q_{hB} 可求出每口井的井底压力。

3) 圆形供给边缘中有一口偏心生产井

假设圆形供给边缘 S_0 中有一口偏心生产井 M_1，如图 4-28 所示。O_1 为圆心，r_e 为供给半径，p_e 为供给压力，p_{wf} 为井底压力。

液体在边界 S_0 及井壁间压差 p_e-p_{wf} 的作用下发生流动。其边界条件相当于无限大地层存在等产量一源一汇渗流情形。渗流场中同样存在井壁等压线和一圆形等压线。因此，可利用汇源反映法将问题转换为无限大地层存在等产量一源一汇的求解。

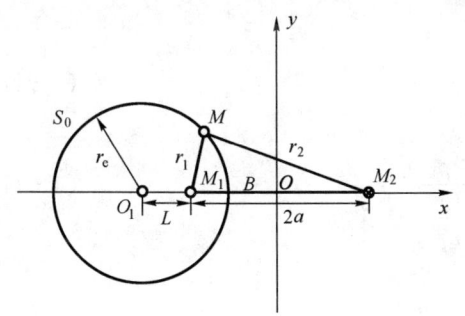

图 4-28　圆形供给边界内一口偏心生产井反映图

应该如何反映才能保证反映前后圆 S_0 和井壁始终是等压线（即反映前后渗流场不改变）？由无限大地层存在一源一汇的渗流场（图 4-23）可知，M_1 的反映井 M_2 应该在 O_1M_1 的连线上，位于 M_1 的右侧，并且位于圆外，M_1 与其像 M_2 的位置应满足一源一汇的等压线方程：

$$\frac{r_1}{r_2} = 常数 \qquad (4-168)$$

式中 r_1, r_2——井 M_1 及其像 M_2 至圆 S_0 的距离,称为极半径。

在满足(4-168)式的条件下,圆 S_0 将是一条等压线。由解析几何可知,满足(4-168)式的点 M_1、M_2 是关于圆周 S_0 反演的对称点或共轭点。而共轭点 M_1、M_2 必须满足下列两个条件:O_1、M_1、M_2 三点共线及 $O_1M_2 \cdot O_1M_1 = r_e^2$,即:

$$L(L+2a) = r_e^2 \tag{4-169}$$

由(4-169)式可以确定 M_1 的反演点位置:

$$2a = \frac{r_e^2 - L^2}{L} \tag{4-170}$$

利用(4-170)式可计算出 $2a$,在 O_1 与 M_1 连线的延长线上,与 M_1 相距 $2a$ 的位置上设置 M_1 的等强度异号像 M_2。此两口井同时作用能保证 S_0 为等压线,这样将问题转变成无限大地层存在等产量一源一汇的求解,此时地层中任一点 M 的势可表示为:

$$\Phi_M = \frac{q_h}{2\pi} \ln \frac{r_1}{r_2} + C \tag{4-171}$$

式中 r_1, r_2——点 M 至井 M_1、M_2 的距离。

在两井连线与 S_0 的交点 B 处,$r_1 = r_e - L$,$r_2 = 2a + L - r_e$,$\Phi = \Phi_e$,并结合(4-170)式得:

$$\frac{r_1}{r_2} = \frac{r_e - L}{2a + L - r_e} = \frac{L}{r_e} \tag{4-172}$$

将(4-172)式代入(4-171)式得:

$$\Phi_e = \frac{q_h}{2\pi} \ln \frac{L}{r_e} + C \tag{4-173}$$

在 M_1 井壁上,$\Phi = \Phi_{wf}$,$r_1 = r_w$,$r_2 = 2a$,则由(4-171)式得:

$$\Phi_{wf} = \frac{q_h}{2\pi} \ln \frac{r_w}{2a} + C \tag{4-174}$$

由(4-173)式、(4-174)式得:

$$\Phi_e - \Phi_{wf} = \frac{q_h}{2\pi} \ln \left(\frac{L}{r_e} \frac{2a}{r_w} \right) \tag{4-175}$$

将(4-170)式代入(4-175)式得到偏心生产井的产量:

$$q_h = \frac{2\pi (\Phi_e - \Phi_{wf})}{\ln \dfrac{r_e^2 - L^2}{r_e r_w}} \tag{4-176}$$

$$q = \frac{2\pi K h (p_e - p_{wf})}{\mu \ln \dfrac{r_e^2 - L^2}{r_e r_w}} \tag{4-177}$$

由(4-171)式、(4-173)式得:

$$\Phi_M = \Phi_e - \frac{q_h}{2\pi} \ln \left(\frac{r_2}{r_1} \frac{L}{r_e} \right) \tag{4-178}$$

将(4-176)式、(4-177)代入(4-178)式得 S_0 以内任意点势或压力的表达式:

$$\Phi_M = \Phi_e - \frac{\Phi_e - \Phi_{wf}}{\ln \dfrac{r_e^2 - L^2}{r_e r_w}} \ln \frac{r_2 L}{r_1 r_e} \tag{4-179}$$

$$p_M = p_e - \frac{p_e - p_{wf}}{\ln \dfrac{r_e^2 - L^2}{r_e r_w}} \ln \frac{r_2 L}{r_1 r_e} \tag{4-180}$$

由此可见,圆形地层中存在一口偏心生产井时,也必须进行等强度、异号、共轭反映。

为了说明偏心距 L 对井产量的影响,引入对比系数 η:

$$\eta = \frac{q_1}{q_2} = \frac{\ln(r_e/r_w)}{\ln[(r_e^2 - L^2)/(r_e r_w)]} \tag{4-181}$$

式中 q_1, q_2 ——偏心井和中心井产量。

若 $r_w = 0.1\text{m}$,用(4-181)式计算 η 的结果列于表 4-3。

表 4-3 不同边界距离和偏心距的对比系数 η

L/r_e	r_e,m	0	0.1	0.25	0.5	0.75
100		1	1	1.01	1.04	1.13
1000		1	1	1.00	1.02	1.08

由表 4-3 可以看出:(1)偏心井产量比中心井产量高(在其他条件均相同时);(2)$L/r_e \leqslant 0.5$ 时,偏心距对井产量的影响可以不考虑,供给边缘越大,偏心距对井产量的影响越小;(3)$L/r_e > 0.5$ 时,偏心距越大,偏心井产量越高。

一般情况下,供给边缘形状不是规则的几何图形,如图 4-29 所示。它往往介于圆形和直线供给边缘之间。

在实际计算中,常将实际供给边缘简化成圆形或直线,这种简化将带来多大的误差? 实际上这种误差可通过计算圆形边界与直线边界的产量误差来估计。

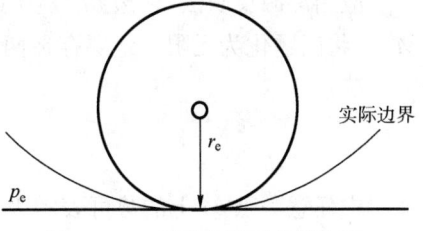

图 4-29 供给边缘形状简化图

在图 4-29 中,圆形地层中心井的产量为:

$$q_1 = \frac{2\pi Kh(p_e - p_{wf})}{\mu \ln \dfrac{r_e}{r_w}} \tag{4-182}$$

把圆形边界简化为直线供给边界时的产量为:

$$q_2 = \frac{2\pi Kh(p_e - p_{wf})}{\mu \ln \dfrac{2r_e}{r_w}} \tag{4-183}$$

上述两种情形下产量的比值用系数 φ 表示:

$$\varphi = \frac{q_1}{q_2} = \frac{\ln \dfrac{2r_e}{r_w}}{\ln \dfrac{r_e}{r_w}} = 1 + \frac{0.301}{\lg \dfrac{r_e}{r_w}} \tag{4-184}$$

假设 $r_w = 0.1\text{m}$,用(4-184)式计算所得结果如表 4-4 所示。

表 4-4 供给边界形状对产量的影响

r_e,m	$\lg(r_e/r_w)$	φ	误差,%
100	3	1.100	10
1000	4	1.075	7.5
10000	5	1.060	6.0

由表 4-4 看出:(1)圆形供给边缘的井产量比直线供给边缘的井产量更高,对实际供给边

缘来说,其井产量将介于两者之间;(2)将圆形供给边缘简化为直线供给边缘而引起的产量计算误差一般不超过10%,可见边缘形状对井产量的影响不大,但这一结论不能推广到求地层压力分布,因为两种情况下等压线的分布是截然不同的。

4) 圆形供给边缘内有两口偏心生产井

假设圆形供给边界 S_e 内存在两口等产量偏心井 M_1、M_2,如图 4—30 所示,供给压力为 p_e,井底压力为 p_{wf}。

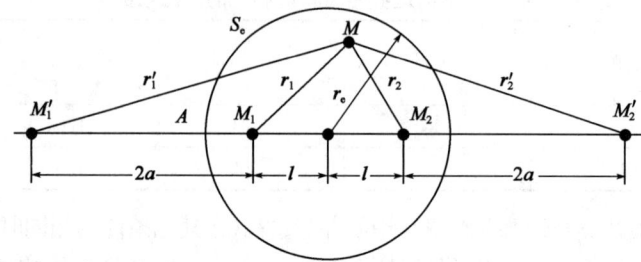

图 4-30 圆形地层中两等产量生产井反映图

应用汇源反映法,以边界 S_e 为镜面进行等强度异号共轭反映,得到 M_1、M_2 的镜像 M_1'、M_2'。将问题化为无限大地层存在两口生产井、两口注入井的求解。井与其像间的距离 $2a$ 由下式确定:

$$2a = \frac{r_e^2 - l^2}{l} \tag{4-185}$$

地层中任意一点 M 上的势可表示为:

$$\Phi_M = \frac{q_h}{2\pi} \ln \frac{r_2}{r_2'} + C + \frac{q_h}{2\pi} \ln \frac{r_1}{r_1'} \tag{4-186}$$

式中 r_1, r_1'——井 M_1 及其像到 M 点的距离;

r_2, r_2'——井 M_2 及其像至 M 点的距离。

在供给边缘上的 A 点:

$$\frac{r_1}{r_1'} = \frac{r_e - l}{2a + l - r_e} = \frac{l}{r_e}, \quad \frac{r_2}{r_2'} = \frac{r_e + l}{2a + l + r_e} = \frac{l}{r_e}, \quad \Phi = \Phi_e$$

将上述三式代入(4-186)式得:

$$\Phi_e = \frac{q_h}{2\pi} \ln \frac{l^2}{r_e^2} + C \tag{4-187}$$

由(4-186)式、(4-187)式得势的分布公式:

$$\Phi_M = \Phi_e - \frac{q_h}{2\pi} \ln \frac{l^2 r_1' r_2'}{r_e^2 r_1 r_2} \tag{4-188}$$

在 M_1 井壁上,$\Phi = \Phi_{wf}, r_1 = r_w, r_2 = 2l, r_1' = 2a, r_2' = 2a + 2l$,代入(4-186)式得:

$$\Phi_{wf} = \frac{q_h}{2\pi} \ln \frac{r_w \cdot 2l}{2a(2a+2l)} + C \tag{4-189}$$

将(4-185)式代入(4-189)式得:

$$\Phi_{wf} = \frac{q_h}{2\pi} \ln \frac{2l^3 r_w}{r_e^2 - l^4} + C \tag{4-190}$$

由(4-190)式、(4-187)式得到井产量表达式:

$$q_h = \frac{2\pi(\Phi_e - \Phi_{wf})}{\ln\left[\frac{r_e^2}{2lr_w}\left(1-\frac{l^4}{r_e^4}\right)\right]} \quad (4-191)$$

(二)两等产量汇的渗流与汇点反映法

前面详细分析了无限大地层存在一源一汇渗流时的渗流场特征,从这些分析中发现了汇源反映法,从而解决了直线和圆形供给边界对渗流规律的影响。下面将通过对两等产量汇的渗流进行分析,找到求解不渗透边界对井产量影响的方法。

1. 两等产量汇的渗流

如图 4-31 所示,假设无限大地层中,存在两等产量汇 A_1 与 A_2,它们相距 $2b$,地层压力为 p_e,汇的井底压力均为 p_{wf},井半径均为 r_w,汇的产量用 q_h 表示。下面讨论地层压力、井产量表达式、流速分布及渗流场。

1)压力分布

根据势的叠加原理,地层中任意一点 M 的势差可表示为:

$$\Phi_e - \Phi_M = \frac{q_h}{2\pi}\ln\frac{r_e}{r_1} + \frac{q_h}{2\pi}\ln\frac{r_e}{r_2} \quad (4-192)$$

式中　r_1, r_2——M 点至 A_1、A_2 井的距离。

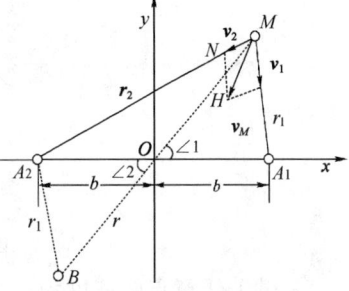

图 4-31　两等产量汇示意图

由(4-192)式得到无限大地层存在两等产量汇渗流时的势或压力分布公式:

$$\Phi_M = \Phi_e - \frac{q_h}{2\pi}\ln\frac{r_e^2}{r_1 r_2} \quad (4-193)$$

$$p_M = p_e - \frac{q\mu}{2\pi Kh}\ln\frac{r_e^2}{r_1 r_2} \quad (4-194)$$

2)汇的产量

在汇 A_1 井壁上,$r_1 = r_w$,$r_2 = 2b$,$\Phi_M = \Phi_{wf}$,代入(4-193)式得:

$$\Phi_{wf} = \Phi_e - \frac{q_h}{2\pi}\ln\frac{r_e^2}{2br_w} \quad (4-195)$$

$$q_h = \frac{2\pi(\Phi_e - \Phi_{wf})}{\ln\frac{r_e^2}{2br_w}} \quad (4-196)$$

$$q = \frac{2\pi Kh(p_e - p_{wf})}{\mu\ln\frac{r_e^2}{2br_w}} \quad (4-197)$$

3)渗流流速分布

根据渗流速度合成的原理,地层中任一点 M 的渗流速度 v_M 可表示为:

$$\boldsymbol{v}_M = \boldsymbol{v}_1 + \boldsymbol{v}_2 \quad (4-198)$$

式中　v_1, v_2——汇 A_1、A_2 单独工作时在 M 点形成的流速,$v_1 = \frac{q_h}{2\pi r_1}$,$v_2 = \frac{q_h}{2\pi r_2}$。

在图 4-31 中,由 A_2 引出 MA_1 的平行线 A_2B,A_2B 与 OM 的延长线相交于 B。因 $\angle 1 = \angle 2$,$\angle BA_2O = \angle OA_1M$,$A_2O = OA_1 = b$,故 $\triangle A_2BO \cong \triangle MOA_1$,则 $A_2B = r_1$,$OB = r$,$BM = 2r$。

在 $\triangle MNH$ 与 $\triangle MA_2B$ 中,$A_2B /\!/ NH$,$\angle BA_2M = \angle MNH$,$v_1/v_2 = r_2/r_1$,故:

$$\frac{v_1}{r_2}=\frac{v_2}{r_1}=\frac{v_M}{2r} \tag{4-199}$$

$$v_M=2r\frac{v_2}{r_1}=2r\frac{q_h}{2\pi r_2 r_1}=\frac{q_h}{\pi}\frac{r}{r_1 r_2} \tag{4-200}$$

(4-200)式即是无限大地层存在两等产量汇时的渗流速度分布公式。

a. y 轴上流速变化规律

如图 4-32 所示，由于两汇对 y 轴上液流质点的作用平衡且对称，因而 y 轴上流速矢量始终指向原点。

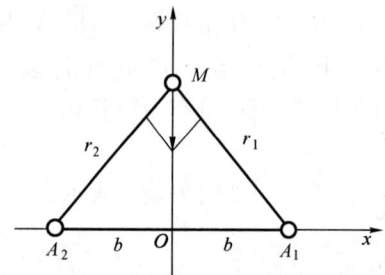

图 4-32　两等产量汇渗流速度分布图

y 轴上任意点的速度为：

$$v=\frac{q_h}{\pi}\frac{r}{r_1 r_2}=\frac{q_h}{\pi}\frac{y}{\sqrt{y^2+b^2}\sqrt{y^2+b^2}}$$

$$v=\frac{q_h}{\pi}\frac{y}{y^2+b^2} \tag{4-201}$$

$$\frac{\mathrm{d}v}{\mathrm{d}y}=\frac{q_h}{\pi}\frac{b^2-y^2}{(b^2+y^2)^2} \tag{4-202}$$

显然，$|y|=b$ 时，$\mathrm{d}v/\mathrm{d}y=0$；$|y|>b$ 时，$\mathrm{d}v/\mathrm{d}y<0$；$|y|<b$ 时，$\mathrm{d}v/\mathrm{d}y>0$。由此可见，$y=b$ 时 v 取极大值，$y>b$ 时 v 为减函数，$y<b$ 时 v 为增函数。y 轴上流速变化如图 4-33 所示。在坐标原点处 $y=0$，$v=0$，y 轴上流速分布如图 4-34 所示。

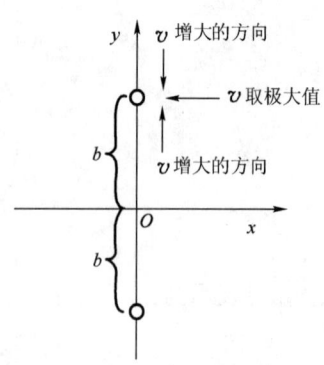

图 4-33　y 轴上流速变化图　　　　图 4-34　y 轴上流速变化图

b. 两汇外侧 x 轴上渗流速度分布

两井外侧等压线密集，流线密集，表明压力梯度高，流速高。离 x 轴越近，流线越密集，流速越大，x 轴上液流速度越高，因此将 x 轴称为主流线。在主流线上，流速仍可由(4-198)式分析，流速矢量 v_M 指向油井，如图 4-35 所示。

在主流线上,流速矢量 v_M 的大小为:

$$v_M = \frac{q_h}{2\pi}\left(\frac{1}{r_1}+\frac{1}{r_2}\right) \quad (4-203)$$

式中　r_1,r_2——主流线上点 M 至 A_1、A_2 的距离。

c. 两汇内侧 x 轴上渗流速度的变化

在两汇内侧 x 轴上,任一点 M 的渗流速度仍用(4-198)式分析,v_M 方向始终指向两汇之一,如图 4-36 所示。

图 4-35　x 轴上流速分布图　　图 4-36　x 轴上流速分布图

在主流线上,流速矢量 v_M 的大小为:

$$v_M = v_1 - v_2 = \frac{q_h}{2\pi r_1} - \frac{q_h}{2\pi r_2} = \frac{q_h}{2\pi}\left(\frac{1}{r_1}-\frac{1}{r_2}\right) \quad (4-204)$$

由(4-204)式可以看出,离汇越近,渗流速度越大,离汇越远,渗流速度越小,在两汇连线的中点 $O,r_1=r_2,v_0=0$,此点称为平衡点。由流速分布图可清楚地看到,在平衡点附近将出现滞流区,在实际生产中,这一区域的油很难采完。

平衡点的渗流速度为:

$$v_0 = \frac{1}{2\pi}\left(\frac{q_{h1}}{r_1}-\frac{q_{h2}}{r_2}\right) \quad (4-205)$$

由(4-205)式,当两汇产量相等时,平衡点的渗流速度为 0,则:

$$\frac{q_{h1}}{q_{h2}} = \frac{r_1}{r_2} \quad (4-206)$$

由(4-206)式,当两汇产量相等时,平衡点在两汇连线的中点,如图 4-37 所示。若两汇产量不相等,平衡点的位置将发生变化,它总是偏向产量较小的汇,如图 4-38 所示。改变相邻两汇的产量比值,可使平衡点位置发生变化,从而缩小滞流区,提高采收率。

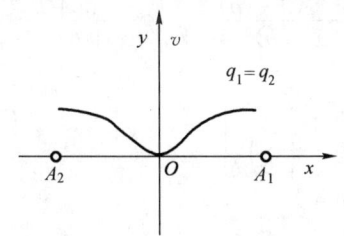
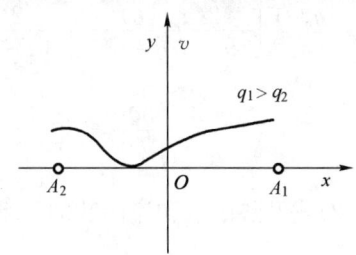

图 4-37　两井内侧流速分布　　图 4-38　平衡点偏离示意图

4) 水动力学场

a. 等压线

由(4-194)式,等压线方程为:

$$r_1 r_2 = C_0 \quad (4-207)$$

式中　C_0——常数。

由图 4-31,将极坐标 r_1、r_2 用直角坐标表示为:

$$r_1^2 = (x-b)^2 + y^2 \quad (4-208)$$

$$r_2^2 = (x+b)^2 + y^2 \quad (4-209)$$

将(4-208)式、(4-209)式代入(4-207)式得：
$$(x^2+y^2)^2+2(y^2-x^2)b^2+b^4-C_0^2=0 \quad (4-210)$$

(4-210)式即是两等产量汇的等压线方程，它表示一簇四次曲线，C_0取值不同，将得到不同形状的四次曲线，如图4-39所示。

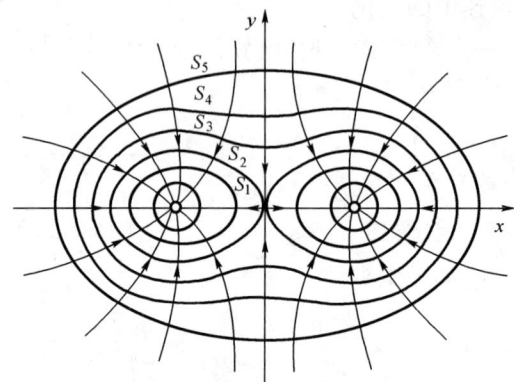

图4-39 两等产量汇的流线和等压线

当$C_0<b^2$时，曲线分离为一对对称的椭圆，各环绕一个汇，图中S_1曲线相应于$C_0=b^2/2$，而C_0值极小时，它成为与井眼壁同心的圆。$C_0=b^2$时，得伯诺里双叶曲线，相应于图中S_2。$b^2<C_0<2b^2$时，得卵形线，且曲线与y轴相交处有极值，图中S_3相应于$C_0=3b^2/2$。$C_0\geqslant 2b^2$时，得到包围两汇的椭圆，图中S_4、S_5相应于$C_0=2b^2$，$C_0=3b^2$；C_0值越大，曲线越接近圆。

b. 流线

将(4-208)式、(4-209)式代入(4-193)式得：
$$\Phi=\frac{q_h}{2\pi}\ln\{[(x-b)^2+y^2]^{1/2}\cdot[(x+b)^2+y^2]^{1/2}\}+C$$
$$=\frac{q_h}{2\pi}\frac{1}{2}\{\ln[(x-b)^2+y^2]+\ln[(x+b)^2+y^2)]\}+C \quad (4-211)$$

(4-211)式对x求导得：
$$\frac{\partial\Phi}{\partial x}=\frac{q_h}{2\pi}\frac{1}{2}\left[\frac{2(x-b)}{(x-b)^2+y^2}+\frac{2(x+b)}{(x+b)^2+y^2}\right]=\frac{q_h}{2\pi}\left[\frac{(x-b)}{(x-b)^2+y^2}+\frac{x+b}{(x+b)^2+y^2}\right]$$
$$\frac{\partial\Phi}{\partial x}=\frac{q_h}{2\pi}\left[\frac{\frac{1}{x-b}}{1+\left(\frac{y}{x-b}\right)^2}+\frac{\frac{1}{x+b}}{1+\left(\frac{y}{x+b}\right)^2}\right] \quad (4-212)$$

由(4-212)式及势函数和流函数的关系(4-86)式得：
$$\frac{\partial\psi}{\partial y}=\frac{q_h}{2\pi}\left[\frac{\frac{1}{x-b}}{1+\left(\frac{y}{x-b}\right)^2}+\frac{\frac{1}{x+b}}{1+\left(\frac{y}{x+b}\right)^2}\right] \quad (4-213)$$

(4-213)式对y积分得：
$$\psi=\frac{q_h}{2\pi}\int\left[\frac{\frac{1}{x-b}}{1+\left(\frac{y}{x-b}\right)^2}-\frac{\frac{1}{x+b}}{1+\left(\frac{y}{x+b}\right)^2}\right]dy+C$$
$$=\frac{q_h}{2\pi}\left[\int\frac{1}{1+\left(\frac{y}{x-b}\right)^2}d\left(\frac{y}{x-b}\right)+\int\frac{1}{1+\left(\frac{y}{x+b}\right)^2}d\left(\frac{y}{x+b}\right)\right]+C \quad (4-214)$$

因$(\arctan x)'=\dfrac{1}{1+x^2}$，则(4-214)式可写为：

$$\psi = \frac{q_h}{2\pi}\left(\arctan\frac{y}{x-b}+\arctan\frac{y}{x+b}\right)+C \qquad (4-215)$$

由(4-215)式，流线方程为：

$$\arctan\frac{y}{x-b}+\arctan\frac{y}{x+b}=C_0' \qquad (4-216)$$

或

$$\arctan\frac{\dfrac{y}{x-b}+\dfrac{y}{x+b}}{1-\dfrac{y^2}{(x-b)(x+b)}}=C_0' \qquad (4-217)$$

由(4-217)式得：

$$\frac{\dfrac{y}{x-b}+\dfrac{y}{x+b}}{1-\dfrac{y^2}{(x-b)(x+b)}}=\frac{1}{C_1} \qquad (4-218)$$

整理(4-218)式得：

$$x^2-y^2-2C_1 xy-b^2=0 \qquad (4-219)$$

式中 C_1——曲线族参数。

(4-219)式即是两等产量汇的流线方程，当给定不同的 C_1 值时，可得到不同的流线，为一簇双曲线，如图4-39所示。

当 $C_1\to\infty$ 时，由(4-217)式得 $\dfrac{y}{x-b}+\dfrac{y}{x+b}=0$，$xy=0$，则 $x=0$ 或 $y=0$，这表明 x 轴、y 轴都是流线。

由图4-39以及流速分析可以清楚地看到，两等产量汇的水动力学场有两个突出的特征：(1)整个水动力学场关于 y 轴对称；(2)y 轴是一条流线，因为 y 轴左边的流体不会穿过 y 轴流入右半部，右半部的流体也不会穿过 y 轴流入左半部，似乎 y 轴将流体左右分开，所以 y 轴被称为分流线，又由于 y 轴处于两汇的正中，所以又称为中流线。

2. 汇点反映法

在等产量两汇所形成的水动力学场中，y 轴是对称轴、是分流线，它将液流左右分开，y 轴右半面的液体向汇 A_1 流动，y 轴左半面的液体向汇 A_2 流动，没有任何液体质点穿越 y 轴。显然，在 y 轴所在的位置上置一不渗透平面，对流动将不会产生任何影响，可见 y 轴实际上起到了不渗透平面的作用。从 y 轴的右半面看，液体是在分流线附近的汇 A_1 的诱导下发生流动。这种流动条件与一直线断层附近存在一生产井的流动条件完全相同，因而两者的流动规律也应相同。因此，在求解直线断层附近存在一生产井的渗流规律时，可以以直线断层为镜面，在其另一侧反映出一口对称、等强度、同号的镜像，将问题转变为无限大地层存在两等产量汇的求解，并取所得解的一部分(适用于右半部的部分)作为所需求的解。像这种以等强度、对称、同号镜像的作用代替断层作用的求解方法，称为汇点反映法。

1)直线断层附近有一口生产井

假设直线断层 BB' 附近有一口生产井 A，如图4-40所示。地层压力为 p_e，A 井井底压力为 p_w，求井底压力及井产量。

按汇点反映法，以 BB' 为对称轴，在其另一侧，与 A 井对称的位置上设置一口与 A 井等产量的生产井,把问题转变为无限大地层存在两汇的求解,此时地层中任一点的势或压力可采用(4-193)式、(4-194)式进行计算,井产量公式可用(4-197)式。

在使用汇点反映法求解时,必须使反映前后水动力学场保持不变。因此,应保持反映前后BB'是一条分流线。井壁是一条等压线。从两汇的水动力学场可以看出,要保持水动力学场不变,必须进行对称、等强度、同号反映。

2) 直线断层附近有两口生产井

假设直线断层yy'附近有两口生产井A、B,如图4-41所示。它们的产量分别用q_A、q_B表示;地层压力为p_e,井底压力分别是p_{wfA}、p_{wfB};单相不可压缩液体按达西定律稳定渗流。求井底压力及井产量。

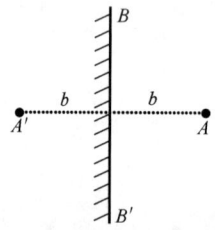
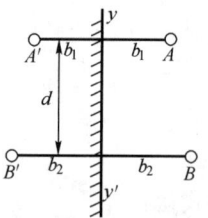

图4-40　直线断层一侧一口生产井反映图　　图4-41　直线断层一侧两口生产井反映图

按照汇点反映法对每口井进行对称、等强度、同号反映,分别得镜像A'、B'。由于断层yy'两侧生产条件对称,因而四口井投产将在yy'位置上形成分流线,问题被转换成了无限大地层存在四汇的求解。由势的叠加原则,此时地层任意点M的势差为:

$$\Phi_e - \Phi_M = \frac{q_{hA}}{2\pi}\ln\frac{r_e^2}{r_1 r_2} + \frac{q_{hB}}{2\pi}\ln\frac{r_e^2}{r_3 r_4} \tag{4-220}$$

式中　r_1, r_2——A井及其像A'至M点的距离;
　　　r_3, r_4——B井及其像B'至M点的距离。

在A井井壁上,$\Phi_M=\Phi_{wfA}$,$r_1=r_w$,$r_2=2b_1$,$r_3=\sqrt{d^2+(b_2-b_1)^2}$,$r_4=\sqrt{d^2+(b_1+b_2)^2}$,代入(4-220)式得到势与井产量的关系:

$$\Phi_e - \Phi_{wfA} = \frac{q_{hA}}{2\pi}\ln\frac{r_e^2}{2r_w b_1} + \frac{q_{hB}}{2\pi}\ln\frac{r_e^2}{\sqrt{d^2+(b_2+b_1)^2}\sqrt{d^2+(b_2-b_1)^2}} \tag{4-221}$$

在B井井壁上,$r_1=\sqrt{d^2+(b_2-b_1)^2}$,$r_2=\sqrt{d^2+(b_2+b_1)^2}$,$r_3=r_w$,$r_4=2b_2$,$\Phi_M=\Phi_{wfB}$。代入(4-220)式得到势与井产量的关系:

$$\Phi_e - \Phi_{wfB} = \frac{q_{hA}}{2\pi}\ln\frac{r_e^2}{\sqrt{d^2+(b_2+b_1)^2}\sqrt{d^2+(b_2-b_1)^2}} + \frac{q_{hB}}{2\pi}\ln\frac{r_e^2}{2r_w b_2} \tag{4-222}$$

联立(4-221)式、(4-222)式,可求出井底压力和井产量。

3) 直角断层附近有一口生产井

假设成直角的两断层OH_1与OH_2之间有一口生产井A_1,如图4-42所示。

当用汇点反映法求解时,以OH_1、OH_2为对称轴分别反映出A_1井的对称等强度同号像A_2井和A_3井,试图将问题转变为无限大地层存在四等产量汇的求解,但这四口井同时投产之后并不能在OH_1、OH_2的位置上形成分流线,因此,A_2与A_1、A_1与A_3所处的生产条件并不对称,必须再设置虚拟井A_4。四口井同时投产之后将使OH_1、OH_2、OH_3、OH_4的位置上形成分流线,A_4井称为平衡井。

4）相交 120°断层附近有一口生产井

假设有两断层 OH_1、OH_2 成 120°角相交,角平分线上有一口生产井 A_1,如图 4-43 所示。

当用汇点反映法求解时,以 OH_1、OH_2 为镜面,分别反映出 A_1 井的镜像(对称、等强度、同号的汇) A_2、A_3。这三口井同时投产将在断层所在位置形成分流线,因此,问题被转化成无限大地层三口等产量井的求解。

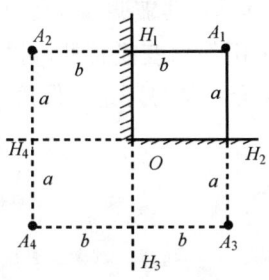

图 4-42 直角断层中一口生产井反映图

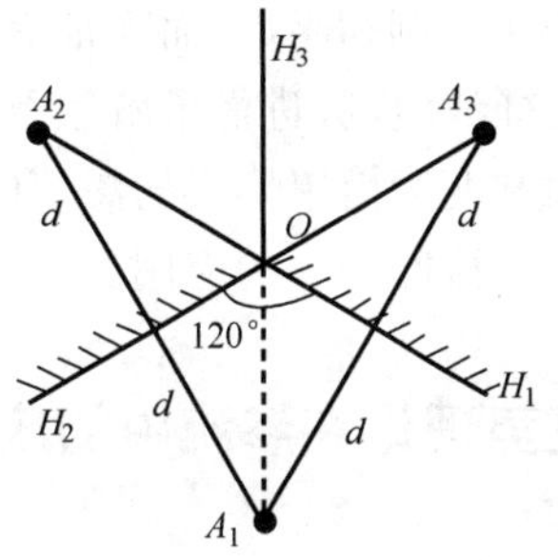

图 4-43 120°角断层中一口生产井反映图

5）相交 60°断层附近有一口生产井

假设有两断层 OH_1、OH_2 成 60°角相交,角平分线上有一口生产井 A_1,如图 4-44 所示。

当用汇点反映法求解时,为了在 OH_1、OH_2 的位置形成分流线,必须连续反映成 6 口井,其中 A_4、A_5、A_6 均为平衡像。

6）平行直线断层中心有一口生产井

假设平行直线断层 H_1 与 H_2 的正中间有一口生产井 A_1,如图 4-45 所示。地层压力为 p_e,井底压力为 p_{wf}。

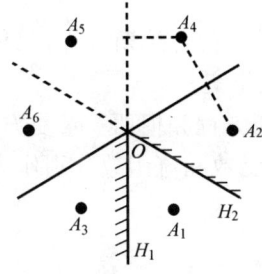
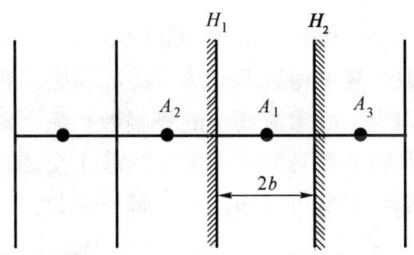

图 4-44 60°角断层一口生产井反映图

图 4-45 平行断层中一口生产井反映图

当用汇点反映法求解时,为了在断层 H_1、H_2 的位置上形成分流线,必须以断层面 H_1、H_2 为镜面,分别反映出 A_1 井的镜像 A_2、A_3 井(对称、等强度的生产井)以及无限多平衡井,将问题转变为无限大地层中存在一无限长井排的求解。井产量及任意一点压力为：

$$q = \frac{4\pi Kh(p_e - p_{wf})}{\mu \ln \dfrac{\operatorname{ch}(\pi r_e/b) - 1}{\pi r_w^2/(2b^2)}} \tag{4-223}$$

$$p = p_e - \frac{q\mu}{4\pi Kh} \ln \frac{\operatorname{ch}(\pi r_e/b) - 1}{\operatorname{ch}(\pi y/b) - \operatorname{ch}(\pi x/b)} \tag{4-224}$$

式中　b——井至不渗边界的距离。

第四节　复势理论及保角变换在渗流中的应用

前几节采用模型法、压降及势的叠加理论、等值渗流阻力法研究了渗流问题。实际上,许多渗流问题都可用复变函数的理论与方法来求解。复变函数在某区域内解析时,其实部和虚部为正交的共轭调和函数,而表征渗流场的势函数和流函数也具有共轭调和性质,因此可用复变函数来表征渗流场,进而求解较复杂的渗流问题。同时,利用保角变换特性,可把复杂情况下的渗流问题变为简单形式的渗流问题加以研究。本节主要介绍复势理论及保角变化的原理及其在求解渗流问题中的应用。

一、复势理论在渗流中的应用

(一)复势

由复变函数理论,如果在复平面 z 上的复数 $z=x+\mathrm{i}y$ 在一定范围内变化,复平面 W 上的复数 W 也随之而变,则称 W 为 z 的复变函数,即 $W(z)=f(z)$。复变函数可表示为:

$$W(z) = u(x,y) + \mathrm{i}v(x,y) \tag{4-225}$$

若复变函数 $W(z)$ 在区域 D 内连续可微,即复变函数 $W(z)$ 的实部 $u(x,y)$ 和虚部 $v(x,y)$ 的连续偏导数存在且满足以下柯西—黎曼方程:

$$\frac{\partial u}{\partial x} = \frac{\partial v}{\partial y} \tag{4-226}$$

$$\frac{\partial u}{\partial y} = -\frac{\partial v}{\partial x} \tag{4-227}$$

则称该复变函数 $W(z)$ 为解析函数。其实部和虚部都分别满足拉普拉斯方程,又称为共轭调和函数。复变函数 $W(z)$ 的实部和虚部所表示的曲线族相互正交。

因为平面渗流场中的势函数和流函数分别满足拉普拉斯方程和柯西—黎曼方程,因此它们是调和函数且所代表的曲线族正交。在复平面内,利用势函数和流函数分别作为复变函数的实部和虚部可以构造一个解析函数:

$$W(z) = \Phi(x,y) + \mathrm{i}\psi(x,y) \tag{4-228}$$

从(4-228)式看出,利用复变函数理论就将平面渗流场与解析函数联系起来了。在渗流力学中,把势函数和流函数分别作为复变函数的实部和虚部构成的解析函数称为平面渗流场的复势函数,简称复势。换言之,如果已知某一平面渗流场的复势,从中分解出实部和虚部,则可得到描述该渗流场特征的势函数和流函数。

由(4-228)式得:

$$\mathrm{d}W = \mathrm{d}\Phi + \mathrm{i}\mathrm{d}\psi \tag{4-229}$$

(二)复速度

由(4-229)式,势函数和流函数的全微分为:

$$\mathrm{d}W = \left(\frac{\partial \Phi}{\partial x}\mathrm{d}x + \frac{\partial \Phi}{\partial y}\mathrm{d}y\right) + \mathrm{i}\left(\frac{\partial \psi}{\partial x}\mathrm{d}x + \frac{\partial \psi}{\partial y}\mathrm{d}y\right) = \left(\frac{\partial \Phi}{\partial x} + \mathrm{i}\frac{\partial \psi}{\partial x}\right)\mathrm{d}x + \left(\frac{\partial \Phi}{\partial y} + \mathrm{i}\frac{\partial \psi}{\partial y}\right)\mathrm{d}y \tag{4-230}$$

由柯西—黎曼方程,(4-230)式可改写为:

$$dW = \left(\frac{\partial \Phi}{\partial x} - i\frac{\partial \Phi}{\partial y}\right)dx + i\left(\frac{\partial \Phi}{\partial x} - i\frac{\partial \Phi}{\partial y}\right)dy = -(v_x - iv_y)(dx + idy) = -(v_x - iv_y)dz$$
(4-231)

由(4-231)式得:

$$\frac{dW}{dz} = -(v_x - iv_y)$$
(4-232)

由(4-232)式得:

$$\left|\frac{dW}{dz}\right| = \sqrt{v_x^2 + v_y^2} = |v|$$
(4-233)

式中,$\left|\frac{dW}{dz}\right|$ 为 $\frac{dW}{dz}$ 的模,表示速度的大小,故称 $\frac{dW}{dz}$ 为复速度。

由以上分析可知,在获得平面渗流场复势后,就可以求出复速度,由此求得平面渗流场中任意一点的渗流速度。

(三) 单向流及平面径向流的复势

1. 单向流复势

设平面渗流场复势为:

$$W(z) = Az + C$$
(4-234)

其中:

$$z = x + iy$$
(4-235)

$$C = C_1 + iC_2$$
(4-236)

式中,Z 为复数,A 为实数,C 为复实数。

由(4-235)式、(4-236)式,(4-234)式可改写为:

$$W(z) = Ax + C_1 + i(Ay + C_2)$$
(4-237)

由(4-237)式,该平面渗流场的特征函数即势函数和流函数分别为:

$$\Phi = Ax + C_1$$
(4-238)

$$\psi = Ay + C_2$$
(4-239)

因等势线是由 Φ 值相等的点组成的线,则由(4-238)式看出,等势线的方程:

$$x = C_3$$
(4-240)

由(4-240)式可以看出,在直角坐标系中,等势线是平行于 y 轴的直线。

根据流线与等势线正交的原则,由(4-239)式得流线方程:

$$y = C_4$$
(4-241)

由(4-241)式可以看出,在直角坐标系中,流线是平行于 x 轴的直线。若 A 为正值,则流线指向 x 轴的负方向;若 A 为负值,则流线指向 x 轴的正方向。

从以上分析可知,单向流的等势线与流线正交,其平面渗流场形态与图4-4完全相同。

由(4-237)式,单向流渗流场的复速度为:

$$\frac{dW}{dz} = A$$
(4-242)

则地层中任意一点的渗流速度为:

$$v = \left|\frac{dW}{dz}\right| = A$$
(4-243)

2. 平面径向流复势

设平面渗流场复势为:

$$W(z) = A\ln z + C \tag{4-244}$$

根据复数的表示方法,复数 z 可写成:

$$z = x + iy = re^{i\theta} \tag{4-245}$$

式中　r——复数的模;
　　　θ——幅角。

由(2-244)式、(2-245)式得:

$$W(z) = A\ln r + C_1 + i(A\theta + C_2) \tag{4-246}$$

由(4-246)式,该平面渗流场的特征函数即势函数和流函数分别为:

$$\Phi = A\ln r + C_1 \tag{4-247}$$

$$\psi = A\theta + C_2 \tag{4-248}$$

由(4-247)式、(4-248)式及等势线与流线正交原则,分别得到等势线和流线方程:

$$r = C_3 \tag{4-249}$$

$$\theta = C_4 \tag{4-250}$$

从(4-249)式、(4-250)式可以看出,等势线为以坐标原点为圆心的同心圆,流线是通过坐标原点的直线,其平面渗流场形态与图 4-10 完全相同。

由(4-244)式,平面径向流渗流场的复速度为:

$$\frac{dW}{dz} = \frac{A}{z} \tag{4-251}$$

则地层中任意一点的渗流速度为:

$$v = \left|\frac{dW}{dz}\right| = \left|\frac{A}{z}\right| = \frac{A}{|z|} = \frac{A}{r} \tag{4-252}$$

对平面上的点汇, $v = \frac{q_h}{2\pi r}$, $A = \frac{q_h}{2\pi}$,则由(2-244)式,当点汇处于坐标原点时,其渗流场的复势为:

$$W(z) = \frac{q_h}{2\pi}\ln z + C \tag{4-253}$$

由上述关系,则点汇渗流场的特征函数即势函数和流函数分别为:

$$\Phi = \frac{q_h}{2\pi}\ln r + C_1 \tag{4-254}$$

$$\psi = \frac{q_h}{2\pi}\theta + C_2 \tag{4-255}$$

如果点汇不在坐标原点,而位于复数坐标中的某一点 a,如图 4-46 所示,则其复势表达式为:

$$W(z) = \frac{q_h}{2\pi}\ln(z-a) + C \tag{4-256}$$

式中　a——复常数,$a = a_1 + ia_2$。

在复平面上:

$$z - a = r_1 e^{i\theta_1} \tag{4-257}$$

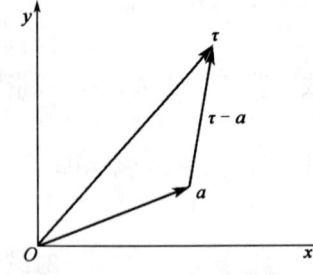

图 4-46　点汇不在坐标原点

式中　r_1——矢量 $(z-a)$ 的模,$r_1 = |z-a|$;
　　　θ_1——幅角,矢量 $(z-a)$ 与 x 轴的交角。

由(4-256)式、(4-257)式得:

$$W(z) = \frac{q_h}{2\pi}\ln(r_1 e^{i\theta_1}) + C = \frac{q_h}{2\pi}\ln r_1 + C_1 + i\left(\frac{q_h}{2\pi}\theta_1 + C_2\right) \quad (4-258)$$

由(4-258)式，当点汇在坐标原点时，其渗流场的特征函数即势函数和流函数分别为：

$$\Phi = \frac{q_h}{2\pi}\ln r_1 + C_1 \quad (4-259)$$

$$\psi = \frac{q_h}{2\pi}\theta_1 + C_2 \quad (4-260)$$

由(4-259)式、(4-260)式及流线与等势线正交的原则，分别得到点汇不在坐标原点时的等势线和流线方程：

$$r_1 = C_3 \quad (4-261)$$
$$\theta_1 = C_4 \quad (4-262)$$

从(4-261)式、(4-262)式看出，当点汇不在坐标原点时，等势线是以 a 为圆心的同心圆，流线是通过 a 点的直线，渗流场形态与图 4-10 完全相同。

(四)复势叠加原则及应用

1. 复势叠加原则

如果在平面渗流场中同时存在两个点汇，当它们单独存在时的复势分别表示为：

$$W_1 = \Phi_1 + i\psi_1 \quad (4-263)$$

$$W_2 = \Phi_2 + i\psi_2 \quad (4-264)$$

由于这两个点汇的势函数和流函数分别是两对共轭调和函数，它们均满足齐次线性的拉普拉斯方程和柯西—黎曼方程，因此，将它们进行线性叠加后所形成的新的势函数和流函数也必将满足拉普拉斯方程和柯西—黎曼方程。

由(4-263)、(4-264)式得：

$$W = W_1 + W_2 = (\Phi_1 + \Phi_2) + i(\psi_1 + \psi_2) \quad (4-265)$$

新复势的势函数和流函数分别为：

$$\Phi = \Phi_1 + \Phi_2 \quad (4-266)$$

$$\psi = \psi_1 + \psi_2 \quad (4-267)$$

且

$$\frac{\partial^2 \Phi}{\partial x^2} + \frac{\partial^2 \Phi}{\partial y^2} = 0 \quad (4-268)$$

$$\frac{\partial^2 \psi}{\partial x^2} + \frac{\partial^2 \psi}{\partial y^2} = 0 \quad (4-269)$$

若平面渗流场中同时存在多个点汇和点源，且它们分别位于复平面 z 上的点 $a_1, a_2, a_3, \cdots, a_n$，则复势的叠加原则为：

$$W(z) = \sum_{i=1}^{n}\left[\pm \frac{q_{ih}}{2\pi}\ln(z - a_i) + C_i\right] \quad (4-270)$$

式中　a_i, C_i——复常数。

势函数：

$$\Phi = \sum_{i=1}^{n}\Phi_i = \sum_{i=1}^{n}\left(\pm \frac{q_{ih}}{2\pi}\ln r_i + C_{i1}\right) \quad (4-271)$$

流函数：
$$\psi = \sum_{i=1}^{n}\psi_i = \sum_{i=1}^{n}\left(\pm\frac{q_{ih}}{2\pi}\ln\theta_i + C_{i2}\right) \tag{4-272}$$

式中　C_{i1}——复常数 C_i 的实部；
　　　C_{i2}——复常数 C_i 的虚部。

2. 复势叠加原则的应用

1）无限大地层中存在等产量的一源一汇的渗流问题

假设条件及一源一汇的示意图如图 4-22 所示。由复势的叠加原则（4-270）式，其渗流场的复势：

$$W(z) = \frac{q_h}{2\pi}\ln(z-a) + C_1 + \left[-\frac{q_h}{2\pi}\ln(z-a) + C_2\right] = \frac{q_h}{2\pi}\ln\frac{z-a}{z+a} + C$$
$$= \frac{q_h}{2\pi}\ln\frac{r_1 e^{i\theta_1}}{r_2 e^{i\theta_2}} + C = \frac{q_h}{2\pi}\ln\frac{r_1}{r_2} + C_3 + i\left[\frac{q_h}{2\pi}(\theta_1-\theta_2) + C_4\right] \tag{4-273}$$

其中：
$$C = C_1 + C_2 = C_3 + iC_4 \tag{4-274}$$

由（4-273）式得势函数：
$$\Phi = \frac{q_h}{2\pi}\ln\frac{r_1}{r_2} + C_3 \tag{4-275}$$

（4-275）式与（4-136）式本质上相同。等势线方程与（4-138）式相同。等势线形态与图 4-23 完全一致。

由（4-273）式得流函数：
$$\psi = \frac{q_h}{2\pi}(\theta_1-\theta_2) + C_4 \tag{4-276}$$

流线方程：
$$\theta_1 - \theta_2 = C_0' \tag{4-277}$$

复平面幅角、复数的模与直角坐标的关系如图 4-47 所示。

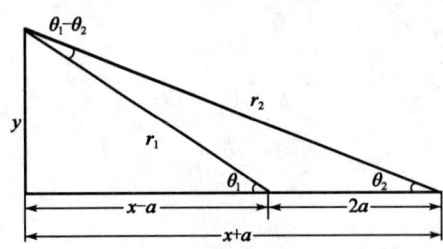

图 4-47　复平面幅角、复数的模与直角坐标的关系

由图 4-47 得：
$$\theta_1 = \arctan\frac{y}{x-a},\ \theta_2 = \arctan\frac{y}{x+a}$$

则由（4-277）式得：
$$\theta_1 - \theta_2 = \arctan\frac{y}{x-a} - \arctan\frac{y}{x+a} \tag{4-278}$$

根据余弦定理：
$$\cos(\theta_1-\theta_2) = \frac{r_1^2 + r_2^2 - 4a^2}{2r_1 r_2} \tag{4-279}$$

即：
$$\theta_1 - \theta_2 = \arccos\frac{r_1^2 + r_1^2 - 4a^2}{2r_1 r_2} = \arctan\frac{y}{x-a} - \arctan\frac{y}{x+a} \quad (4-280)$$

将(4-280)式代入(4-276)式得：
$$\psi = \frac{q_h}{2\pi}\arccos\frac{r_1^2 + r_1^2 - 4a^2}{2r_1 r_2} + C \quad (4-281)$$

(4-281)式即为流函数方程。

2) 无限大地层中存在两等产量汇的渗流问题

假设条件及两等产量汇的示意图如图4-31所示。由复势的叠加原则(4-270)式，其渗流场的复势：

$$W(z) = \frac{q_h}{2\pi}\ln(z-b) + C_1 + \frac{q_h}{2\pi}\ln(z+b) + C_2 = \frac{q_h}{2\pi}\ln[(z-b)(z+b)] + C$$

$$= \frac{q_h}{2\pi}\ln(r_1 r_2) + C_3 + i\left[\frac{q_h}{2\pi}(\theta_1 + \theta_2) + C_4\right] \quad (4-282)$$

其中：
$$C = C_1 + C_2 = C_3 + iC_4 \quad (4-283)$$

由(4-282)式得势函数：
$$\Phi = \frac{q_h}{2\pi}\ln(r_1 r_2) + C_3 \quad (4-284)$$

(4-284)式与(4-193)式本质上相同。等势线方程与(4-207)式相同。

由(4-282)式得流函数：
$$\psi = \frac{q_h}{2\pi}(\theta_1 + \theta_2) + C_4 \quad (4-285)$$

流线方程：
$$\theta_1 + \theta_2 = C_0' \quad (4-286)$$

复平面幅角、复数的模与直角坐标的关系如图4-48所示。

由图4-48得：
$$\theta_1 + \theta_2 = \arctan\frac{y}{x-b} + \arctan\frac{y}{x+b} \quad (4-287)$$

根据余弦定理：
$$\cos(\theta_1 - \theta_2) = \frac{r_1^2 + r_2^2 - 4b^2}{2r_1 r_2} \quad (4-288)$$

$$\cos\theta_2 = \frac{r_2^2 + 4b^2 - r_1^2}{2r_2 \cdot 2b} \quad (4-289)$$

$$\cos\theta_3 = \frac{r_1^2 + 4b^2 - r_2^2}{2r_1 \cdot 2b} \quad (4-290)$$

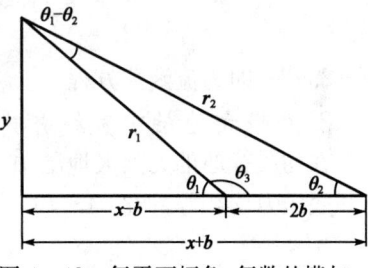

图4-48 复平面幅角、复数的模与直角坐标的关系

由(4-288)式得：
$$\sin(\theta_1 - \theta_2) = \sqrt{1 - \left(\frac{r_1^2 + r_2^2 - 4b^2}{2r_1 r_2}\right)^2} \quad (4-291)$$

根据正弦定理：

$$\frac{r_2}{\sin\theta_3} = \frac{r_1}{\sin\theta_2} = \frac{2b}{\sin(\theta_1-\theta_2)} \tag{4-292}$$

由于 $\theta_3 = \pi - \theta_1$，故 $\sin\theta_3 = \sin\theta_1$，$\cos\theta_3 = -\cos\theta_1$，则：

$$\sin\theta_1 = \frac{r_2}{2b}\sin(\theta_1-\theta_2) = \frac{r_2}{2b}\sqrt{1-\left(\frac{r_1^2+r_2^2-4b^2}{2r_1r_2}\right)^2} \tag{4-293}$$

$$\cos\theta_1 = -\frac{r_1^2+4b^2-r_2^2}{2r_1 \cdot 2b} \tag{4-294}$$

$$\sin\theta_2 = \frac{r_1}{2b}\sin(\theta_1-\theta_2) = \frac{r_1}{2b}\sqrt{1-\left(\frac{r_1^2+r_2^2-4b^2}{2r_1r_2}\right)^2} \tag{4-295}$$

$$\cos\theta_2 = \frac{r_2^2+4b^2-r_1^2}{2r_2 \cdot 2b} \tag{4-296}$$

于是有：

$$\begin{aligned}\sin(\theta_1+\theta_2) &= \sin\theta_1\cos\theta_2 + \cos\theta_1\sin\theta_2 \\ &= \frac{r_2}{2b}\sqrt{1-\left(\frac{r_1^2+r_2^2-4b^2}{2r_1r_2}\right)^2} \cdot \frac{r_2^2+4b^2-r_1^2}{2r_2 \cdot 2b} \\ &\quad + \frac{r_1}{2b}\sqrt{1-\left(\frac{r_1^2+r_2^2-4b^2}{2r_1r_2}\right)^2} \cdot \frac{r_2^2-4b^2-r_1^2}{2r_2 \cdot 2b} \\ &= \frac{1}{8b^2}\sqrt{1-\left(\frac{r_1^2+r_2^2-4b^2}{2r_1r_2}\right)^2} \cdot 2(r_2^2-r_1^2) \\ &= \frac{r_2^2-r_1^2}{4b^2}\sqrt{1-\left(\frac{r_1^2+r_2^2-4b^2}{2r_1r_2}\right)^2}\end{aligned} \tag{4-297}$$

即

$$\theta_1+\theta_2 = \arcsin\left[\frac{r_2^2-r_1^2}{4b^2}\sqrt{1-\left(\frac{r_1^2+r_2^2-4b^2}{2r_1r_2}\right)^2}\right]$$

$$= \arctan\frac{y}{x-b} + \arctan\frac{y}{x+b} \tag{4-298}$$

将(4-298)式代入(4-285)式得：

$$\psi = \frac{q_h}{2\pi}\arcsin\left[\frac{r_2^2-r_1^2}{4b^2}\sqrt{1-\left(\frac{r_1^2+r_2^2-4b^2}{2r_1r_2}\right)^2}\right] + C \tag{4-299}$$

(4-299)式即为流函数方程。

3)无限大地层中直线井排渗流问题

在均质等厚的无限大地层中有一无限延伸的直线井排，相邻井间的距离为 $2a$，各井产量及井底压力均相等，如图 4-49 所示。

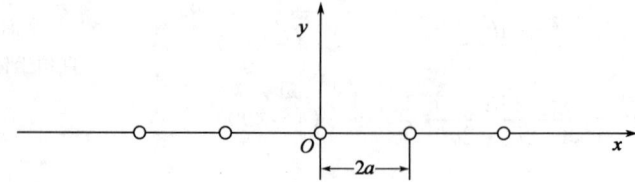

图 4-49 无限地层中直线井排示意图

由复势的叠加原则(4-270)式，渗流场的复势：

$$W(z) = \frac{q_h}{2\pi}\left[\ln z + \sum_{i=1}^{n}\ln(z-i2a) + \sum_{i=1}^{n}\ln(z+i2a)\right] + C \qquad (4-300)$$

设：

$$A = \frac{q_h}{2\pi}\left[\ln\frac{\pi}{2a} + \sum_{i=1}^{n}\ln\frac{1}{(-i2a)} + \sum_{i=1}^{n}\ln\frac{1}{i2a}\right] \qquad (4-301)$$

通过对(4-300)式的右端加减(4-301)式，经运算并由对数性质得：

$$W(z) = \frac{q_h}{2\pi}\ln\left[\frac{\pi z}{2a}\prod_{i=1}^{\infty}\left(\frac{i2a+z}{i2a}\cdot\frac{i2a-z}{i2a}\right)\right] + B$$

$$= \frac{q_h}{2\pi}\ln\left\{\frac{\pi z}{2a}\prod_{i=1}^{\infty}\left[1-\left(\frac{z}{i2a}\right)^2\right]\right\} + B \qquad (4-302)$$

式中，$\prod_{i=1}^{\infty}b_i = b_1 b_2 b_3 \cdots b_i \cdots$ 为乘积运算；$B = C - A = B_1 + iB_2$。

在复变函数中：

$$\sin\alpha = \alpha\prod_{i=1}^{\infty}\left[1-\left(\frac{\alpha}{i\pi}\right)^2\right] \qquad (4-303)$$

若取 $\alpha = \frac{\pi z}{2a}$，则：

$$\sin\frac{\pi z}{2a} = \frac{\pi z}{2a}\prod_{i=1}^{\infty}\left[1-\left(\frac{z}{2ia}\right)^2\right] \qquad (4-304)$$

由(4-303)式、(4-304)式得：

$$W(z) = \frac{q_h}{2\pi}\ln\left(\sin\frac{\pi z}{2a}\right) + B \qquad (4-305)$$

由(4-305)式，势函数可表示为：

$$\Phi = \frac{q_h}{2\pi}\ln\left|\sin\frac{\pi z}{2a}\right| + B_1 \qquad (4-306)$$

因：

$$\left|\sin\frac{\pi z}{2a}\right| = \left|\sin\frac{\pi z}{2a}(x+iy)\right| = \left|\sin\frac{\pi x}{2a}\cos\frac{i\pi y}{2a} + \cos\frac{\pi x}{2a}\sin\frac{i\pi y}{2a}\right|$$

$$= \left|\sin\frac{\pi x}{2a}\operatorname{ch}\frac{\pi y}{2a} + i\cos\frac{\pi x}{2a}\operatorname{sh}\frac{\pi y}{2a}\right|$$

$$= \sqrt{\sin^2\frac{\pi x}{2a}\operatorname{ch}^2\frac{\pi y}{2a} + \cos^2\frac{\pi x}{2a}\operatorname{sh}^2\frac{\pi y}{2a}}$$

$$= \sqrt{\sin^2\frac{\pi x}{2a} + \operatorname{sh}^2\frac{\pi y}{2a}}$$

$$= \frac{1}{2}\sqrt{\operatorname{ch}\frac{\pi y}{a} - \cos\frac{\pi x}{a}} \qquad (4-307)$$

将(4-307)式代入(4-306)式得：

$$\Phi = \frac{q_h}{4\pi}\ln\left(\operatorname{ch}\frac{\pi y}{a} - \cos\frac{\pi x}{a}\right) + C \qquad (4-308)$$

其中：

$$C = \frac{q_h}{4\pi}\ln\frac{1}{2} + B_1 \qquad (4-309)$$

利用级数的性质：

$$\operatorname{ch}\frac{\pi y}{a} = 1 + \frac{1}{2!}\left(\frac{\pi y}{a}\right)^2 + \frac{1}{4!}\left(\frac{\pi y}{a}\right)^4 + \cdots \tag{4-310}$$

$$\cos\frac{\pi x}{a} = 1 - \frac{1}{2!}\left(\frac{\pi x}{a}\right)^2 + \frac{1}{4!}\left(\frac{\pi x}{a}\right)^4 + \cdots \tag{4-311}$$

由于井壁位于坐标原点，即 x_w、y_w 值很小，因此可忽略上述级数第三项起的各项，则由 (4-310)式、(4-311)式得：

$$\operatorname{ch}\frac{\pi y_w}{a} - \cos\frac{\pi x_w}{a} = 1 + \frac{1}{2!}\left(\frac{\pi y_w}{a}\right)^2 - 1 + \frac{1}{2!}\left(\frac{\pi x_w}{a}\right)^2 = \frac{\pi^2(x_w^2 + y_w^2)}{2a^2} = \frac{\pi^2 r_w^2}{2a^2} \tag{4-312}$$

由(4-308)式、(4-312)式得井壁上的势：

$$\Phi_{wf} = \frac{q_h}{4\pi}\ln\frac{\pi^2 r_w^2}{2a^2} + C \tag{4-313}$$

在供给边界上，$x=0,y=r_e,\Phi=\Phi_e$，则由(4-308)式得：

$$\Phi_e = \frac{q_h}{4\pi}\ln\left(\operatorname{ch}\frac{\pi r_e}{a} - 1\right) + C \tag{4-314}$$

因当 $r_e > a$ 时，$\operatorname{ch}\frac{\pi r_e}{a} \gg 1$，故 $\operatorname{ch}\frac{\pi r_e}{a} + 1 \approx \operatorname{ch}\frac{\pi r_e}{a} \approx \frac{e^{\pi r_e/a}}{2}$，则由(4-313)式、(4-314)式得：

$$\Phi_e - \Phi_{wf} = \frac{q_h}{2\pi}\left(\frac{\pi r_e}{2a} + \ln\frac{a}{\pi r_w}\right) \tag{4-315}$$

4) 直线供给边缘附近有一直线井排的渗流问题

直线供给边缘附近有一直线井排的示意图如图 4-50 所示。相邻井间的距离为 $2a$，各井产量及井底压力均相等。利用镜像反应原理，将该问题化成无限大地层中一排注入井和一排生产井同时工作的渗流问题。

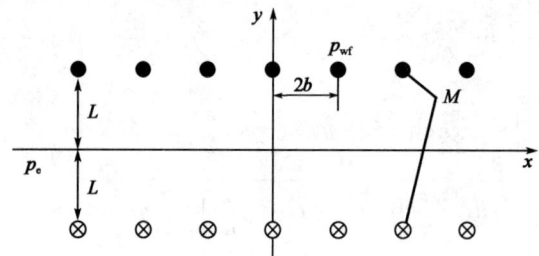

图 4-50 直线生产井排反映图

由复势的叠加原则(4-270)式，该渗流场的复势为：

$$W(z) = \frac{q_h}{2\pi}\ln\left[\sin\frac{\pi(z-iL)}{2b}\right] - \frac{q_h}{2\pi}\ln\left[\sin\frac{\pi(z+iL)}{2b}\right] + C \tag{4-316}$$

势函数为：

$$\Phi = \frac{q_h}{2\pi}\ln\left|\frac{\sin\dfrac{\pi(z-iL)}{2b}}{\sin\dfrac{\pi(z+iL)}{2b}}\right| + C_1 \tag{4-317}$$

整理(4-317)式得：

$$\Phi = \frac{q_h}{4\pi}\ln\frac{\mathrm{ch}\frac{\pi(y-L)}{b}-\cos\frac{\pi x}{b}}{\mathrm{ch}\frac{\pi(y+L)}{b}-\cos\frac{\pi x}{b}} + C_1 \tag{4-318}$$

在供给边界上，可近似地取 $x=x$，$y=0$，则由(4-318)式得 $\Phi=\Phi_e=C_1$。

对于位于 y 轴上的生产井，井壁上点的坐标 $x=0$，$y=L-r_w$，$\Phi=\Phi_{wf}$，则：

$$\Phi_{wf} = \frac{q_h}{4\pi}\ln\frac{\cos\frac{\pi r_w}{b}-1}{\mathrm{ch}\frac{\pi(2L-r_w)}{b}-1} + C_1 \tag{4-319}$$

当 $2L\gg r_w$ 时，$\mathrm{ch}\frac{2\pi L}{b}\gg 1$，故 $\mathrm{ch}\frac{2\pi(L-r_w)}{b}-1\approx \mathrm{ch}\frac{2\pi L}{b}\approx\frac{\mathrm{e}^{2\pi L/b}}{2}$；因 $\mathrm{ch}x = 1 + \frac{1}{2!}x^2 + \frac{1}{4!}x^4 + \cdots$，$r_w\gg b$，故 $\mathrm{ch}\frac{\pi r_w}{b}-1\approx\frac{\pi^2 r_w^2}{2b^2}$。

由 $\Phi_e=C_1$ 及(4-319)式得：

$$\Phi_e - \Phi_{wf} = \frac{q_h}{2\pi}\left(\frac{\pi L}{b}+\ln\frac{b}{\pi r_w}\right) \tag{4-320}$$

5) 环形井排渗流问题

环形井排渗流示意图如图 4-51 所示。相邻井间的距离为 $2a$，井排半径为 r，各井产量及井底压力均相等。利用镜像反应原理，以供给边界为镜面，对每口井进行等强度、异号、共轭反映，得到 n 口等产量的注入井，将问题转变成无限大地层存在一环形生产井排和一环形注入井排同时工作的渗流问题。

由复势的叠加原则(4-270)式，该平面渗流场的复势为：

$$W(z) = \frac{q_h}{2\pi}\ln(z-a_i) + C = \frac{q_h}{2\pi}\sum_{i=1}^{n}\ln r_i \mathrm{e}^{\mathrm{i}\theta_i} + C \tag{4-321}$$

式中　a_i——复常数，分别表示各井点在复平面上的位置。

势函数为：

$$\Phi = \frac{q_h}{2\pi}\sum_{i=1}^{n}\ln r_i + C_1 = \frac{q_h}{2\pi}\ln(r_1 r_2\cdots r_i\cdots r_n) + C_1 \tag{4-322}$$

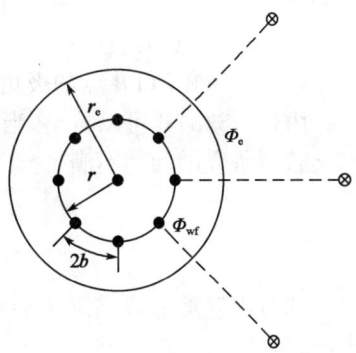

图 4-51　环形生产井排反映图

式中　C_1——复常数 C 的实部；

$r_1, r_2, \cdots, r_n$——地层中任意一点至各井的距离。

在供给边界上，$\Phi=\Phi_e$，且认为 $r_1 = r_2 = \cdots = r_n = r_e$，则由(4-322)式得：

$$\Phi_e = \frac{q_h}{2\pi}\ln r_e^n + C_1 \tag{4-323}$$

在 1 井井壁上，$\Phi=\Phi_{wf}$，$r_1 = r_w$，$r_2 = 2r\sin\frac{\pi}{n}$，$r_3 = 2r\sin\frac{2\pi}{n}$，$\cdots$，$r_n = 2r\sin\frac{(n-1)\pi}{n}$，则井壁上的势为：

$$\Phi_{wf} = \frac{q_h}{2\pi}\ln\left[r_w(2r^{n-1})\prod_{i=1}^{n-1}\left(\sin\frac{i\pi}{n}\right)^2\right] + C_1 \tag{4-324}$$

因：

$$\prod_{i=1}^{n-1} \sin\frac{i\pi}{n} = \frac{n}{2^{n-1}} \tag{4-325}$$

由(4-324)式、(4-325)式得：

$$\Phi_{wf} = \frac{q_h}{2\pi}\ln\left[r_w(2r^{n-1})\frac{n}{2^{n-1}}\right] + C_1 = \frac{q_h}{2\pi}\ln(nr_w r^{n-1}) + C_1 \tag{4-326}$$

由(4-323)式、(4-326)式得：

$$q_h = \frac{2\pi(\Phi_e - \Phi_{wf})}{\ln\dfrac{r_e^n}{nr^{n-1}r_w}} = \frac{2\pi(\Phi_e - \Phi_{wf})}{n\ln\dfrac{r_e}{r} + \ln\dfrac{r}{nr_w}} \tag{4-327}$$

因 $2\pi r = 2bn$，$\dfrac{r}{n} = \dfrac{b}{\pi}$，则由(4-327)式得：

$$q = \frac{2\pi Kh(p_e - p_{wf})}{\mu\left(n\ln\dfrac{r_e}{r} + \ln\dfrac{b}{\pi r_w}\right)} \tag{4-328}$$

由(4-322)式、(4-326)式得地层中任意一点的势：

$$\Phi = \Phi_{wf} + \frac{q_h}{2\pi}\ln\frac{r_1 r_2 \cdots r_n}{nr^{n-1}r_w} \tag{4-329}$$

则地层中任意一点的地层压力为：

$$p = p_{wf} + \frac{q\mu}{2\pi Kh}\ln\frac{r_1 r_2 \cdots r_n}{nr^{n-1}r_w} \tag{4-330}$$

其中：

$$r_i = \left[r^2 + r_e^2 - 2r_e r\cos(\theta - \alpha_i)\right]^{\frac{1}{2}} \tag{4-331}$$

式中 r——任意一点 M 的极半径；

θ——M 点的极角；

α_i——第 i 口井点的极角。

由(4-328)式可以看出，当 $n=1$ 时，(4-328)式退化成无限大地层中单井产量公式。

若所研究的问题不满足 $r_e > r$ 的条件，那么就需要更为精确的公式：

$$q = \frac{2\pi Kh(p_e - p_{wf})}{\mu\ln\left[\dfrac{r_e^n}{nr^{n-1}r_w}\left(1 - \dfrac{r^{2n}}{r_e^{2n}}\right)\right]} \tag{4-332}$$

(4-332)式就是圆形供给边界地层中有一环形井排时的井产量公式，也可用保角变换方法导出。

一般情况下，环形井排半径与供给边界半径之比总是小于 1 的，即 $r/r_e < 1$，而且井数至少也在四口以上，所以 $(r/r_e)^{2n}$ 将远远小于 1，可以忽略不计，因此，(4-332)式可以简化为：

$$q = \frac{2\pi Kh(p_e - p_{wf})}{\mu\ln\dfrac{r_e^n}{nr^{n-1}r_w}} \tag{4-333}$$

(4-333)式与无限大地层中一环形井排单井产量公式相同，因此在实际应用上，圆形地层环形井排问题完全可以按照无限大地层环形井排问题来求解。

二、保角变换在渗流中的应用

复势理论在求解较简单边界的渗流问题中得到了较好的应用，但对于边界形状较复杂的渗流问题则显得无能为力,而保角变换则具有求解较复杂边界渗流问题的优势,其本质是把形状复杂的边界问题通过保角变换转化成简单形状的渗流场,而这些简单形状渗流场问题的解也已经获得,从而使得复杂边界问题的求解变得简单。

(一)保角变换基本原理

1. z 平面到 ζ 平面的变换

在实变函数中,给定一个函数关系 $y=f(x)$,在坐标平面上就确定了函数 y 和自变量 x 之间的相互关系;给定一个 x 值,在曲线 $f(x)$ 上就对应着一个或几个相应的 y 值(视 $f(x)$ 是否为单值或多值函数而定)。

在复变函数中,一个函数关系则是在一个平面点集上的点 z 和另一平面点集上的点 ζ 之间的关系。

给定一函数 $\zeta=\zeta(z)$ 在 z 平面点集上的每一点 z,就对应地给出了 ζ 平面上的一个或多个 ζ 值,即在描述复变量 z 的点集上给定了函数 $\zeta=\zeta(z)$。若每一个 z 只有一个 ζ 值与之对应,则称 ζ 为单值函数。若以 z 平面上的点表示自变量 z 的值,而以 ζ 平面表示函数 ζ 的值,则函数 $\zeta=\zeta(z)$ 就确定了 z 平面上的点和 ζ 平面的点之间的对应关系,该关系就认为是函数实现了由 z 平面的点变到 ζ 平面的相应点的变换,通常称为映射。

通过映射可将 z 平面上的一个点 z_0 变换成 ζ 平面上的一个点 ζ_0,把 z 平面上的一条曲线 l 变换成 ζ 平面上的相应曲线 λ,把 z 平面上的一个区域 g 变换成 ζ 平面上的另一个区域 G,如图 4-52 所示。

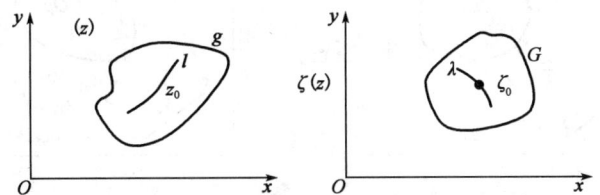

图 4-52 z 平面上的一个区域 g 变换成 ζ 平面上另一个区域 G

例如:$\zeta = \zeta(z) = z^2 = (x+\mathrm{i}y)^2 = x^2 + \mathrm{i}2xy + (\mathrm{i}y)^2 = x^2 - y^2 + \mathrm{i}2xy$,因 $z = x+\mathrm{i}y$,$\zeta = \xi + \mathrm{i}\eta$,则 $\xi = x^2 - y^2$,$\eta = 2xy$,即在 z 平面上给定一个点 (x,y),则就用 $\xi = x^2 - y^2$、$\eta = 2xy$ 的对应关系在 ζ 平面上确定一点 ζ。

2. 解析函数的导数和幅角

如果复变函数在某域内所有点处处可微,则函数在此域内是解析的。由解析函数理论,导数 $\mathrm{d}\zeta/\mathrm{d}z$ 具有确定的值。

$$\frac{\mathrm{d}\zeta}{\mathrm{d}z} = \lim_{\Delta z \to 0} \frac{\Delta \zeta}{\Delta z} \tag{4-334}$$

在 ζ 平面上的所有点:

$$\left|\frac{\mathrm{d}\zeta_1}{\mathrm{d}z_1}\right| = \left|\frac{\mathrm{d}\zeta_2}{\mathrm{d}z_2}\right| = \cdots = \left|\frac{\mathrm{d}\zeta_i}{\mathrm{d}z_i}\right| = \cdots = \left|\frac{\mathrm{d}\zeta_n}{\mathrm{d}z_n}\right| \tag{4-335}$$

用 M、θ 分别表示 z 点导数的模和幅角,则:

$$\frac{\mathrm{d}\zeta}{\mathrm{d}z} = M\mathrm{e}^{\mathrm{i}\theta} \tag{4-336}$$

由(4-336)式,当 $\mathrm{d}\zeta/\mathrm{d}z \neq 0$ 时,变换 $\zeta=\zeta(z)$ 使 z 点处很短线段 $\mathrm{d}z$ 伸长或缩短了 M 倍,且幅角旋转了一个角度 θ。由此,在 z 点附近很小的图形使变换到 ζ 平面的图形具有与原来图形相似的形状。

由解析函数理论,若函数 $\zeta=\zeta(z)$ 在 z_0 点解析,且 $\zeta'(z_0)\neq 0$,则交于 z_0 点的任何两条直线 l_1、l_2 之间的夹角等于映射后与 l_1、l_2 所对应的曲线 λ_1、λ_2 间的夹角,即变换前后相交的两条直线之间的夹角不变,通常把这种变换称为保角变换。

3. 变换前后井半径关系

设半径为 r_w 的井位于 z 平面上,其井点位于 z_0 点,经过 $\zeta(z)$ 的变换后,在 ζ 平面上 ζ_0 点将有一半径为 ρ_w 的井与之对应,因为在两个平面上,井的半径与流域的尺寸相比是非常小的。

由(4-336)式得:

$$\rho_w = \left|\frac{d\zeta}{dz}\right|_{z_0} , r_w = \zeta'(z_0) r_w \tag{4-337}$$

4. 井产量变换后不变

经过 $\zeta=\zeta(z)$ 的变换后,z 平面上的一个流场在 ζ 平面就有一相应流场与之对应,z 平面上流场的等势线和流线在 ζ 平面上都有相应的等势线和流线与之对应。假定在对应的流线上流函数的值相等,则对应的等势线上势函数的值也相等。

把 z 平面上 z_0 点的井用任意的封闭曲线 l 包围起来,则在 ζ 平面上就有一个封闭曲线 λ 与之对应,设 dn 和 dl 是曲线 l 上的法线单元和切线单元,相应地 dv 和 $d\lambda$ 是 λ 曲线上的法线单元和切线单元,如图 4-53 所示。

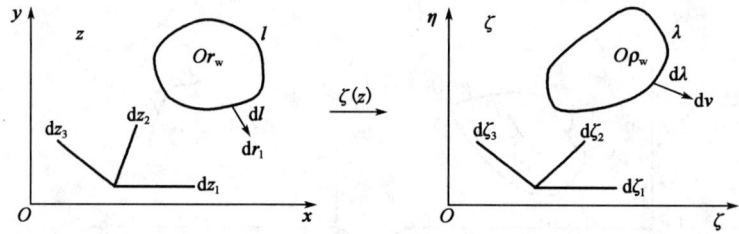

图 4-53 保角变换前后的产量

平面上井产量的绝对值用曲线积分表示:

$$|q| = \oint_l |v_n| \cdot |dl| = \oint_l \frac{d\Phi}{dn} \cdot |dl| \tag{4-338}$$

式中 v_n——沿法线方向的渗流速度。

根据保角变换性质,在两个平面对应点上无限小的单元保持相似且对应成比例:

$$|dv| = \left|\frac{d\zeta}{dz}\right| |dn| \tag{4-339}$$

即:

$$|dn| = \frac{|dv|}{\left|\frac{d\zeta}{dz}\right|} \tag{4-340}$$

同理:

$$|dl| = \frac{|d\lambda|}{\left|\frac{d\zeta}{dz}\right|} \tag{4-341}$$

将(4-340)式、(4-341)式代入(4-338)式得:

$$|q| = \oint_l \left|\frac{\mathrm{d}\Phi}{\mathrm{d}v}\right| \cdot |\mathrm{d}\lambda| \qquad (4-342)$$

(4-342)式左端为 z 平面上井的产量,右端为 ζ 平面上对应井的产量。由此说明,经过保角变换后对应井的产量不变。

(二)几种常用的保角变换

1. 线性变换

线性变换定义为:

$$\zeta = az + b \qquad (4-343)$$

式中 a,b ——复常数,且 $a \neq 0$。

由于 $\zeta' = a \neq 0$,因此线性变换在封闭平面内是保角的。

(4-343)式的线性变换可改写成:

$$\zeta = a\left(z + \frac{b}{a}\right) = |a|\mathrm{e}^{\mathrm{i}\theta}\left(z + \frac{b}{a}\right) \qquad (4-344)$$

式中,$\theta = \arg a$。

(4-344)式表明,线性变换可看成由平移、旋转和相似这三种变换构成:

$$z_1 = z + \frac{b}{a} \qquad (4-345)$$

$$z_2 = \mathrm{e}^{\mathrm{i}\theta} z_1 \qquad (4-346)$$

$$\zeta = |a| z_2 \qquad (4-347)$$

(4-345)式为平移变换,(4-346)式为旋转变换,(4-347)式为相似变换。

如果把变换前后的两个平面坐标系重叠,则(4-345)式表示区域的平移,即将 z 平面的区域 D 的点平移 b/a 便得到 z_1 平面上的区域;(4-346)式表示区域的转动,即将 z_1 平面的区域绕坐标原点旋转 $\theta = \arg a$ 便得到 z_2 平面上的区域;(4-347)式表示区域的线性放大,即将 z_2 平面的区域放大 $|a|$ 倍便得到 ζ 平面上的区域 D'。上述三种变换分别如图4-54、图4-55、图4-56所示。线性变换是相似变换,变换前后的区域 D 与 D' 是相似形。

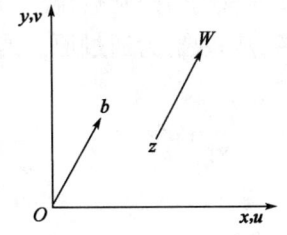

图4-54 线性变换——平移

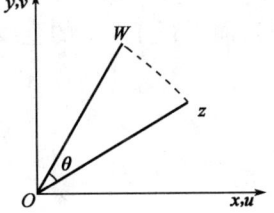

图4-55 线性变换——旋转

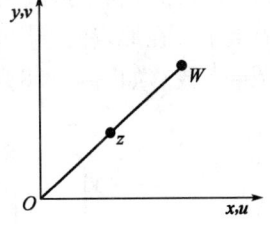

图4-56 线性变换——相似

2. 幂函数变换

幂函数变换定义为:

$$\zeta = z^n \qquad (4-348)$$

式中 n ——实常数,$n = 1, 2, \cdots$。

幂函数变换在 z 平面上除 $z = 0$ 和 $z = \infty$ 外是保角的。它将 z 平面上的正实轴变为 ζ 平面上的正实轴,将 z 平面上的每一单叶性角域(如取 $0 < \arg z < 2\pi/n$)变为 ζ 平面上的除去正实轴的区域。

令 $z=re^{i\theta}$,$\zeta=\rho e^{i\varphi}$,则由(4-348)式得:

$$\rho = r^n, \varphi = n\theta \tag{4-349}$$

由此,$\zeta=z^n$ 将 z 平面上的圆周 $|z|=r$ 映射为 ζ 平面上的圆周 $|\zeta|=r^n$,将自 $z=0$ 出发的射线 $\theta=\theta_0$ 映射为 ζ 平面上自 $\zeta=0$ 出发的射线 $\varphi=n\theta_0$,并且将 z 平面上顶点在原点的角域 $0<\theta<\theta_0$ 映射为 ζ 平面上顶点在原点的角域 $0<\varphi<n\theta_0$。除了 $z=0$ 点外,$\zeta=z^n$ 处处是保角的。$\zeta=z^n$ 常用于角域或扇形的变换,如图 4-57 所示。

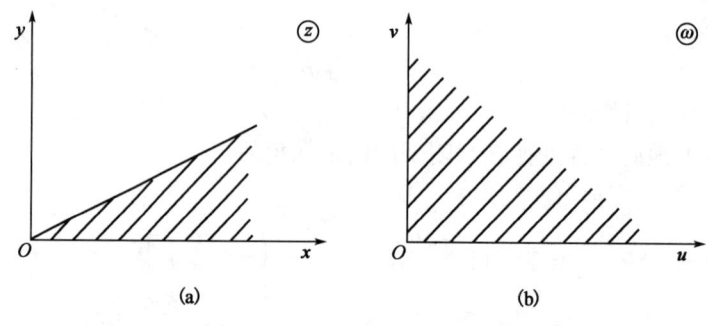

图 4-57 幂函数变换

3. 指数函数变换

指数函数变换定义为:

$$\zeta = e^z \tag{4-350}$$

由于 $(e^z)'=e^z\neq 0$,故指数函数变换在 z 平面上是保角的。它将 z 平面上的每一单一性带域(如 $0<y<2\pi$)变为 ζ 平面上除去正实轴的区域。

设在 z 平面上用直角坐标,在 ζ 平面上用极坐标,即令:

$$z = x + iy, \zeta = \rho e^{i\theta} \tag{4-351}$$

由(4-350)式、(4-351)式得:

$$\rho e^{i\theta} = e^{x+iy} = e^x \cdot e^{iy} \tag{4-352}$$

则:

$$\rho = e^x, \theta = y \tag{4-353}$$

由(4-353)式,利用指数函数 $\zeta=e^z$,可将 z 平面上平行于虚轴 Oy 的直线($x=$常数)映射为 ζ 平面上中心在原点的圆周($\rho=$常数),而平行于 Ox 的直线($y=$常数)则映射为通过原点的射线($\theta=$常数),如图 4-58 所示。

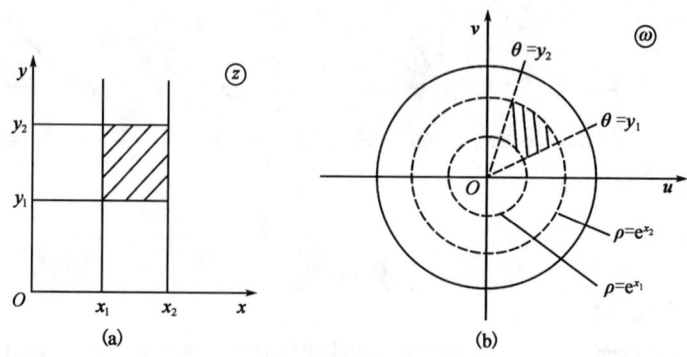

图 4-58 指数变换

4. 对数函数变换

对数函数变换定义为：

$$\zeta = \ln z \tag{4-354}$$

(4-354)式相应的指数函数为：

$$e^{\zeta} = z \tag{4-355}$$

设：

$$\zeta = u + iv, z = re^{i\theta} \tag{4-356}$$

则：

$$e^{u-iv} = z \tag{4-357}$$

因 $u + iv = \ln|z| + i(\arg z + 2kz), 0 < \arg z < 2\pi$，取主值 $u + iv = \ln|z| + i\arg z$，则：

$$u = \ln|z|, v = \arg z \text{ 或 } u = \ln r, v = \theta \tag{4-358}$$

因此，这种映射是把 ζ 平面上的一个带域映射为 z 平面上一个角域。若 ζ 平面上的带域宽度为 $0 \sim 2\pi$，则 z 平面上的映射图形应为一圆域，如图 4-59 所示。

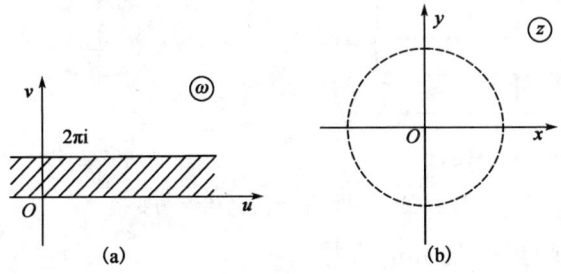

图 4-59 对数变换

(三)保角变换在渗流中的应用

1. 平面平行流动的变换

设平面平行流动的复势为：

$$F(z) = Az \tag{4-359}$$

式中 A——实常数。

(4-359)式又可写成：

$$F(z) = \Phi + i\psi = A(x + iy) \tag{4-360}$$

势函数和流函数分别为：

$$\Phi = Ax, \psi = Ay \tag{4-361}$$

由(4-361)式，等势线是平行于 y 轴的曲线族。

渗流速度在 x、y 方向上的分量为：

$$v_x = -\frac{\partial \Phi}{\partial x} = -A, v_y = \frac{\partial \Phi}{\partial y} = 0 \tag{4-362}$$

复势 $F(z)$ 定义了一个向 x 轴负方向的平面平行流动，其流速在所有点都是常数，且 $v = v_x = A$，渗流场如图 4-4 所示。

作变换：

$$\zeta = e^z \tag{4-363}$$

用指数式表示：

$$\zeta = \rho e^{i\theta} \tag{4-364}$$

式中　ρ——ζ 的模；

　　　θ——ζ 的幅角。

因 $\rho e^{i\theta} = e^z = e^x e^{iy}$，则：

$$\rho = e^x, \theta = y \tag{4-365}$$

(4-365)式表明，z 平面上的等势线 $x=C_1$ 对应于 ζ 平面上的等势线 $\rho=C_1'$：

$$x=0, \rho=1; x=\infty, \rho=0; x=-\infty, \rho=\infty \tag{4-366}$$

变换后，等势线变为以原点为中心的圆周。z 平面上的流线 $y=C_2$ 对应于 ζ 平面上的射线 $\theta=C_2'$，变换后的渗流场如图 4-60 所示。由此看出，通过变换，将 z 平面上的单向流转化为 ζ 平面上的平面径向流。

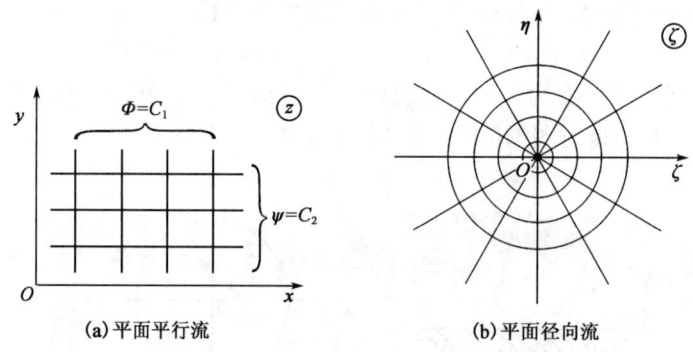

图 4-60　平面平行流动渗流场变换

2. 直线供给边界附近一口井的变换

在 z 平面上坐标 $(0,a)$ 处有一口生产井，其渗流场为上半平面，x 轴及井壁上分别为一条等势线 $\Phi = \Phi_e, \Phi = \Phi_{wf}$。

取变换：

$$\zeta = \rho_e \frac{z-ia}{z+ia} \tag{4-367}$$

将 $z=ia$ 代入(4-367)式，得 $\zeta=0$，即 z 平面上的井点映射到 ζ 平面上的坐标原点。将 $z=x$ 代入(4-367)式得：

$$\zeta = \rho_e \frac{z-ia}{z+ia} = \rho_e \frac{\sqrt{x^2+a^2}\,e^{-2i\arctan\frac{a}{x}}}{\sqrt{x^2+a^2}\,e^{2i\arctan\frac{a}{x}}} = \rho_e e^{-2i\arctan\frac{a}{x}} \tag{4-368}$$

复数 ζ 的模为 $|\zeta|=\rho_e$。由此可见，z 平面上直线供给边界映射为 ζ 平面上半径为 ρ_e 的圆周。这样就用变换(4-367)式将 z 平面上直线供给边界附近一口井的渗流问题转换成圆形地层中心一口井的渗流问题，如图 4-61 所示。

圆形地层中心一口井的渗流问题的解：

$$q = \frac{2\pi h(\Phi_e - \Phi_{wf})}{\ln\dfrac{\rho_e}{\rho_w}} \tag{4-369}$$

根据 z 平面和 ζ 平面上井半径之间的关系得：

$$\rho_w = \left|\frac{d\zeta}{dz}\right| r_w = \rho_e \left|\frac{(z+ia)-|z-ia|}{(z+ia)^2}\right|_{z=ia} r_w = \rho_e \left|\frac{2ia}{(2ia)^2}\right| r_w = \frac{\rho_e}{2a} r_w \tag{4-370}$$

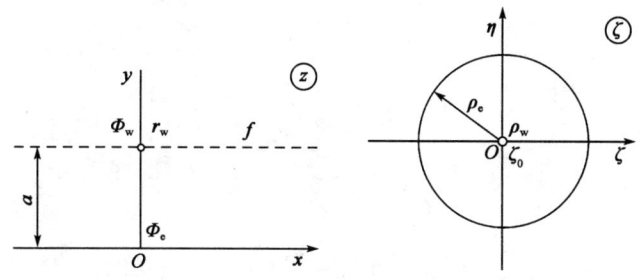

图 4-61 直线供给边缘一口井的变换

由(4-369)式、(4-370)式得直线供给边界附近一口井的产量公式：

$$q = \frac{2\pi h(\Phi_e - \Phi_{wf})}{\ln \dfrac{2a}{r_w}} \tag{4-371}$$

通常把与实际问题关联的 z 平面称为物平面，把经过变换后的 ζ 平面称为像平面。保角变换的求解方法是：寻找一个适当的变换，把较为复杂的物平面问题转化为像平面问题，而像平面的复势、产能等容易求得。待求得像平面的产量公式后，再利用变换前后的井径关系变换到物平面上，从而得到物平面即原问题的解。

3. 圆形地层中一口偏心井的变换

将圆形地层中心作为坐标原点，并设井点位于平面的 z_0 点，z_0 点的模等于偏心距 d，如图 4-62 所示。

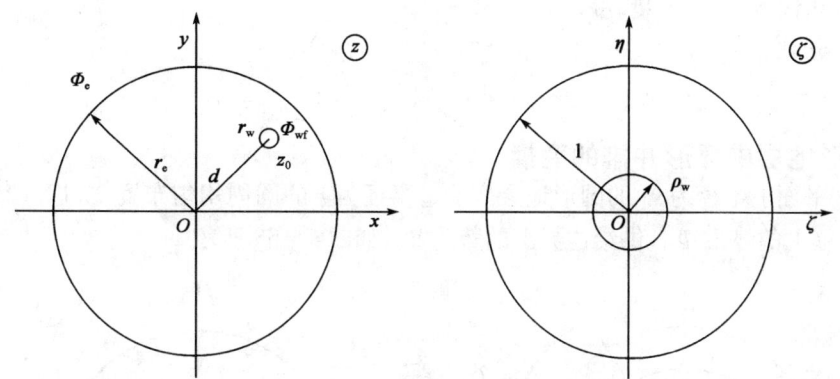

图 4-62 圆形地层偏心井的变换

变换函数为：

$$\zeta = \frac{r_e(z - z_0)}{r_e^2 - \bar{z}_0 z} \tag{4-372}$$

式中　$\bar{z}_0$ ——z_0 的共轭复数，$z_0 = x_0 + iy_0$，$\bar{z} = x_0 - iy_0$。

上述变换函数可将 z 平面上 z_0 变换到 ζ 平面上的坐标原点 $\zeta = 0$，可将平面上半径为的 r_e 圆周变换为 ζ 平面上半径为 1 的单位圆周。

对于圆周上任意一点 z'，由(4-372)式得：

$$\zeta = \frac{r_e(z' - z_0)}{r_e^2 - \bar{z}_0 z'} \tag{4-373}$$

因：
$$z'\overline{z'} = (x'+iy')(x'-iy') = x'^2 + y'^2 = r_e^2 \tag{4-374}$$

由(4-372)式、(4-374)式得：
$$\zeta = \frac{r_e(z'-z_0)}{z'\overline{z'} - \overline{z_0}z'} \tag{4-375}$$

则：
$$|\zeta| = \left|\frac{r_e}{z'}\right| \cdot \left|\frac{z'-z_0}{\overline{z'}-\overline{z_0}}\right| = \frac{r_e}{r_e} \times 1 = 1 \tag{4-376}$$

由(4-376)式看出，z 平面上半径为的 r_e 的圆周上的点对应于 ζ 平面上单位圆周的圆。

已知 ζ 平面渗流场中井的产量公式：
$$q = \frac{2\pi h(\Phi_e - \Phi_{wf})}{\ln\dfrac{1}{\rho_w}} \tag{4-377}$$

由 ζ 平面上井半径 ρ_w 和 z 平面上井半径 r_w 的关系(4-370)式得：
$$\left|\frac{d\zeta}{dz}\right|_{z=z_0} = \frac{(r_e^2 - \overline{z_0}z)r_e + r_e(z-z_0)\overline{z_0}}{(r_e^2 - \overline{z_0}z)^2} = \frac{r_e(r_e^2 - \overline{z_0}z)}{(r_e^2 - \overline{z_0}z)^2} \tag{4-378}$$

考虑到 $|z_0| = d$，则由(4-378)式得：
$$\rho_w = \left|\frac{d\zeta}{dz}\right|_{z=z_0} r_w = \left|\frac{r_e(r_e^2 - \overline{z_0}z)}{(r_e^2 - \overline{z_0}z)^2}\right| r_w = \frac{r_e r_w}{r_e^2 - d^2} = \frac{r_w}{r_e\left(1-\dfrac{d^2}{r_e^2}\right)} \tag{4-379}$$

将(4-379)式代入(4-377)式得：
$$q = \frac{2\pi Kh(p_e - p_{wf})}{\mu\ln\left[\dfrac{r_e}{r_w}\left(1-\dfrac{d^2}{r_e^2}\right)\right]} \tag{4-380}$$

4. 圆形地层中环形井排的变换

设在 z 平面上半径为 r_e 的圆形地层内沿着半径为 r 的圆周均匀布置 n 口等产量井，井半径为 r_w，井壁上的势为 Φ_{wf}，供给边界上的势为 Φ_e，如图 4-63 所示。

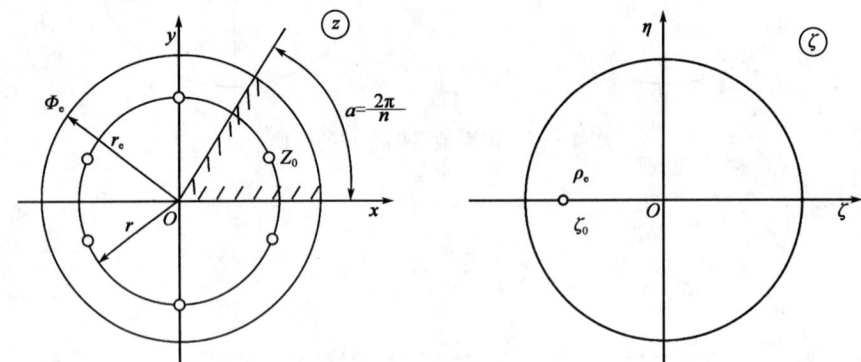

图 4-63 环形井排变换

根据对称性，只需考虑中心角为 $\alpha = 2\pi/n$ 的扇形区域上一口井的流动。在 z 平面上，此扇形面积内井点的位置可用复数 $z_0 = re^{i\frac{\pi}{n}}$ 来表示。

引入变换函数：
$$\zeta = z^n \tag{4-381}$$

令 $z=re^{i\alpha}$, $w=\rho e^{i\theta}$，则 $\rho=r^n$, $\theta=n\alpha$，变换(4-381)式，把 z 平面上的角 $\alpha=2\pi/n$ 变为 ζ 平面上的角域 $\theta=n\alpha=n2\pi/n=2\pi$，$z$ 平面上的井点 z_0，位置为 $z_0=re^{\frac{i\pi}{n}}$，变换成 ζ 平面上的一点 ζ_0，位置为 $\zeta_0=r^n e^{i\pi}$。在 z 平面上，半径为 r_e 的供给边界上的点映射成 ζ 平面上半径为 $\rho_e=r_e^n$ 的圆周上的点。因此，圆心角为 $2\pi/n$ 的扇形区域内一口井的渗流问题就转化为圆形地层内一口偏心井的渗流问题。

已知偏心井的产量公式：

$$q=\frac{2\pi h(\Phi_e-\Phi_{wf})}{\ln\left[\frac{\rho_e}{\rho_w}\left(1-\frac{\rho_0}{\rho_e}\right)^2\right]} \quad (4-382)$$

考虑到 $\rho_e=r_e^n$, $\rho_0=r^n$，则：

$$\rho_w=\left|\frac{d\zeta}{dz}\right|_{z=z_0} r_w=|nz_0^{n-1}|r_w=nr^{n-1}r_w \quad (4-383)$$

将(4-383)式代入(4-382)式，得到环形井排的产量公式：

$$q=\frac{2\pi h(\Phi_e-\Phi_{wf})}{\ln\left[\frac{r_e^n}{nr^{n-1}r_w}\left(1-\frac{r^{2n}}{r_e^{2n}}\right)^2\right]} \quad (4-384)$$

或

$$q=\frac{2\pi Kh(p_e-p_{wf})}{\mu\ln\left[\frac{r_e^n}{nr^{n-1}r_w}\left(1-\frac{r^{2n}}{r_e^{2n}}\right)^2\right]} \quad (4-385)$$

当井排中井的数目 $n\geqslant 5$ 时，通常 $r/r_e\ll 1$，则(4-385)式可简化为：

$$q=\frac{2\pi Kh(p_e-p_{wf})}{\mu\left(n\ln\frac{r_e}{r}+\ln\frac{r}{nr_w}\right)} \quad (4-386)$$

5. 直线无限井列的变换

有一直线供给边界的半无限地层，如图 4-64 所示。供给边界上的势为 Φ_e，与供给边界相距 r_e 处布置一直线井排，井距为 $2a$，各井产量均相等，每口井井壁上的势为 Φ_{wf}。

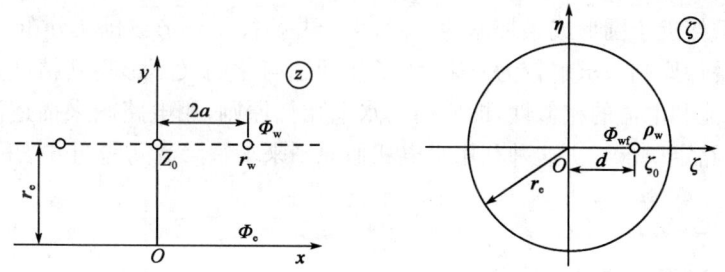

图 4-64　直线无穷井排变换

取变换：

$$\zeta=\rho_e e^{\frac{i\pi z}{a}} \quad (4-387)$$

则：

$$\zeta=\rho_e e^{\frac{i\pi}{a}(x+yi)}=\rho_e e^{-\frac{\pi y}{a}} e^{\frac{i\pi x}{a}} \quad (4-388)$$

因 $\zeta=\rho e^{i\theta}$，与(4-388)式比较得：

$$\rho=\rho_e e^{-\frac{\pi y}{a}} \quad (4-389)$$

$$\theta = \frac{\pi x}{a} \tag{4-390}$$

由(4-389)式、(4-390)式可以看出,当 $y=0$ 时,$\rho=\rho_e$,即(4-387)式的变换将 z 平面上的实轴映射为 ζ 平面上的 $\rho=\rho_e$ 的圆周;对于 $x=2an, y=r_e(n=0,\pm 1,\pm 2,\cdots)$ 的各井点,映射为 ζ 平面上同一点:$\rho=\rho_e e^{-\frac{\pi r_e}{a}}=d, \theta=2n\pi(n=0,\pm 1,\pm 2,\cdots)$,即(4-387)式的变换将 z 平面上无限井排转化为 ζ 平面上的一口偏心井。

偏心井的产量是已知的:

$$q = \frac{2\pi Kh(\Phi_e - \Phi_{wf})}{\mu \ln\left[\frac{\rho_e}{\rho_w}\left(1-\frac{d^2}{\rho_e^2}\right)\right]} \tag{4-391}$$

而变换前后的井半径关系如下:

$$\rho_e = \left|\frac{d\zeta}{dz}\right|_{z=z_0} r_w = \rho_e e^{\frac{i\pi}{a}(x+yi)} = \rho_e \frac{\pi}{a} e^{\frac{\pi r_e}{a}} r_w \tag{4-392}$$

将(4-392)式代入(4-391)式,得到无限井排的单井产量公式:

$$q = \frac{2\pi Kh(\Phi_e - \Phi_{wf})}{\mu \ln\left[\frac{a}{\pi r_w}(e^{\frac{\pi r_e}{a}} - e^{-\frac{\pi r_e}{a}})\right]} \tag{4-393}$$

一般情况下,$r_e > a$,因则 $e^{-\frac{\pi r_e}{a}} \ll e^{\frac{\pi r_e}{a}}$,则(4-393)式可进一步化简为:

$$q = \frac{2\pi Kh(\Phi_e - \Phi_{wf})}{\mu\left(\frac{\pi r_e}{a} + \ln\frac{a}{\pi r_w}\right)} \tag{4-394}$$

第五节 等值渗流阻力法

在实际油藏上,往往有许多井在同时工作,它们通常按一定的几何形状分布。对于注水开发油田,根据油藏接近于圆形或条带形的不同,生产井往往呈环形或排状分布。当多排井同时工作时,用压降叠加原则来求解较为复杂,为了使问题简化而又不影响其精度,过去常用的一种方法是根据液流和电流的相似性,即所谓的水电相似原则,用电路图来描述渗流过程,然后按照克希霍夫电路定律求解。这种利用水电相似原则来求解渗流问题的方法称为等值渗流阻力法。

一、等值渗流阻力法的原理

(一)直线供给边界地层中的直线生产井排

设有一直线供给边界,平行于供给边界布一直线生产井排,如图 4-50 所示。设生产井井距为 $2b$,井数为 n,各生产井井底压力均等于 p_{wf}。

上述问题可以用镜像反映和叠加原则求解,也可以借助复变函数理论求解,但求解过程较为复杂,具体解的形式如(4-320)式所示。

(4-320)式可以改写为如下形式:

$$q=\frac{p_e-p_{wf}}{R_u+R_n} \tag{4-395}$$

式中，$R_u=\mu L/(BKh)$，$R_n=(\mu/2\pi Kh)\ln(b/\pi r_w)$。

从(4-395)式可以看出，分子中的压差代表了能量的大小，分母表示渗流阻力，它由两部分组成：第一部分是平面平行渗流的阻力，它相当于从供给边界流到井排处的一个假想的排液道上的渗流阻力，称为渗流外阻，用 R_u 表示；第二部分相当于供油半径为 b/π 的平面径向流的阻力，称为渗流内阻，用 R_n 表示。

由此，可以把实际液流假想成两段简单渗流的组合，一段是从供给边界流向井排处的假想排液道的单向流，另一段是从各井周围某一假想环形供给边界流向各井井底的平面径向渗流，假想排液道和假想边界处的压力相等。实际和假想渗流图如图 4-65 所示。

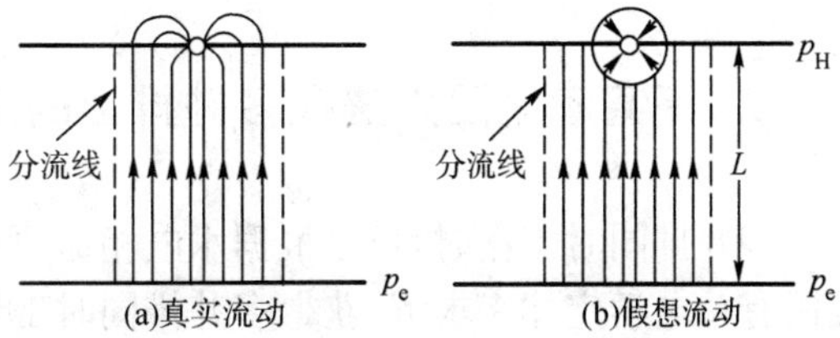

图 4-65 直线井排流体渗流示意图

由电学原理，如果电路的电流为 I，电位差为 U_1-U_2，串联两个电阻 R_1 和 R_2，按照欧姆定律：

$$I=\frac{U_1-U_2}{R_1+R_2} \tag{4-396}$$

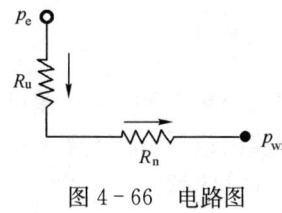

图 4-66 电路图

由(4-395)式、(4-396)式可以看出，两式具有相似性，即渗流的流量相应于电流，渗流压差相应于电位差，渗流阻力相应于电阻，称这种相似为水电相似。因此渗流过程完全可以用电路图来表示，如图 4-66 所示。

电路图中全井排的渗流内阻 R_n 可看成是 n 口井内阻并联的结果，每口井的内阻为：

$$R_n=\frac{\mu}{2\pi Kh}\ln\frac{b}{\pi r_w} \tag{4-397}$$

它相当于半径为 b/π 的圆形供给边界向半径为 r_w 的井底作平面径向流时的渗流阻力，边界的周长为 $2b$，正好等于井距。

(二) 圆形供给边界地层中的环形生产井排

对于圆形供给边界地层中布置的一环形井排，环的半径为 r，环上对称布置 n 口等产量的生产井，井距为 $2b$，供给边界与井成同心圆，其半径为 r_e，如图 4-51 所示。用复变函数和叠加原理得到环形井排全井排的产量公式(4-328)式。

从(4-328)式可以看出，分母由两个平面径向流的阻力组成，一部分相当于从供给边界向一个以 r 为半径的扩大井渗流的阻力，称为外阻，表示为：

$$R_u=\frac{\mu}{2\pi Kh}\ln\frac{r_e}{r} \tag{4-398}$$

另一部分相当于以 b/π 为供给半径向井底渗流的阻力，称为内阻，表示为：

$$R_n=\frac{\mu}{2\pi Khn}\ln\frac{b}{\pi r_w} \tag{4-399}$$

它的实际渗流与假想渗流图如图 4-67 所示，而电路图与直线井排相同。

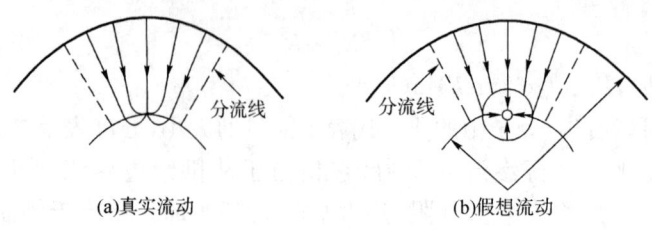

(a)真实流动　　　　　　(b)假想流动

图 4-67　环形井排流体渗流示意图

二、等值渗流阻力法在多井排上的应用

多井排同时工作时，可以根据水电相似原理，将渗流过程用组合分支电路图来表示，然后应用有关电学定律来求解，获得多井排同时工作时各井排产量或井底压力。

（一）单面供应液源的直线井排

设有一个三面封闭、一面有液源供给的带状油藏，有三排井同时工作，油藏及井排的几何图形如图 4-68 所示。

所布置的三排井具有以下条件：同一井排井距为 $2d$，但不同井排的井距可不相同；同一井排各井井底压力 p_{wf} 相同，不同井排的井底压力可不相同；同一井排各井产量 q 都相同；同一井排各井井底半径 r_w 相同。

应用等值渗流阻力法，求解上述渗流问题的步骤如下。

(1)绘制电路图。利用水电相似原理，上述渗流问题的电路图如图 4-69 所示。从该图可以看出，全部液流 $\Sigma q = q_1 + q_2 + q_3$ 在克服 L_1 井间外阻后从供给边界流出；有一部分液流 q_1 克服第一排井的内阻后流向第一排的井底；剩下的液流 $q_2 + q_3$ 克服 L_2 排间外阻后，有一部分液流 q_2 克服第二排井的内阻后流向第二排井底；最后剩下的液流 q_3 克服 L_3 排间外阻和第三排井的内阻后流向第三排井井底。

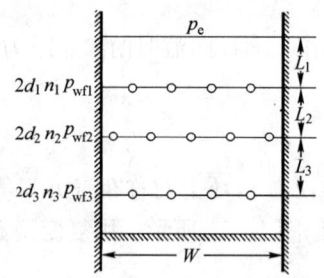

图 4-68　单面供源多排井列示意图

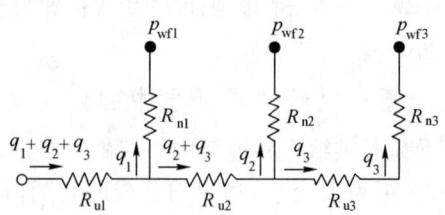

图 4-69　单面供源多排井列电路图

(2)计算渗流阻力。各井排参数如表 4-5 所示。

表 4-5　各井排参数

井　排	井　距	井　数	井底半径
第一排生产井	$2d_1$	n_1	r_{w1}
第二排生产井	$2d_2$	n_2	r_{w2}
第三排生产井	$2d_3$	n_3	r_{w3}

渗流内阻：

$$R_{n1} = \frac{\mu}{2\pi Khn_1} \ln \frac{d_1}{\pi r_{w1}} \quad (4-400)$$

$$R_{n2} = \frac{\mu}{2\pi Khn_2} \ln \frac{d_2}{\pi r_{w2}} \quad (4-401)$$

$$R_{n3} = \frac{\mu}{2\pi Khn_3} \ln \frac{d_3}{\pi r_{w3}} \quad (4-402)$$

渗流外阻：

$$R_{u1} = \frac{\mu}{WKh} L_1 \quad (4-403)$$

$$R_{u2} = \frac{\mu}{WKh} L_2 \quad (4-404)$$

$$R_{u3} = \frac{\mu}{WKh} L_3 \quad (4-405)$$

式中 W——井排长度。

(3)列出方程。由电路图和多支路的电学定律列出方程：

$$p_e - p_{wf1} = (q_1 + q_2 + q_3)R_{u1} + q_1 R_{n1} \quad (4-406)$$

$$p_{wf1} - p_{wf2} = -q_1 R_{n1} + (q_2 + q_3)R_{u2} + q_2 R_{n2} \quad (4-407)$$

$$p_{wf2} - p_{wf3} = -q_2 R_{n2} + q_3 R_{u3} + q_3 R_{n3} \quad (4-408)$$

由上述方程，在给定井底压力下可求产量或在给定产量下可求井底压力。

(二)双面供应液源的直线井排

双面供应液源的情况在实际中也会遇到，例如采用行列式切割注水开发带状地层，或圆形地层中在边界和顶部同时进行注水时都会出现两方面同时有供给源的情况。在双面供应源的情况下，生产井排的排数总是单数，否则中间部分的原油就不可能采出来。

在双面供应源的情况下，仍可利用等值渗流阻力法来求解井的产量或井底压力，但必须注意此时中间井排将受两方面液流的供应，在两边对称的条件下，这个井排称为分流井排，它把渗流区分成两个部分，每一部分相当于有单方面液流供应。

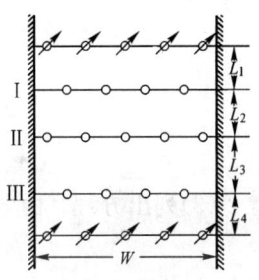

图 4-70 双面供源多排井列示意图
○——生产井；⌀——注水井

在实际油田开发中，经常会遇到两排注水井中间夹有三排生产井的情况，在两边条件完全对称的情况下，中间的生产井排将是分流井排，如图 4-70 所示。

应用等值渗流阻力法，求解上述渗流问题的步骤如下。

(1)绘制电路图。利用水电相似原理，上述渗流问题的电路图如图 4-71 所示。由于供给边界是由注水井排组成，故要增加一个内阻。

(2)计算渗流阻力。各井排参数如表 4-6 所示。

表 4-6 各井排参数

井 排	井 距	井 数	井底半径
注水井	$2d_{iw}$	n_{iw}	r_{iw}
第一排生产井	$2d_1$	n_1	r_{w1}
第二排生产井	$2d_2$	n_2	r_{w2}
第三排生产井	$2d_3$	n_3	r_{w3}

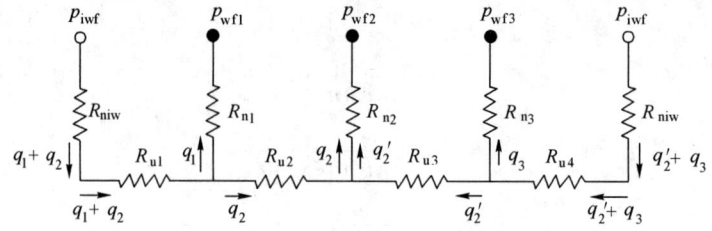

图 4-71 双面供源多排井列电路图

渗流内阻：

$$R_{niw} = \frac{\mu}{2\pi Khn_{iw}} \ln \frac{d_{iw}}{\pi r_{iw}} \qquad (4-409)$$

$$R_{n1} = \frac{\mu}{2\pi Khn_1} \ln \frac{d_1}{\pi r_{w1}} \qquad (4-410)$$

$$R_{n2} = \frac{\mu}{2\pi Khn_2} \ln \frac{d_2}{\pi r_{w2}} \qquad (4-411)$$

$$R_{n3} = \frac{\mu}{2\pi Khn_3} \ln \frac{d_3}{\pi r_{w3}} \qquad (4-412)$$

渗流外阻：

$$R_{u1} = \frac{\mu}{WKh} L_1 \qquad (4-413)$$

$$R_{u2} = \frac{\mu}{WKh} L_2 \qquad (4-414)$$

$$R_{u3} = \frac{\mu}{WKh} L_3 \qquad (4-415)$$

$$R_{u4} = \frac{\mu}{WKh} L_4 \qquad (4-416)$$

(3)列出方程。由电路图和多支路的电学定律列出方程：

$$p_{iwf} - p_{wf1} = (q_1 + q_2)R_{niw} + (q_1 + q_2)R_{u1} + q_1 R_{n1} \qquad (4-417)$$

$$p_{wf1} - p_{wf2} = -q_1 R_{n1} + q_2 R_{u2} + (q_2 + q_2')R_{n2} \qquad (4-418)$$

$$p_{wf2} - p_{wf3} = -(q_2 + q_2')R_{n2} - q_2' R_{u3} + q_3 R_{n3} \qquad (4-419)$$

$$p_{wf3} - p_{iwf} = -q_3 R_{n3} - (q_2' + q_3)R_{u4} - (q_2' + q_3)R_{niw} \qquad (4-420)$$

式中 $q_2 + q_2'$ ——分流井排的产量。

由上述方程，在给定井底压力下可求产量或在给定产量下可求井底压力。

(三)圆形多井排

如图 4-72 所示，在实际油田开发中，有时油井以圆形多井排布井，它表示两排生产井排和圆形供给边界的情况，其中 r_1 为第一排生产井的半径，r_2 为第二排生产井的半径，r_e 为供给边界半径，生产井排及供给边界为同心圆。每排井均满足：同一井排上的井距均相同，不同井排上的井距可以不同，井距分别为 $2d_1$ 和 $2d_2$，井数分别为 n_1 和 n_2；同一井排中各井井底压力均相等，不同井排的井底压力可以不等，分别为 p_{wf1} 和 p_{wf2}；同一井排各井井底半径都相同；同一井排各井产量都相同。

应用等值渗流阻力法，求解上述渗流问题的步骤如下。

(1)绘制电路图。利用水电相似原理，上述渗流问题的电路图如图 4-73 所示，其形式与多排直线井情况相似。

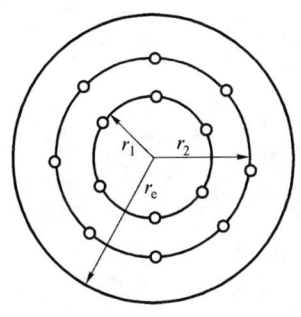
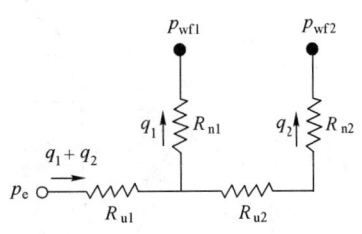

图 4-72 圆形多井排示意图 　　　　图 4-73 圆形多井排电路图

(2)计算渗流阻力。各井排参数见表 4-7。

表 4-7 各井排参数

井 排	井 距	井 数	井 底 半 径
第一排生产井	$2d_1$	n_1	r_{w1}
第二排生产井	$2d_2$	n_2	r_{w2}

渗流内阻：
$$R_{n1}=\frac{\mu}{2\pi Khn_1}\ln\frac{d_1}{\pi r_{w1}} \tag{4-421}$$

$$R_{n2}=\frac{\mu}{2\pi Khn_2}\ln\frac{d_2}{\pi r_{w2}} \tag{4-422}$$

渗流外阻：
$$R_{u1}=\frac{\mu}{2\pi Kh}\ln\frac{r_e}{r_2} \tag{4-423}$$

$$R_{u2}=\frac{\mu}{2\pi Kh}\ln\frac{r_2}{r_1} \tag{4-424}$$

应该注意的是，在计算圆形井排之间的外阻时，需要用到上一个圆形井排的半径。

(3)列出方程。由电路图和多支路的电学定律列出方程：

$$p_e - p_{wf1} = (q_1+q_2)R_{u1} + q_1 R_{n1} \tag{4-425}$$

$$p_{wf1} - p_{wf2} = -q_1 R_{n1} + q_2 R_{u2} + q_2 R_{n2} \tag{4-426}$$

有几排生产井，就可列出几个方程，因此在给定井底压力下可求产量或在给定产量下可求井底压力。圆形井排一般不采用双面供应源形式。

第六节　非均质地层稳定渗流理论

实际地层在纵向及横向上大多存在非均质性，即渗透率等参数随地层位置的变化而变化，由此可将地层分为纵向非均质地层和横向非均质地层。本节主要讨论这两类地层中的稳定渗流理论。

一、纵向非均质地层

(一)单向流动

纵向非均质多层地层渗流系统如图 4-74 所示。地层在纵向上由 n 个独立的水平薄层组

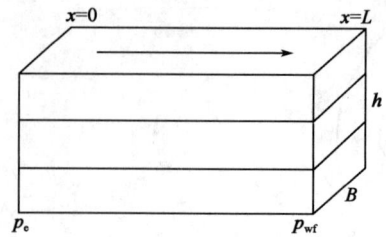

图 4-74 纵向多层单向渗流系统

成,层间无窜流,每一层的厚度分别为 $h_1,h_2,\cdots,h_n$,渗透率分别为 $K_1,K_2,\cdots,K_n$,孔隙度分别为 $\phi_1,\phi_2,\cdots,\phi_n$,地层总厚度为 h,宽度为 B,长度为 L,供给边界压力为 p_e,排液道压力为 p_{wf}。单相不可压缩流体单向稳定达西渗流。

由上述假设条件,纵向多层地层中流体单向稳定渗流数学模型为:

$$\frac{\partial^2 p_i(x)}{\partial^2 x} = 0, \qquad i=1,2,\cdots,n \tag{4-427}$$

在供给边界 $x=0$ 上:

$$p_i = p_e \tag{4-428}$$

在排液道 $x=L$ 上:

$$p_i = p_{wf} \tag{4-429}$$

求解(4-427)式~(4-429)式的渗流数学模型,获得每层压力分布:

$$p_i(x) = p_{wf} + \frac{p_e - p_{wf}}{L}(L-x) = p_e - \frac{p_e - p_{wf}}{L}x \tag{4-430}$$

由(4-430)式,每层的压力梯度、渗流速度、平均压力分别为:

$$\frac{\mathrm{d}p_i(x)}{\mathrm{d}x} = -\frac{p_e - p_{wf}}{L} \tag{4-431}$$

$$v_i = \frac{K_i}{\mu} \frac{p_e - p_{wf}}{L} \tag{4-432}$$

$$\bar{p} = \frac{p_e + p_{wf}}{2} \tag{4-433}$$

排液道产量为:

$$q = \sum_{i=1}^{n} q_i = \sum_{i=1}^{n} B \frac{K_i h_i}{\mu} \frac{p_e - p_{wf}}{L} = B \frac{p_e - p_{wf}}{\mu L} \sum_{i=1}^{n} K_i h_i \tag{4-434}$$

每层的质点运动方程为:

$$\frac{\mathrm{d}x_i}{\mathrm{d}t} = u_i = \frac{v_i}{\phi_i} = \frac{K_i}{\phi_i} \frac{p_e - p_{wf}}{\mu L} \tag{4-435}$$

$$t_i = \frac{\phi_i}{K_i} \frac{\mu L}{p_e - p_{wf}} x \tag{4-436}$$

地层平均渗透率为:

$$\bar{K} = \frac{1}{h} \sum_{i=1}^{n} K_i h_i \tag{4-437}$$

(二)径向流动

径向多层地层渗流系统如图 4-75 所示。假设地层在纵向上由 n 个独立的水平薄层组成,层间无窜流,

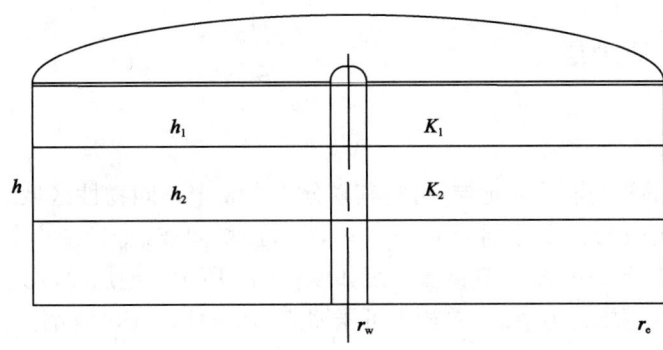

图 4-75 纵向多层径向渗流系统

每层的厚度分别为 $h_1,h_2,\cdots,h_n$，总厚度为 h，渗透率分别为 $K_1,K_2,\cdots,K_n$，孔隙度分别为 $\phi_1,\phi_2,\cdots,\phi_n$。供给边界距离为 r_e，供给边界压力为 p_e，在地层中心有一口生产井，井半径为 r_w，井底压力为 p_{wf}。单相不可压缩流体呈平面径向达西渗流。

由上述假设条件，纵向多层地层中流体平面径向稳定渗流数学模型为：

$$\frac{1}{r}\frac{\mathrm{d}}{\mathrm{d}r}\left(r\frac{\mathrm{d}p_i(r)}{\mathrm{d}r}\right)=0, \qquad i=1,2,\cdots,n \tag{4-438}$$

在供给边 $r=r_e$ 界处：

$$p_i=p_e \tag{4-439}$$

在井底 $r=r_w$ 处：

$$p_i=p_{wf} \tag{4-440}$$

求解(4-438)式～(4-440)式的渗流数学模型，获得每层压力分布：

$$p_i(r)=p_{wf}+\frac{p_e-p_{wf}}{\ln\frac{r_e}{r_w}}\ln\frac{r}{r_w}=p_e-\frac{p_e-p_{wf}}{\ln\frac{r_e}{r_w}}\ln\frac{r_e}{r} \tag{4-441}$$

由(4-441)式得每一层的压力梯度、渗流速度、平均压力分别为：

$$\frac{\mathrm{d}p_i(r)}{\mathrm{d}r}=\frac{p_e-p_{wf}}{\ln\frac{r_e}{r_w}}\frac{1}{r} \tag{4-442}$$

$$v_i=\frac{K_i}{\mu}\frac{p_e-p_{wf}}{\ln\frac{r_e}{r_w}} \tag{4-443}$$

$$\overline{p}=p_e-\frac{p_e-p_{wf}}{2\ln\frac{r_e}{r_w}} \tag{4-444}$$

井产量为：

$$q=\sum_{i=1}^{n}q_i=\sum_{i=1}^{n}\frac{2\pi K_i h_i}{\mu}\frac{p_e-p_{wf}}{\ln\frac{r_e}{r_w}}=\frac{2\pi}{\mu}\frac{p_e-p_{wf}}{\ln\frac{r_e}{r_w}}\sum_{i=1}^{n}K_i h_i \tag{4-445}$$

平均渗透率为：

$$\overline{K}=\frac{1}{h}\sum_{i=1}^{n}K_i h_i \tag{4-446}$$

二、横向非均质地层

(一)单向流动

对于单向流动的横向非均质地层,可将其划分为由 n 个不同物性区域组成的水平复合地层,每个不同物性区域的长度分别为 $L_1,L_2,\cdots,L_n$,区域间连通,渗透率分别为 $K_1,K_2,\cdots,K_n$,孔隙度分别为 $\phi_1,\phi_2,\cdots,\phi_n$。其渗流系统如图 4-76 所示。地层厚度为 h,宽度为 B,供给边界压力为 p_e,排液道压力为 p_{wf}。单相不可压缩流体单向稳定达西渗流。

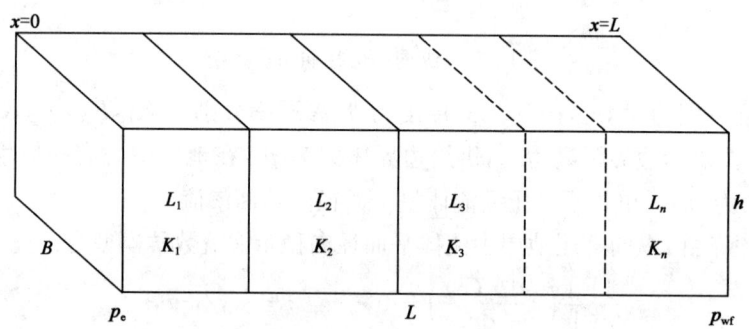

图 4-76 横向线性复合地层单向渗流系统

由上述假设条件,横向线性复合地层中流体单向稳定渗流数学模型为:

$$\frac{\partial}{\partial x}\left[K(x)\frac{\partial p}{\partial x}\right]=0 \tag{4-447}$$

在供给边界 $x=0$ 上:

$$p=p_e \tag{4-448}$$

在排液道 $x=L$ 上:

$$p=p_{wf} \tag{4-449}$$

地层物性方程为:

$$K=K_i \tag{4-450}$$

$$\sum_{j=0}^{i-1}L_j \leqslant x \leqslant \sum_{j=0}^{i}L_j \tag{4-451}$$

其中,$L_0=0, i=1,2,3,\cdots,n$。

求解(4-447)式~(4-449)式的渗流数学模型,获得地层中的压力分布:

$$p(x)=p_{wf}+\frac{p_e-p_{wf}}{\int_0^L \frac{1}{K(x)}dx}\int_x^L \frac{1}{K(x)}dx \tag{4-452}$$

或

$$p(x)=p_e+\frac{p_e-p_{wf}}{\int_0^L \frac{1}{K(x)}dx}\int_0^x \frac{1}{K(x)}dx \tag{4-453}$$

由(4-452)式、(4-450)式、(4-451)式得:

$$p_i(x)=p_{wf}+\frac{p_e-p_{wf}}{\sum_{j=1}^{n}\frac{L_j}{K_j}}\left[\frac{1}{K_i}\left(\sum_{m=0}^{i}L_m-x\right)\right] \tag{4-454}$$

由(4-453)式、(4-450)式、(4-451)式得：

$$p_i(x) = p_e + \frac{p_e - p_{wf}}{\sum_{j=1}^{n} \frac{L_j}{K_j}} \left[\frac{1}{K_i}\left(x - \sum_{m=0}^{i-1} L_m\right) + \sum_{j=0}^{i-1} K_j L_j \right] \qquad (4-455)$$

由(4-452)式得平均压力：

$$\bar{p} = \frac{1}{L}\int_0^L p(x)\mathrm{d}x = p_{wf} + \frac{p_e - p_{wf}}{L\int_0^L \frac{1}{K(x)}\mathrm{d}x}\int_0^L \frac{L-x}{K(x)}\mathrm{d}x \qquad (4-456)$$

由(4-456)式、(4-450)式、(4-451)式得：

$$\bar{p} = p_{wf} + \frac{p_e - p_{wf}}{L\sum_{j=1}^{n}\frac{L_j}{K_j}} \sum_{j=1}^{n} \frac{1}{K_j}\int_{L_j}(L-x)\mathrm{d}x$$

$$= p_{wf} + \frac{p_e - p_{wf}}{2L\sum_{j=1}^{n}\frac{L_j}{K_j}} \sum_{j=1}^{n} \frac{L_j}{K_j}\left(2L - 2\sum_{m=0}^{j-1} L_m - L_j\right) \qquad (4-457)$$

平均渗透率为：

$$\bar{K} = \frac{L}{\sum_{i=1}^{n}\frac{L_i}{K_i}} \qquad (4-458)$$

排液道产量为：

$$q = Bh\frac{p_e - p_{wf}}{\mu\sum_{i=1}^{n}\frac{L_i}{K_i}} = BhK\frac{p_e - p_{wf}}{\mu L} \qquad (4-459)$$

横向两区线性复合地层中的压力分布为：

$$p(x) = p_{wf} + \frac{p_e - p_{wf}}{L_1 K_2 + L_2 K_1} K_1(L_1 + L_2 - x) \qquad (4-460)$$

或

$$p(x) = p_e - \frac{p_e - p_{wf}}{L_1 K_2 + L_2 K_1}(L_1 K_2 - L_1 K_1 + x K_1) \qquad (4-461)$$

横向两区线性复合地层中的平均压力为：

$$\bar{p} = \frac{1}{2L}\frac{L_2^2 K_1(p_e + p_{wf}) + 2L_1 L_2(K_1 p_e + K_2 p_{wf})}{L_1 K_2 + L_2 K_1} \qquad (4-462)$$

(二)径向流动

对于以井为中心的横向非均质地层，可将其划分成以井为中心的由 n 个不同物性区域组成的水平径向复合地层，地层厚度为 h，其渗流系统如图 4-77 所示。每个不同物性区域的半径为 $r_1, r_2, \cdots, r_n$，区域间连通，渗透率分别为 $K_1, K_2, \cdots, K_n$，孔隙度分别为 $\phi_1, \phi_2, \cdots, \phi_n$。供给边界半径 r_e 处的压力为 p_e，井底流压为 p_{wf}，井半径为 r_w。单相不可压缩液体呈平面径向渗流。

由上述假设条件，横向径向复合地层中流体稳定渗流数学模型为：

$$\frac{1}{r}\frac{\mathrm{d}}{\mathrm{d}r}\left[K(r)r\frac{\mathrm{d}p}{\mathrm{d}r}\right] = 0 \qquad (4-463)$$

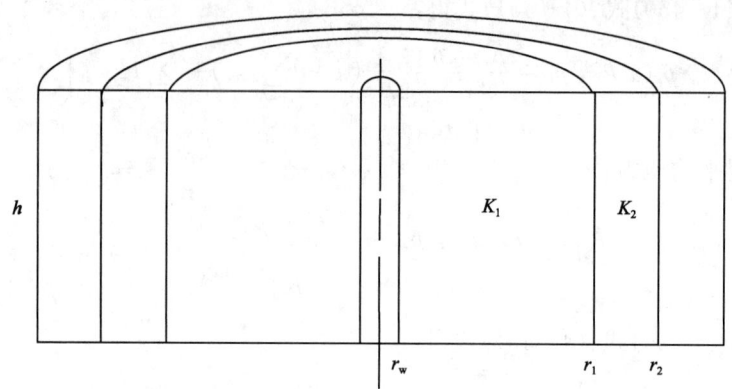

图 4-77 横向径向复合平面径向渗流系统

在供给边界 $r=r_e$ 处：

$$p=p_e \tag{4-464}$$

在井底 $r=r_w$ 处：

$$p=p_{wf} \tag{4-465}$$

其中，$K=K_j, r_{i-1}<r<r_i, r_0=r_w, r_n=r_e, i=1,2,\cdots,n$。

求解(4-463)式~(4-465)式的渗流数学模型，获得地层中的压力分布：

$$p(r)=p_{wf}+\frac{p_e-p_{wf}}{\int_{r_w}^{r_e}\frac{1}{rK(r)}dr}\int_{r_w}^{r}\frac{1}{rK(r)}dr \tag{4-466}$$

由(4-466)式，n 区径向复合地层中的压力分布：

$$p_j(r)=p_{wf}+\frac{p_e-p_{wf}}{\sum_{i=1}^{n}\frac{1}{K_i}\ln\frac{r_i}{r_{i-1}}}\left(\frac{1}{K_j}\ln\frac{r}{r_{j-1}}+\sum_{i=1}^{j-1}\frac{1}{K_i}\ln\frac{r_i}{r_{i-1}}\right), j\geqslant 2 \tag{4-467}$$

由(4-467)式得 n 区径向复合地层中的平均压力：

$$\overline{p}=\frac{2}{r_e^2-r_w^2}\int_{r_w}^{r_e}rp(r)dr=p_{wf}+\frac{p_e-p_{wf}}{2\sum_{i=1}^{n}\frac{1}{K_i}\ln\frac{r}{r_{i-1}}}\sum_{i=1}^{n}\frac{1}{K_i}\left(2r_e^2\ln\frac{r_i}{r_{i-1}}-r_i^2+r_{i-1}^2\right) \tag{4-468}$$

井产量为：

$$q=\frac{2\pi h(p_e-p_{wf})}{B\mu\int_{r_w}^{r_e}\frac{1}{rK(r)}}=\frac{2\pi h(p_e-p_{wf})}{B\mu\left(\frac{1}{K_1}\int_{r_w}^{r_e}\frac{1}{r}+\frac{1}{K_2}\int_{r_w}^{r_e}\frac{1}{r}+\cdots\right)}=\frac{2\pi h(p_e-p_{wf})}{B\mu\sum_{i=1}^{n}\frac{1}{K_i}\ln\frac{r_i}{r_{i-1}}} \tag{4-469}$$

横向两区径向复合地层中的压力分布为：

$$p(r)=p_{wf}+\frac{p_e-p_{wf}}{K_1\left(\frac{1}{K_2}\ln\frac{r_e}{r_m}+\frac{1}{K_1}\ln\frac{r_m}{r_w}\right)}\ln\frac{r}{r_w} \tag{4-470}$$

或

$$p(r)=p_e+\frac{p_e-p_{wf}}{K_2\left(\frac{1}{K_2}\ln\frac{r_e}{r_m}+\frac{1}{K_1}\ln\frac{r_m}{r_w}\right)}\ln\frac{r_e}{r}, r_m\leqslant r\leqslant r_e \tag{4-471}$$

横向两区径向复合地层中的井产量为：

$$q = \frac{2\pi h(p_e - p_{wf})}{B\mu\left(\frac{1}{K_2}\ln\frac{r_e}{r_m} + \frac{1}{K_1}\ln\frac{r_m}{r_w}\right)} = \frac{2\pi h K_2(p_e - p_{wf})}{B\mu\left[\ln\frac{r_e}{r_m} + \left(\frac{K_2}{K_1} - 1\right)\ln\frac{r_m}{r_w}\right]} = \frac{2\pi h K_2(p_e - p_{wf})}{B\mu\left(\ln\frac{r_e}{r_m} + S\right)}$$

(4-472)

式中　S——表皮因子。

$$S = \left(\frac{K_2}{K_1} - 1\right)\ln\frac{r_m}{r_w} \tag{4-473}$$

横向两区径向复合地层中的平均压力（$r_w \ll r_e$）为：

$$\overline{p} = \frac{1}{r_e^2 - r_w^2}\left[p_e r_e^2 - p_{wf} r_w^2 + \frac{1}{2}(p_e - p_{wf})\frac{K_2 r_w^2 - K_1 r_e^2 + (K_2 - K_1) r_m^2}{K_2 \ln\frac{r_m}{r_w} + K_1 \ln\frac{r_e}{r_m}}\right] \tag{4-474}$$

(4-474)式化简为：

$$\overline{p} \approx p_e - \frac{(p_e - p_{wf})\left[K_1 + (K_2 - K_1)\frac{r_m^2}{r_e^2}\right]}{2\left(K_2 \ln\frac{r_m}{r_w} + K_1 \ln\frac{r_e}{r_m}\right)} \tag{4-475}$$

平均渗透率为：

$$\overline{K} = \frac{\ln\frac{r_e}{r_m}}{\sum_{i=1}^{n}\frac{1}{K_i}\ln\frac{r_i}{r_{i-1}}} \tag{4-476}$$

思 考 题

1. 写出稳定渗流的基本微分方程，并说明其属于哪一种数理方程。
2. 由单向流和平面径向流的压力分布曲线，说明其压力消耗的特点。
3. 画出单向流和平面径向流的水动力学场图，说明其特点。
4. 写出油井平面径向流的产量公式，并说明提高油井产量一般有哪几种途径。
5. 什么是油井的完善性？表示不完善性有哪几个物理量？
6. 什么是多井干扰？
7. 在多井干扰情况下确定地层中压力重新分布的原则是什么？
8. 写出压降及势叠加原则的数学表达式。
9. 等产量的一源一汇和等产量的两汇各自存在的特殊现象是什么？
10. 什么是镜像反映法？它遵循的原则是什么？
11. 什么是水电相似原理？
12. 什么是等值渗流阻力法？

习 题

1. 设一均质无限大地层中有一生产井,油井地下产量为 $100m^3/d$,孔隙度为 0.25,油层厚度为 10m,求距离井 10m、100m、1000m、10000m 处的渗流真实速度。通过计算,能看出什么?

2. 设油层边界压力为 12MPa,井底压力为 10.5MPa,供给边界半径为 10000m,井半径为 0.1m,求距离井 100m 内及 100m 到供给边界内的平均压力。

3. 试从性质上用图形表示在同一井底压力下完善井与不完善井的压力分布状况。若井产量相同时,情况又如何(其他条件相同)?

4. 已知液体服从达西定律成平面径向流入井,供给边界半径为 10000m,井半径为 0.1m,试确定离井多远处地层压力为静压力与井底流动压力的算术平均值。

5. 如图 4-78 所示,地层渗透率与井距离 r 成线性规律变化,在井底 r_w 处的渗透率为 K_w,在供给边缘 r_e 处的渗透率为 K_e,确定液体服从达西平面径向流的产量,并将此产量与同等情况下各自渗透率都为 K_w 的均质地层平面径向流产量相比较。

6. 设有如图 4-79 所示的平面径向稳定渗流,当地层渗透率分成两个环状区时,分别求:
(1)产量及压力分布表达式;
(2)和全地层渗透率均为 K_2 相比,讨论产量及压力分布曲线的变化情况(设两者压差相同),分别对 $K_2 < K_1$、$K_2 > K_1$ 两种情况进行讨论。

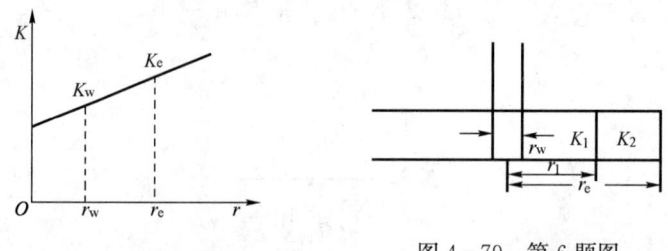

图 4-78 第 5 题图　　　　图 4-79 第 6 题图

7. 某生产井绘制 $\Delta p—q$ 指示曲线图近似于直线,生产压差为 1.0MPa,相应的产量为 $10.2m^3/d$,井直径 $d=6in$,地层厚度为 10m,供给半径为 1000m,原油黏度为 $8mPa·s$,原油体积系数为 1.1,假定井为水动力学完善井,确定地层渗透率。

8. 根据表 4-8 中的资料确定渗透率。已知原油黏度为 $3mPa·s$,地层厚度为 8m,井的折算半径为 $10^{-4}m$,供给半径为 200m。

表 4-8　第 8 题资料

序　号	$q,m^3/d$	Δp,MPa
1	20	1.11
2	40	3.30
3	60	6.56

9. 设利用模型实验求得不完善井的产量只相当于完善井产量的 80%,计算附加阻力系数及折算半径 r_{we}。已知供给边界半径为 1000m,井半径为 0.1m。

10. 在水压驱动方式下,某井供油半径为 250m,井半径为 0.1m,外边界压力为 9.0MPa,井底流压为 7.0MPa,原始饱和压力为 3.4MPa。求解以下问题:

(1) 计算供给边缘到井底的压力分布数据(取离井 1m、5m、10m、25m、50m、100m、150m 为计算点),绘出压力分布曲线;

(2) 如果油层渗透率为 $0.5\mu m^2$,地层原油黏度为 $8mPa·s$,求从供给边缘到井底的渗流速度分布,并绘成曲线;

(3) 计算地层平均压力;

(4) 已知油层厚度为 10m,原油体积系数为 1.1,求井产量。

11. 均质水平圆形地层中心一口生产井,油井以定产量 q 生产,已知井折算半径为 r_{we},井底压力为 p_{wf},边界压力为 p_e,地层厚度为 h,若在 r_e 到 r_1(地层中某点)之间服从线性渗流规律,r_1 到 r_{we} 之间服从非线性渗流规律,求压力 p 的表达式。

12. 某井用 0.198m 钻头钻开油层,油层深度为 2646.5~2660.5m,下套管固井,射孔后进行试油,试油结果见表 4-9。岩心经分析为碳酸盐岩,进行一次酸化,酸化后又进行第二次试油,其结果见表 4-10。要求确定酸化前后地层的流动系数,并分析酸化措施是否有效。已知原油体积系数为 1.12,原油密度为 $850kg/m^3$,井半径为 0.1m,供给半径为 100m。

表 4-9 酸化前试油成果表

油嘴 in	产量			井口压力,MPa		井底流压 MPa	原始地层压力 MPa
	油 t/d	气 $10^4 m^3/d$	气油比 m^3/t	油压	套压		
6	97.2	2.43	250	10.3	11.7	27.13	30.49
5	80.0	2.0	253	11.2	12.2	27.70	
3	38.5	0.49	127	12.3	13.2	29.17	

表 4-10 酸化后试油成果表

油嘴 in	产量			井口压力,MPa		井底流压 MPa
	油 t/d	气 $10^4 m^3/d$	气油比 m^3/t	油压	套压	
3	55.1	0.61	110	12.6	13.4	29.32
4	91.3	1.32	144	12.2	13.1	28.66
5	115.7	1.97	170	11.9	12.8	28.24
6	150.2	3.68	245	11.2	12.4	27.45
7	162.1	5.87	362	10.4	12.1	26.19

13. 某水压驱动油藏,地层厚度为 15m,渗透率为 $0.5\mu m^2$,原油体积系数为 1.15,原油黏度为 $4mPa·s$,原油密度为 $850kg/m^3$,孔隙度为 0.2,地层静压为 10.8MPa,油井半径 0.1m,井距 500m。

(1) 为使油田日产油 60t,应控制井底压力为多少?

(2) 泄油区内平均地层压力为多少?

(3) 距井 250m 处的原油流到井需要多少时间?

14. 某水压驱动油藏,地层厚度为 10m,渗透率为 $0.4\mu m^2$,原油黏度为 $9mPa·s$,原油体积系数为 1.15,原油密度为 $850kg/m^3$,油层静压为 10.5MPa,生产井井底流压为 7.5MPa,单井泄油面积为 $0.3km^2$,油井折算半径为 $10^{-2}m$,求油井日产量。

15. 油层和油井参数如 14 题,当油井以 40t/d 产量生产时,油井井底压力为多少?

16. 试证明流函数和势函数满足拉普拉斯方程:

$$\frac{\partial^2 \Phi}{\partial x^2}+\frac{\partial^2 \Phi}{\partial y^2}=0; \quad \frac{\partial^2 \psi}{\partial x^2}+\frac{\partial^2 \psi}{\partial y^2}=0$$

17. 地层中有 7 口井投产,其中 3 口注入井、4 口生产井,各井资料见表 4-11,求地层中 A 井井底的压力变化。已知渗透率为 $1\mu m^2$,油层厚度为 10m,原油黏度为 $2mPa \cdot s$,供给半径为 2000m,井半径为 0.1m。

表 4-11 第 17 题各井资料

井号	注入或生产	井产量,m^3/d	井至 A 井之间的距离,m
1	生产	50	400
2	注入	100	500
3	注入	100	600
4	注入	50	700
5	生产	50	500
6	生产	100	400
A 井	生产	80	

18. 如图 4-80 所示,已知两条不渗透边界成 60°,分角线上有一口井进行生产,供给半径为 4000m,供给边界压力为 8.0MPa,井底压力为 6.5MPa,地层渗透率为 $1\mu m^2$,地层厚度为 10m,原油黏度为 $2mPa \cdot s$,井距断层距离为 200m,井半径为 0.1m。求井产量。

19. 如图 4-81 所示,直线供给边缘附近有一口注入井 A、一口生产井 B,两井之间的距离为 200m,井到供给边界的距离为 200m,渗透率为 $0.5\mu m^2$,原油黏度为 $5mPa \cdot s$,生产压差为 2.0MPa,油井半径为 0.1m,生产井的产量和注入井的注入量相等,求生产井的产量。在其他条件不改变的情况下,如果去掉注入井,那么生产井的产量又是多少?比较两种情况下生产井的产量。

20. 如图 4-82 所示,直角供给边缘中有一口生产井 A,供给边缘上压力为 12.0MPa,求 A 井的井底压力。已知油井半径为 0.1m,地层厚度为 5m,渗透率为 $0.8\mu m^2$,油井地下产量为 $80m^3/d$,原油黏度为 $2.5mPa \cdot s$,井到供给边缘的距离 d 为 200m。

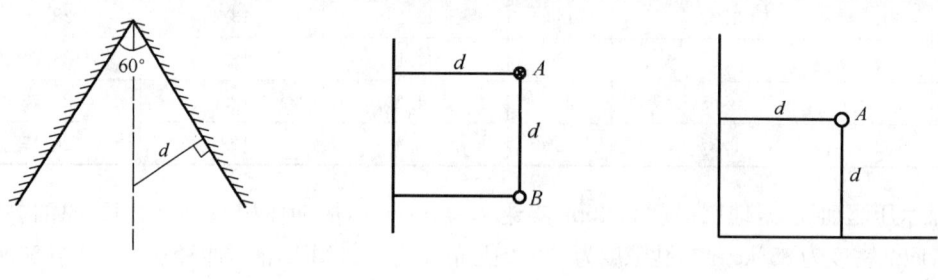

图 4-80 第 18 题图 图 4-81 第 19 题图 图 4-82 第 20 题图

21. 无限大地层中有两口生产井,相距 100m,已知 A 井产量为 B 井产量的 2 倍,试问平衡点在何处。如果将两口生产井改为注入井,情况又如何?如果 A 井产量与 B 井相等,又如何?通过计算能说明什么问题?

22. 以 y 轴为中心,两边对称分布一生产井和一注入井,如图 4-83 所示,A 井是注入井,B 井是生产井,注入量和生产量相等;注入井和生产井到 y 轴的距离 d 为 100m,求平面上 1(0,50)、2(0,100)、3(0,150) 三点处的压力 p,设 e 为 20m,在 $y'—y'$ 线上取 1'(20,50)、2'(20,

100)、3′(0,150)点,求其压力 p。通过计算说明了什么?已知注入量和生产量均为 $50m^3/d$,原油黏度为 $2mPa·s$,渗透率为 $1\mu m^2$,油层厚度为 $10m$,井半径为 $0.1m$,供给边界压力为 $12MPa$。

23. 如图 4-84 所示,在一坐标地层平面上的 $B(100,0)$、$B'(-100,0)$ 位置各打一口同产量的生产井,求 $A_1(0,100)$、$A_2(0,50)$、$A'_1(20,100)$、$A'_2(20,50)$ 四点的压力及合速度。已知生产井的产量为 $50m^3/d$,原油黏度为 $1.5mPa·s$,供给边界压力为 $12MPa$,地层渗透率为 $1.5\mu m^2$,油层厚度为 $10m$,供给边界压力为 $2000m$,通过计算,能得出什么结论?

24. 如图 4-85 所示,直线供给边缘一侧有两口生产井,井到供给边界的距离 d_1 为 $400m$,两口生产井之间的距离为 $500m$。供给边缘上压力为 $10.0MPa$,生产井井底压力均为 $9.0MPa$,油井半径均为 $0.1m$,地层厚度为 $5m$,渗透率为 $1\mu m^2$,原油黏度为 $4mPa·s$,原油体积系数为 1.1,求各井产量。

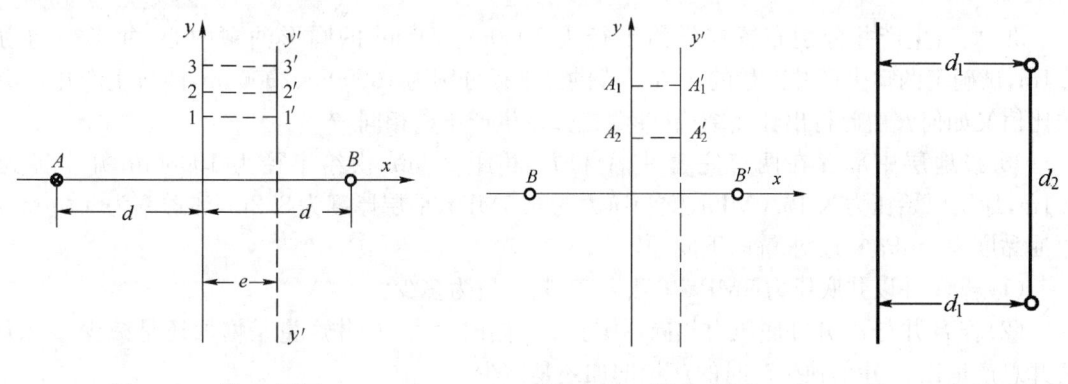

图 4-83 第 22 题图　　　　图 4-84 第 23 题图　　　　图 4-85 第 24 题图

25. 油层中部有两口完善井 A、B,井距 $200m$,井深 $700m$,设供给半径为 $10000m$,井半径为 $0.1m$,渗透率为 $0.5\mu m^2$,原油黏度为 $2.5mPa·s$,原油密度为 $850kg/m^3$,油层厚度为 $5m$,油内不含气,供给边界压力为 $4.4MPa$。求解以下问题:

(1)若在 A 井下一深井泵,泵的深度为 $250m$,产量为 $25.92m^3/d$,令 A 井处单独生产(此时 B 井不抽油),则 B 井产量应为多少?动液面在何处?

(2)B 井也下一深井泵,泵的深度为 $600m$,产量为 $25.92m^3/d$,且与 A 井同时工作,则 A 井井底压力为多少?动液面在何处?A 井产量为多少?

(3)若 B 井下泵深度同(2),产量为 $51.84m^3/d$,且与 A 井同时工作,A 井动液面在何处?A 井产量为多少?

(4)若 B 井下泵深度同(2),产量为 $129.6m^3/d$,且与 A 井同时工作,A 井动液面在何处?A 井产量为多少?

(5)根据以上计算结果,可得出什么结论?

26. 如图 4-86 所示,已知两不渗透边界成 $120°$ 角,分角线上有一井进行生产,供给半径 $5000m$,井半径 $0.1m$,供给边界压力 $6.0MPa$,井底压力 $4.0MPa$,地层渗透率 $0.8\mu m^2$,地层厚度 $10m$,原油黏度 $4mPa·s$,井到断层距离 $200m$,试求该井产量。

27. 如图 4-87 所示,确定成 $90°$ 两不渗透率边界中井的产量。已知从井到不渗透边界距离分别为 $100m$ 和 $200m$,供给边界半径为 $5000m$,井半径为 $0.1m$,供给边界压力为 $6.0MPa$,井底压力为 $4.0MPa$,地层渗透率为 $0.8\mu m^2$,地层厚度为 $10m$,原油黏度为 $4mPa·s$。

28. 如图4-88所示,已知1井产量为$20m^3/d$,2井产量为$30m^3/d$,3井产量为$40m^3/d$,O点压力为12.0MPa,边缘上的压力为13.0MPa,O点到1井距离为300m,到2井距离为400m,到3井距离为200m,供给半径为2000m。三口井两两之间的夹角为120°,求流动系数Kh/μ。

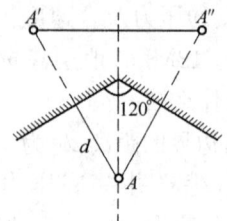
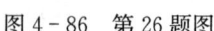
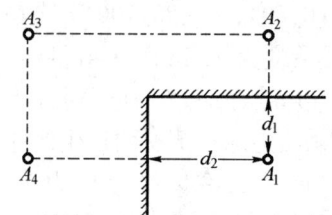
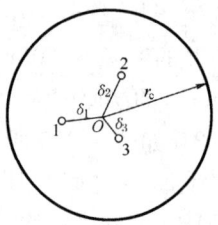

图4-86　第26题图　　　　图4-87　第27题图　　　　图4-88　第28题图

29. 两口生产井分别布置在供给半径为1000m、2000m的圆形油藏中心,井半径均为0.1m,试确定两口生产井产量的比值。若供给半径分别为10000m、20000m,两口生产井产量的比值又如何?由此得出什么结论(油藏参数及生产压差相同)?

30. 设地层中部存在两口完善井A和B,相距200m,供给半径为10000m,井半径为0.1m,地层原始压力为10.0MPa,饱和压力为6.0MPa,地层厚度为8.2m,渗透率为$0.5\mu m^2$,原油黏度为$2mPa \cdot s$。求解以下问题:

(1)若A井以井底压力9MPa单独生产,其产量为多少?

(2)若B井与A井井底压力相同,并与A井同时生产,A井产量是增加还是减少?A、B两井总产量比A井单独生产时的产量增加还是减少?

(3)若B井与A井都取A井单独生产时的产量,则A井井底压力应为多少?比A井单独生产时是增加还是减少?B井井底压力又如何?

31. 某井距直线供给边缘的距离为250m,地层厚度为8m,渗透率为$0.30\mu m^2$,原油黏度为$9mPa \cdot s$,生产压差为2.0MPa,井半径为0.1m,求该井产量。如果供给边界是半径为250m的圆,井的产量为多少?比直线供给边缘的情况有多大差异?

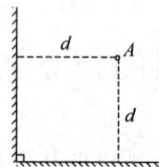

图8-89　第32题图

32. 如图8-89所示,确定相邻两不渗透边界成90°时注入井的井底压力。已知从井到不渗透边界距离d为100m,供给边界半径为5000m,井半径为0.1m,供给边界压力为8.0MPa,地层渗透率为$0.8\mu m^2$,地层厚度为10m,原油黏度为$4mPa \cdot s$,井注入量为$100m^3/d$,求井底压力。

33. 条带状油藏中有三排生产井,一排注水井,如图8-90所示。已知各排井井距均为500m,井半径为0.1m,注水井到第一排生产井距离L_1为1100m,生产井排间的排距L_2、L_3为600m。油层厚度为16m,渗透率为0.5D,原油黏度为$9mPa \cdot s$,体积系数为1.12,原油密度为$850kg/m^3$。注水井井底压力为19.5MPa,各排生产井井底压力均为7.5MPa,各排井数均为16口。求各排井产量及单井产量。若保持每排生产井的单井产量为$50m^3/d$,计算各生产井排井底压力。

34. 圆形油藏半径r_1、r_2、r_3的圆上布置了三井口,如图8-91所示。已知第一排井井数为18口,第二排井井数为11口,第三排井井数为4口。井半径均为0.1m,渗透率为$0.5\mu m^2$,原油黏度为$9mPa \cdot s$,供给边界上的压力为12MPa,若各排生产井井底压力均为7.5MPa,体积系数为1.2,原油密度为$850kg/m^3$,求各排井的产量及单井产量。

35. 带状油藏两排注水井中布置三排生产井,如图 8-92 所示。已知各井排井距均为 500m,油井半径为 0.1m,L_1、L_4 为 1100m,L_2、L_3 为 600m。各井排井数均为 20 口。油层厚度为 20m,渗透率为 0.5μm^2,原油黏度为 9mPa·s,体积系数为 1.12,原油密度为 850kg/m^3。注水井井底压力均为 19.5MPa,油井井底压力均为 7.5MPa。求各排井的产量及单井产量。

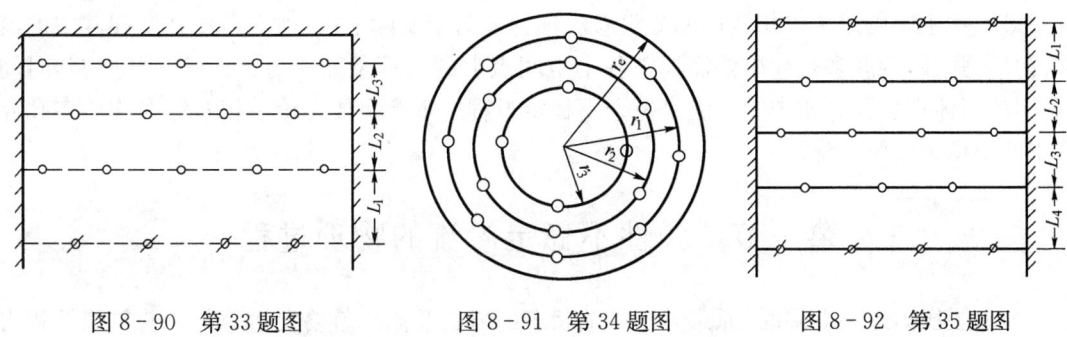

图 8-90 第 33 题图　　　图 8-91 第 34 题图　　　图 8-92 第 35 题图

第五章 单相液体不稳定渗流理论

第四章主要阐述了单相液体的稳定渗流理论。对于实际地层，由于多孔介质和其中的流体都具有弹性，因此多孔介质渗流场中各个空间点上的物理量如压力、渗流速度等均与时间相关，故流体在多孔介质中的渗流是一个不稳定过程。本章主要讨论单相液体在均质多孔介质中的不稳定渗流理论。

第一节 弹性不稳定渗流的物理过程

当地层压力逐渐下降时，原来处于压缩状态的岩石及流体就要发生膨胀。若单位体积岩石中的流体原始体积为 V_l，当流体膨胀后增加了 ΔV_l 的体积，这种膨胀迫使流体流出地层。另一方面，若岩石孔隙体积为 V_ϕ，当压力下降后，单位体积岩石的骨架也会发生变形而使孔隙体积缩小 ΔV_ϕ，因而又从地层中排出 ΔV_ϕ 体积的流体。从单位体积地层中所排出 $\Delta V_l + \Delta V_\phi$ 体积的流体，就是岩石和流体释放弹性能的结果。

在油田开采初期，地层压力高于饱和压力，主要就是依靠原油和岩石的弹性能量开采，这种开采方式称为"弹性驱动方式"。

对于实际地层，当考虑到地层弹性时，地层内各点的压力每个瞬时都在发生变化，因此在弹性方式下，渗流是一个不稳定的过程，而这种压力变化过程总是首先从井底开始，然后逐渐地向地层外部边界传播。这是弹性驱动方式的重要特点。

在实际的矿场生产中，油井可能采用不同的工作制度生产，或以定产量生产，或以定井底流压生产，井的工作制度不同，则地层压力的变化规律也就不同。其次，油藏的外边界条件也可能不同，或是封闭边界，或是定压(有供给)边界，或是"无穷大"边界，还有可能是混合边界等，油藏外边界条件不同，也会导致地层压力的变化规律不相同。下面分析不同边界条件下压力从井底向外逐渐传播的物理过程。

一、水压弹性驱动

当地层外面具有广大的含水区，能充分地向地层补充弹性能量时，称为"水压弹性驱动"。在此驱动方式下，供给边界上的压力可以保持不变(称为定压边界)。如果在地层中心有一口生产井，当井以定产量生产或定井底压力生产时，压力从井底到地层的传播变化过程分析如下。

(一)井以定产量投产时地层压力传播及变化规律

当井投产之前，地层内各点压力相等，压力分布曲线为一条水平线，如图 5-1 中 AB 所示，对应的时间为 $t=0$。

开井后，首先井筒内压力下降，液体膨胀流出，紧接着井壁周围地层中的压力也开始下降，发生液体及岩石颗粒的膨胀，从而排挤原油流入井底，形成压降漏斗曲线 A_1H，其对应时

刻设为 t_1，此时井产量 q 是半径为 r_1 的地层区域内液体和岩石颗粒弹性膨胀排出的液量。在 r_1 以外的区域，由于没有压降，也就没有表现出弹性能，即没有液体的流动，故渗流速度就为零，则压降漏斗曲线 A_1H 与水平线 AB 在 H 点相切。t_1 时刻以后，为了维持定产量 q，必须使井底压力再下降，液体及岩层再度膨胀排挤原油，与此同时，压力波继续向地层中传播，因而形成更大更深的压降漏斗曲线 A_2G，此时井产量 q 是由半径为 r_2 的区域内的地层供给的。同样，在 r_2 以外的区域，没有液体的流动，则压降漏斗曲线 A_2G 与水平线 AB 在 G 点相切。为了维持井产量恒定不变，随着时间的增加，在地层中形成的压降漏斗将不断扩大和加深。当压降漏斗刚传到边界时，如图 5-1 中的 A_4B，

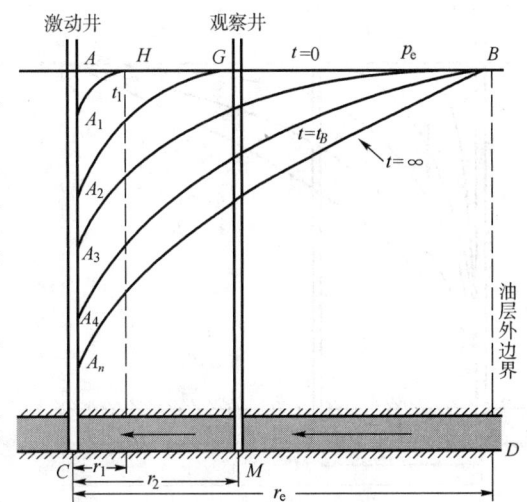

图 5-1　定压边界下井以定产量投产时地层压力分布曲线

它在 B 点的切线仍然是水平的，表示在此瞬间井内所产出的原油仍是靠 B 点以内地层的弹性能量。当 $t>t_B$ 后，边界以外的能量通过 B 点补充进来，此时压降漏斗曲线在 B 点的切线与水平线 AB 之间有一夹角。随着外来补充能量的增多，夹角也增大，说明渗流速度在增大。当外来补充的液量逐渐趋于井的产量时，地层中的压降漏斗曲线变化越来越小。在经过无限长的时间后，压降漏斗曲线才在 A_nB 处稳定下来，这条曲线相当于稳定渗流的压降漏斗曲线。由此表明，当外界有充分的能量供给时，在经过很长的时间后，不稳定渗流就趋于稳定渗流，此时边界外流入到地层的液量等于从地层流入到井内的液量。

井以定产量生产的流量 q 由两部分组成：

$$q=q_1+q_2$$

式中　q_1——供给半径 r_e 以内，地层及液体弹性膨胀排出的流量；

q_2——通过供给边界流入地层的流量。

随着地层压力不断下降，靠近边界的点的压力也随之下降，因而通过边界流入地层的流量 q_2 将越来越多，相应的 q_1 将越来越小。理论上要经过无限长的时间后才能达到 $q=q_2$，即通过边界流入地层的液量等于井产量。此时，流动变成稳定流，其压力分布曲线与稳定流的压力分布曲线完全一致。

由于井产量保持不变，则井壁处的压力梯度为常数，故压降漏斗曲线在井壁 $A_1,A_2,\cdots,A_n$ 点处的切线相互平行。

由于从井底开始的压降漏斗曲线不断扩大，即释放弹性能的范围不断增大，所以原来已开始释放能量的范围内各点压降幅度逐渐减小，以井壁 A 点为例，$AA_1>A_1A_2>A_2A_3>\cdots>A_{n-1}A_n$，直到稳定在 A_n 点为止。

从上述分析可知，在弹性开采期，地层内压力波的传播可分为两个阶段：压力波传播到边界之前称为压力波传播的第一阶段，又称为不稳定早期；压力波传到边界之后称为压力波传播的第二阶段，又称为不稳定晚期。

（二）井以定井底压力投产时地层压力传播及变化规律

当井底压力不变时，地层内各点压力降落的过程如图 5-2 所示。

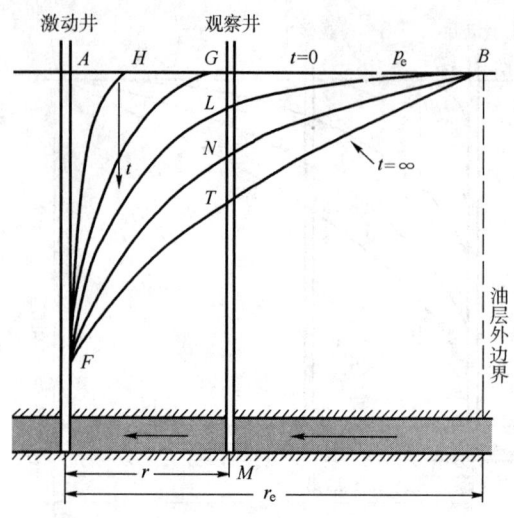

图 5-2 定压边界下井以定井底压力投产时地层压力分布曲线

如同前述,井生产时,压力波的传播也分为两个阶段:压力波传到边界之前为压力波传播的第一阶段,传到边界之后为压力波传播的第二阶段。在第一阶段中,压力波传到地层内任意一点 M 时,在 M 点以内的地层释放弹性能,而在 M 点以外则没有流动,压力曲线在 M 点的切线是水平的,其特点是压降漏斗不断扩大,除井点外各点均加深。由于压降区域不断增加,渗流阻力也逐渐增大,在保持井底压力恒定情况下,井的产量会下降。压降曲线传到边界以后开始压力波传播的第二阶段,这时边界外的液体开始向地层内不断补充,在相当长时间后,从边界外部流入的液量等于井内排出的液量,此后渗流过程就趋于稳定,压力分布曲线和稳定渗流时的曲线一致。

二、封闭弹性驱动

若地层外面无能量补充,且为一不渗透封闭边界,这种情况在实际油田开采时,称为封闭弹性驱动,也可以分两种情况来讨论地层压力传播及变化规律。

（一）井以定产量投产时地层压力传播及变化规律

当开井生产时,地层内各点压降曲线的变化如图 5-3 所示,同样可以分为两个阶段:压力波传到边界之前为压力波传播的第一阶段,传到边界之后为压力波传播的第二阶段。

压力波传播第一阶段的特征与定压边界情形完全相同,但在压力波传播的第二阶段,由于边界是封闭的,无外来能量供给,故压力传到边界 B_0 后,边界处的压力就要不断下降。在开始时,边界上压力下降的幅度比井壁及地层各点要小些,即 $B_0B_1 < A_0A_1$,$B_1B_2 < A_1A_2$,$\cdots$,$B_{n-1}B_n < A_{n-1}A_n$。随着时间的增加,从井壁到边界各点的压降幅度逐渐趋于一致,即当井产量不变,渗流阻力不变（释放能量的区域已固定）时,则地层内弹性能量的释放也相对稳定下来,这种状态称为"拟稳定状态"。在该状态下,地层中任意一点压降速度为常数,直到地层内各点压力低于饱和压力时,弹性开采阶段才结束。

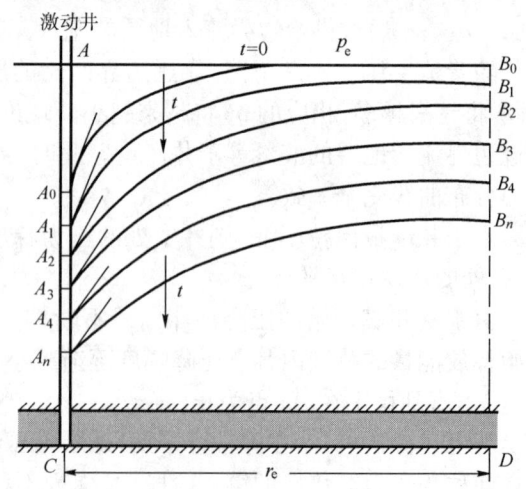

图 5-3 封闭边界下井以定产量投产时地层压力分布曲线

(二)井以定井底压力投产时地层压力传播及变化规律

地层内各点压降变化曲线如图5-4所示。压力波的传播同样分为两个阶段:压力波传到边界之前为压力波传播的第一阶段,传到边界之后为压力波传播的第二阶段。

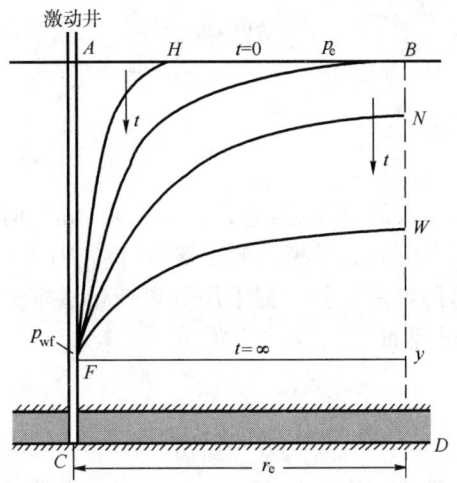

图5-4 封闭边界下井以定井底压力投产时
地层压力分布曲线

第一阶段的特征与定压边界情形完全相同,但在第二阶段,由于边界封闭,无外来能量补充,边界B处的压力逐渐下降。

由于井底压力保持不变,从第一阶段起压降漏斗的范围不断向外扩大,而井的产量也不断下降,到第二阶段后仍不断下降直到趋于零为止,这时地层内各点压力都等于井底压力。

第二节 弹性不稳定渗流理论

第三章已经建立起弹性多孔介质中单相可压缩液体不稳定渗流的微分方程,即(3-37)式。只要加入定解条件,就构成不稳定渗流的数学模型。

一、无限大地层中一口井以定产量投产

(一)数学模型

假设均质水平等厚无限大地层中一口井以定产量投产,液体在地层中的流动服从达西定律。地层原始压力为 p_i,地层厚度为 h,地下条件下的油井产量为 q。不稳定渗流数学模型表示如下。

渗流微分方程为:

$$\frac{\partial^2 p}{\partial r^2} + \frac{1}{r}\frac{\partial p}{\partial r} = \frac{1}{\eta}\frac{\partial p}{\partial t} \tag{5-1}$$

初始条件为:

$$p(r,0) = p_i \tag{5-2}$$

井底 $r=r_w$ 处的边界(内边界)条件为:

$$r\frac{\partial p}{\partial r}\bigg|_{r=r_w} = \frac{q\mu}{2\pi Kh} \qquad (5-3)$$

无限大地层处的边界(外边界)条件为:

$$\lim_{r\to\infty} p(r,t) = p_i \qquad (5-4)$$

由(5-1)式~(5-4)式构成均质水平等厚无限大地层中一口井以定产量投产时的不稳定渗流数学模型。

(二)数学模型的解

对于上述数学模型,需要求的是压力,它是径向距离和时间两个自变量的函数。在给定的边界条件和初始条件下,求解此数学模型的步骤为:首先引入一个新的中间变量,使偏微分方程变为常微分方程,然后再对常微分方程采用分离变量法求通解,最后利用定解条件就可以得到其特解。具体求解过程如下。

令:

$$u = \frac{r^2}{4\eta t} \qquad (5-5)$$

引进新变量 $u(r,t)$ 后,未知压力函数 p 可写成:

$$p = p(u) \qquad (5-6)$$

按复合函数的微分法则有:

$$\frac{\partial p}{\partial t} = \frac{\mathrm{d}p}{\mathrm{d}u}\frac{\partial u}{\partial t} = \frac{\mathrm{d}p}{\mathrm{d}u}\frac{\partial}{\partial t}\left(\frac{r^2}{4\eta t}\right) = -\frac{u}{t}\frac{\mathrm{d}p}{\mathrm{d}u} \qquad (5-7)$$

$$\frac{\partial p}{\partial r} = \frac{\mathrm{d}p}{\mathrm{d}u}\frac{\partial u}{\partial r} = \frac{\mathrm{d}p}{\mathrm{d}u}\cdot\frac{r}{2\eta t} \qquad (5-8)$$

$$\frac{\partial^2 p}{\partial r^2} = \frac{\partial}{\partial r}\left(\frac{\partial p}{\partial r}\right) = \frac{\partial}{\partial u}\left(\frac{\mathrm{d}p}{\mathrm{d}u}\frac{\partial u}{\partial r}\right)\frac{\partial u}{\partial r} = \frac{\mathrm{d}^2 p}{\mathrm{d}u^2}\left(\frac{\partial u}{\partial r}\right)^2 + \frac{\mathrm{d}p}{\mathrm{d}u}\frac{\partial^2 u}{\partial r^2} \qquad (5-9)$$

将(5-7)式、(5-8)式、(5-9)式代入(5-1)式~(5-4)式整理得:

$$u\frac{\mathrm{d}^2 p}{\mathrm{d}u^2} + \frac{\mathrm{d}p}{\mathrm{d}u}(1+u) = 0 \qquad (5-10)$$

$$\lim_{u\to 0} u\frac{\mathrm{d}p}{\mathrm{d}u} = \frac{q\mu}{4\pi Kh} \qquad (5-11)$$

$$p(u\to\infty) = p_i \qquad (5-12)$$

令 $p' = \frac{\mathrm{d}p}{\mathrm{d}u}$,可将常微分方程方程(5-10)式降阶一次后再分离变量得:

$$\frac{1}{p'}\mathrm{d}p' = -\frac{1+u}{u}\mathrm{d}u \qquad (5-13)$$

对(5-13)式积分得:

$$p' = \frac{\mathrm{d}p}{\mathrm{d}u} = C_1\frac{\mathrm{e}^{-u}}{u} \qquad (5-14)$$

将边界条件(5-11)式代入(5-14)式得:

$$C_1 = \frac{q\mu}{4\pi Kh} \qquad (5-15)$$

将(5-15)式代入(5-14)式得:

$$\frac{\mathrm{d}p}{\mathrm{d}u} = \frac{q\mu}{4\pi Kh}\frac{\mathrm{e}^{-u}}{u} \qquad (5-16)$$

对(5-16)式积分得：

$$p(u) = \frac{q\mu}{4\pi Kh}\int^u \frac{e^{-u}}{u}du + C_2 \tag{5-17}$$

(5-17)式中的积分下限可以任意选取。为方便确定常数 C_2，取积分下限为∞，于是有：

$$p(u) = -\frac{q\mu}{4\pi Kh}\int_u^\infty \frac{e^{-u}}{u}du + C_2 \tag{5-18}$$

将边界条件(5-12)式代入(5-18)式得：

$$C_2 = p_i \tag{5-19}$$

将(5-19)式代入(5-18)式得：

$$p(r,t) = p\left(\frac{r^2}{4\eta t}\right) = p_i + \frac{q\mu}{4\pi Kh}\mathrm{Ei}\left(-\frac{r^2}{4\eta t}\right) \tag{5-20}$$

(5-20)式即为均质无限大地层中井以定产量 q 投产后地层中任一点处压力计算公式，同时也是井以定产量投产后压力波传到边界之前（即不稳定早期）地层中任一点压力的计算方程。

(5-20)式中 $\mathrm{Ei}(-x)$ 为幂积分函数（或指数积分函数），其特性如图5-5所示。

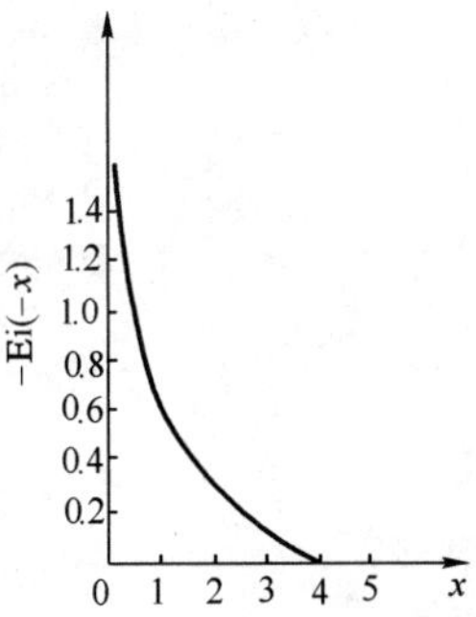

$$\mathrm{Ei}(-x) = -\int_x^\infty \frac{e^{-y}}{y}dy$$

幂积分函数的级数形式表达为：

$$\mathrm{Ei}(-x) = \gamma + \ln x + \sum_{k=1}^\infty \frac{(-1)^k x^k}{k!k} \tag{5-21}$$

$$\gamma = 0.5772$$

图5-5 幂积分函数曲线

式中 γ——欧拉常数。

当 $x \leqslant 0.01$ 时，可以只保留级数前两项，则(5-21)式可以写成：

$$\mathrm{Ei}(-x) = \gamma + \ln x$$

由上述性质得：

$$-\mathrm{Ei}\left(-\frac{r^2}{4\eta t}\right) \approx \ln\frac{4\eta t}{r^2} - 0.5772 = \ln\frac{2.25\eta t}{r^2} \tag{5-22}$$

则(5-20)式可表示成：

$$p_i - p(r,t) = \frac{q\mu}{4\pi Kh}\ln\frac{2.25\eta t}{r^2} \tag{5-23}$$

由(5-23)式，井底压降表示为：

$$p_i - p_{wf}(t) = \frac{q\mu}{4\pi Kh}\ln\frac{2.25\eta t}{r_w^2} \tag{5-24}$$

$$\eta = K/\phi\mu C_t$$

式中 η——导压系数，cm^2/s；

p_i——原始地层压力，$10^{-1}MPa$；

$p_{wf}(t)$——时刻 t 的井底压力，$10^{-1}MPa$；

q——油井产量，cm^3/s；

K——地层渗透率，μm^2；

h——油层厚度，cm；

μ——原油黏度，$mPa \cdot s$；

r_w——油井半径，cm；
C_t——综合压缩系数，$10MPa^{-1}$；
ϕ——岩石孔隙度，小数。

在 SI 实用单位制下，无限大地层中井以定产量投产时的井底压降公式见附录四。

(三)压力动态特征

(5-24)式即为均质无限大地层中井以定产量 q 投产后井底压降的计算公式，同时也是井以定产量投产后压力波传到边界之前(即不稳定早期)井底压降的计算公式。井底压力与时间的关系曲线如图 5-6 所示，其中在压降与时间的半对数图中表现为直线，这一阶段的流动称为"无限作用径向流"。

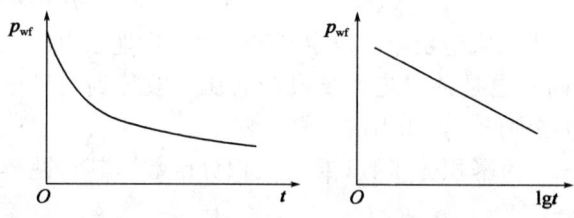

图 5-6　井底压力与时间关系曲线

二、径向封闭地层中心一口井以定产量投产

(一)不稳定渗流

1. 数学模型

假设在外边界半径为 r_e 的均质封闭地层中心有一口半径为 r_w 的油井定产量投产。则不稳定渗流数学模型表示如下。

渗流微分方程为：

$$\frac{\partial^2 p}{\partial r^2} + \frac{1}{r}\frac{\partial p}{\partial r} = \frac{1}{\eta}\frac{\partial p}{\partial t} \quad (5-25)$$

初始条件为：

$$p(r,0) = p_i \quad (5-26)$$

井底 $r=r_w$ 处的边界(内边界)条件为：

$$r\frac{\partial p}{\partial r}\bigg|_{r=r_w} = \frac{q\mu}{2\pi Kh} \quad (5-27)$$

封闭边界 $r=r_e$ 处的边界(外边界)条件为：

$$\frac{\partial p}{\partial r}\bigg|_{r=r_e} = 0 \quad (5-28)$$

2. 数学模型的解

对上述数学模型的求解，可直接用分离变量法，也可直接作变量代换以后进行拉普拉氏变换，使其象函数变为常微分方程并在相应定解条件求解，再进行拉氏反演求解。由此原理，获得地层中任一点在任意时刻的压力表达式为：

$$p(r,t) = p_i - \frac{q\mu}{2\pi Kh}\left\{\frac{2\eta t}{(r_{eD}^2-1)r_w^2} + \frac{r_{eD}^2}{r_{eD}^2-1}\left(\ln\frac{r_{eD}}{r_D} + \frac{r_D^2}{2r_{eD}^2}\right) - \frac{3r_{eD}^4 - 4r_{eD}^4\ln r_{eD} - 2r_{eD}^2 - 1}{4(r_{eD}^2-1)^2}\right.$$

$$\left. -\pi\sum_{n=1}^{\infty}\frac{\exp\left(-\alpha_n^2\frac{\eta t}{r_w^2}\right)J_1(r_{eD}\alpha_n)[Y_1(\alpha_n)J_0(r_D\alpha_n) - J_1(\alpha_n)Y_0(r_D\alpha_n)]}{\alpha_n[J_1^2(\alpha_n r_{eD}) - J_1^2(\alpha_n)]}\right\} \quad (5-29)$$

$$r_{eD} = \frac{r_e}{r_w}, r_D = \frac{r}{r_w}$$

式中　α_n——方程 $J_0(r_D\alpha_n)Y_1(\alpha_n) - Y_0(r_D\alpha_n)J_1(\alpha_n) = 0$ 的第 n 个根（$n=1,2,\cdots$）；

$J_0(x), J_1(x)$——第一类零阶、一阶贝塞尔函数；

$Y_0(x), Y_1(x)$——第二类零阶、一阶贝塞尔函数。

对贝塞尔函数 $J_0(x)$、$J_1(x)$、$Y_0(x)$、$Y_1(x)$，有如下朗斯基关系式存在：

$$J_v(x)Y'_v(x) - Y_v(x)J'_v(x) = \frac{2}{\pi x} \quad (5-30)$$

式中　v——贝塞尔函数的阶数；

（$'$）——导数。

特别地：

$$Y_0(x)J_1(x) - J_0(x)Y_1(x) = \frac{2}{\pi x} \quad (5-31)$$

利用(5-31)式和 r_{eD}、r_D 的定义式，将(5-29)式简化，得井底压力解：

$$p_{wf}(t) = p_i - \frac{q\mu}{2\pi Kh}\left\{\frac{2\eta t}{r_e^2} + \ln\frac{r_e}{r_w} - \frac{3}{4} + 2\sum_{n=1}^{\infty}\frac{\exp\left(-\alpha_n^2\frac{\eta t}{r_w^2}\right) \cdot J_1^2\left(\alpha_n\frac{r_e}{r_w}\right)}{\alpha_n^2\left[J_1^2\left(\alpha_n\frac{r_e}{r_w}\right) - J_1^2(\alpha_n)\right]}\right\} \quad (5-32)$$

式中，级数项值将随 n 的增大而减小。当 t 增大时，级数中各项均变小，并且级数递减幅度随 t 的增大而增大。当 t 增大到某一值时，级数项可只保留第一项，而忽略其他项，则(5-32)式变为：

$$p_{wf}(t) = p_i - \frac{q\mu}{2\pi Kh}\left\{\ln\frac{r_e}{r_w} - \frac{3}{4} + \frac{2\eta t}{r_e^2} + 2\frac{\exp\left(-\alpha_1^2\frac{\eta t}{r_w^2}\right) \cdot J_1^2\left(\alpha_1\frac{r_e}{r_w}\right)}{\alpha_1^2\left[J_1^2\left(\alpha_1\frac{r_e}{r_w}\right) - J_1^2(\alpha_1)\right]}\right\} \quad (5-33)$$

根据运算：

$$\alpha_1^2 = \frac{14.682r_w^2}{r_e^2} \quad (5-34)$$

(5-33)式中最右端分式项即(5-32)式级数第一项的值，约为：

$$-0.42\exp\left(-\frac{14.682\eta t}{r_e^2}\right)$$

则(5-33)式可简化为：

$$p_{wf}(t) = p_i - \frac{q\mu}{2\pi Kh}\left[\ln\frac{r_e}{r_w} - \frac{3}{4} + \frac{2\eta t}{r_e^2} - 0.84\exp\left(-\frac{14.682\eta t}{r_e^2}\right)\right] \quad (5-35)$$

(5-35)式为当压力波传到封闭边界后，由于边界没有供给，边界压力开始下降，渗流进入不稳定晚期的井底压力表达式。

当生产时间 t 很长时，(5-33)式、(5-35)式中最后一项都趋于零，则井底压力的表达式为：

$$p_{wf}(t) = p_i - \frac{q\mu}{2\pi Kh}\left(\ln\frac{r_e}{r_w} - \frac{3}{4} + \frac{2\eta t}{r_e^2}\right) \quad (5-36)$$

(5-36)式为渗流早已进入不稳定晚期,随着时间的增加,当地层中的压降速度为常数即渗流进入拟稳定流动时的井底压力表达式。

3. 压力动态特征

当流动进入拟稳定阶段后,井底压力与时间关系曲线如图 5-7 所示。由图 5-7 可以看出,在拟稳定流动阶段,井底压力随时间的变化率为常数。

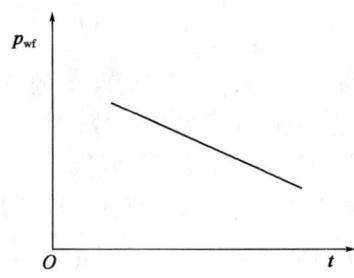

图 5-7 拟稳定流动阶段井底压力与时间关系曲线

(二)拟稳定渗流

1. 数学模型

当流动达到拟稳定状态时,地层中任意一点压力下降的速度相等且为常数,即:

$$\frac{\partial p}{\partial t} = C \tag{5-37}$$

假设泄油区内的原始地层压力为 p_i,油井生产到 t 时刻的井底压力为 p_{wf},边界上压力为 p_e,泄油区的平均地层压力为 p_R。由于地层的封闭特征,油井的产量完全来自依靠泄油区内地层压力的下降而导致的原油体积膨胀及岩石孔隙体积缩小。因此,在 $(r_e - r_w)$ 的泄油区内,依靠原油和岩石弹性能量排出的原油总体积为:

$$V = C_t V_f (p_i - p_R) \tag{5-38}$$

其中

$$V_f = \pi \phi (r_e^2 - r_w^2) h \tag{5-39}$$

油井产量:

$$q = \frac{dV}{dt} \tag{5-40}$$

由(5-38)式、(5-39)式、(5-40)式得:

$$q = \pi \phi C_t (r_e^2 - r_w^2) h \frac{dp_R}{dt} \tag{5-41}$$

则

$$\frac{dp_R}{dt} = -\frac{q}{\pi \phi C_t (r_e^2 - r_w^2) h} \tag{5-42}$$

在拟稳定流动阶段:

$$dp_R/dt = dp_{wf}/dt = dp_e/dt = dp/dt \tag{5-43}$$

由(5-42)式、(5-43)式得:

$$\frac{dp}{dt} = -\frac{q}{\pi \phi C_t (r_e^2 - r_w^2) h} \tag{5-44}$$

将(5-44)式代入(5-25)式,得到拟稳定渗流微分方程:

$$\frac{d^2p}{dr^2} + \frac{1}{r}\frac{dp}{dr} = -\frac{q\mu}{\pi(r_e^2 - r_w^2)Kh} \tag{5-45}$$

井底 $r = r_w$ 处的边界（内边界）条件为：

$$p\big|_{r=r_w} = p_{wf} \tag{5-46}$$

封闭边界 $r = r_e$ 处的边界（外边界）条件为：

$$\frac{dp}{dr}\bigg|_{r=r_e} = 0 \tag{5-47}$$

(5-45)式～(5-47)式构成径向封闭地层中心一口井以定产量生产，当地层流动达到拟稳定状态时的渗流数学模型。

2. 地层中任一点压力分布

(5-45)式又可表达为：

$$\frac{1}{r}\frac{d}{dr}\left(r\frac{dp}{dr}\right) = -\frac{q\mu}{\pi(r_e^2 - r_w^2)Kh} \tag{5-48}$$

(5-48)式分离变量得：

$$r\frac{dp}{dr} = -\frac{q\mu}{2\pi(r_e^2 - r_w^2)Kh}r^2 + C_1 \tag{5-49}$$

由(5-47)式、(5-49)式得：

$$C_1 = \frac{q\mu}{2\pi Kh} \tag{5-50}$$

将(5-50)式代入(5-49)式得：

$$r\frac{dp}{dr} = -\frac{q\mu}{2\pi(r_e^2 - r_w^2)Kh}r^2 + \frac{q\mu}{2\pi Kh} \tag{5-51}$$

(5-51)式分离变量积分得：

$$p = -\frac{q\mu}{4\pi(r_e^2 - r_w^2)Kh}r^2 + \frac{q\mu}{2\pi Kh}\ln r + C_2 \tag{5-52}$$

由(5-46)式、(5-52)式得：

$$C_2 = p_{wf} + \frac{q\mu}{4\pi(r_e^2 - r_w^2)Kh}r_w^2 - \frac{q\mu}{2\pi Kh}\ln r_w \tag{5-53}$$

(5-53)式代入(5-52)式得：

$$p = p_{wf} + \frac{q\mu}{4\pi(r_e^2 - r_w^2)Kh}(r_w^2 - r^2) - \frac{q\mu}{2\pi Kh}\ln\frac{r}{r_w} \tag{5-54}$$

因 $r_e \gg r_w$，故 $r_e^2 \gg r_w^2$，$r_e^2 - r_w^2 \approx r_e^2$，且可忽略 r_w^2/r_e^2 项，则(5-54)式变为：

$$p = p_{wf} + \frac{q\mu}{2\pi Kh}\left(\ln\frac{r}{r_w} - \frac{1}{2}\frac{r^2}{r_e^2}\right) \tag{5-55}$$

(5-55)式就是圆形封闭地层中心一口井以定产量生产，当流动达到拟稳定状态后，地层中任意一点的压力分布规律。

3. 油井产量公式

由(5-41)式、(5-43)式得：

$$q = -\pi\phi C_t(r_e^2 - r_w^2)h\frac{dp_R}{dt} = -\pi\phi C_t(r_e^2 - r_w^2)h\frac{dp_{wf}}{dt} \tag{5-56}$$

通过半径 r 的任意截面的流量为：

$$q_r = -\pi\phi C_t(r_e^2 - r^2)h\frac{dp}{dt} \tag{5-57}$$

由(5-43)式、(5-56)式、(5-57)式得：

$$\frac{q_r}{q} = \frac{r_e^2 - r^2}{r_e^2 - r_w^2} \tag{5-58}$$

因 $r_e \gg r_w$，故 $r_e^2 \gg r_w^2$，则 $r_e^2 - r_w^2 \approx r_e^2$，(5-58)式变为：

$$q_r = \left(1 - \frac{r^2}{r_e^2}\right)q \tag{5-59}$$

油藏中半径为 r 处的渗流速度为：

$$v = \frac{q_r}{2\pi r h} = \frac{1}{2\pi r h}\left(1 - \frac{r^2}{r_e^2}\right)q = \frac{q}{2\pi r_e h}\left(\frac{r_e}{r} - \frac{r}{r_e}\right) \tag{5-60}$$

渗流满足达西定律且结合(5-60)式得：

$$v = \frac{K}{\mu}\frac{\mathrm{d}p}{\mathrm{d}r} = \frac{q}{2\pi r_e h}\left(\frac{r_e}{r} - \frac{r}{r_e}\right) \tag{5-61}$$

由(5-61)式得：

$$\int_p^{p_e} \mathrm{d}p = \frac{q\mu}{2\pi r_e K h}\int_r^{r_e}\left(\frac{r_e}{r} - \frac{r}{r_e}\right)\mathrm{d}r \tag{5-62}$$

或

$$\int_{p_{wf}}^{p} \mathrm{d}p = \frac{q\mu}{2\pi r_e K h}\int_{r_w}^{r}\left(\frac{r_e}{r} - \frac{r}{r_e}\right)\mathrm{d}r \tag{5-63}$$

由(5-62)式获得以边界压力表示的油藏中半径为 r 处的地层压力：

$$p = p_e - \frac{q\mu}{2\pi K h}\left[\ln\frac{r_e}{r} - \frac{1}{2}\left(1 - \frac{r^2}{r_e^2}\right)\right] \tag{5-64}$$

在井底，$r = r_w$，$p = p_{wf}$，因 $r_e^2 \gg r_w^2$，则可忽略 r_w^2/r_e^2 项，于是(5-64)式变为：

$$p_e - p_{wf} = \frac{q\mu}{2\pi K h}\left(\ln\frac{r_e}{r_w} - \frac{1}{2}\right) \tag{5-65}$$

由(5-65)式，则封闭油藏中的流动达到拟稳定时的油井产量公式为：

$$q = \frac{2\pi K h(p_e - p_{wf})}{\mu\left(\ln\dfrac{r_e}{r_w} - \dfrac{1}{2}\right)} \tag{5-66}$$

(5-66)式就是以边界压力表示的拟稳态油井产量公式。

采用第四章的方法，泄油区的平均地层压力可表示为：

$$p_R = \frac{\int p \mathrm{d}A}{\int \mathrm{d}A} = \frac{\int_{r_w}^{r_e} p \cdot 2\pi r \mathrm{d}r}{\pi(r_e^2 - r_w^2)} \tag{5-67}$$

将(5-64)式带入(5-67)式，经运算得：

$$p_R = p_e + \frac{q\mu}{8\pi K h} \tag{5-68}$$

将(5-54)式带入(5-67)式，经运算得：

$$p_R = p_{wf} + \frac{q\mu}{2\pi K h}\left(\ln\frac{r_e}{r_w} - \frac{3}{4}\right) \tag{5-69}$$

由(5-69)式，则封闭油藏中的流动达到拟稳定时的油井产量公式为：

$$q = \frac{2\pi K h(p_R - p_{wf})}{\mu\left(\ln\dfrac{r_e}{r_w} - \dfrac{3}{4}\right)} \tag{5-70}$$

(5-70)式就是以地层平均压力表示的拟稳态油井产量公式。

三、径向定压地层中心一口井以定产量投产

(一)数学模型

假设在外边界半径为 r_e 的均质径向有界定压边界地层中心有一口半径为 r_w 的油井定产量投产,则不稳定渗流数学模型表示如下。

渗流微分方程为:

$$\frac{\partial^2 p}{\partial r^2} + \frac{1}{r}\frac{\partial p}{\partial r} = \frac{1}{\eta}\frac{\partial p}{\partial t} \tag{5-71}$$

初始条件为:

$$p(r,0) = p_i \tag{5-72}$$

井底 $r=r_w$ 处的边界(内边界)条件为:

$$r\frac{\partial p}{\partial r}\bigg|_{r=r_w} = \frac{q\mu}{2\pi Kh} \tag{5-73}$$

定压边界 $r=r_e$ 处的边界(外边界)条件为:

$$p(r_e,t) = p_i \tag{5-74}$$

(二)数学模型的解

利用与径向封闭地层渗流数学模型的求解过程类似的方法,可求得径向有界定压外边界地层中心一口井定产量投产时地层中任意一点的压力表达式:

$$p(r,t) = p_i - \frac{q\mu}{2\pi Kh}\left\{\ln\frac{r_{eD}}{r_D} - \pi\sum_{n=1}^{\infty}\frac{\exp\left(-\beta_n^2\frac{\eta t}{r_w^2}\right)J_0^2(r_{eD}\beta_n)[Y_1(\beta_n)J_0(r_D\beta_n) - J_1(\beta_n)Y_0(r_D\beta_n)]}{\beta_n[J_0^2(r_{eD}\beta_n) - J_1^2(\beta_n)]}\right\}$$

$$(5-75)$$

$$r_{eD} = \frac{r_e}{r_w}; \quad r_D = \frac{r}{r_w}$$

式中 β_n——方程 $J_0(r_D\beta_n)Y_1(\beta_n) - Y_0(r_D\beta_n)J_1(\beta_n) = 0$ 的第 n 个根($n=1,2,\cdots$);

$J_0(x), J_1(x)$——第一类零阶、一阶贝塞尔函数;

$Y_0(x), Y_1(x)$——第二类零阶、一阶贝塞尔函数。

从(5-75)式可以得出以下认识:(1)对于地层中某一固定点,由于无穷级数项的值随 t 增大而减小,因此该点压力随井生产时间增加而降低,压差逐渐加大,压降漏斗逐渐加深;(2)当 $t\to\infty$ 时,(5-75)式中的级数项趋于零,(5-75)式变为稳定渗流压力分布公式,此时地层内各点压力稳定下来不再发生变化,不稳定渗流过程结束,开始稳定渗流。

由(5-75)式利用贝塞尔函数的性质结合朗斯基关系(5-30)式,可得不稳定渗流井底压力计算式:

$$p_{wf}(t) = p_i - \frac{q\mu}{2\pi Kh}\left\{\ln\frac{r_e}{r_w} - 2\sum_{n=1}^{\infty}\frac{\exp\left(-\beta_n^2\frac{\eta t}{r_w^2}\right)J_0^2(r_{eD}\beta_n)}{\beta_n^2[J_1^2(\beta_n) - J_0^2(r_{eD}\beta_n)]}\right\} \tag{5-76}$$

因为 $r_e \gg r_w$、$r_e \gg 1$,所以在实际应用中,(5-76)式只取级数的第一项就具有足够精度

了。当生产时间很长,即 $t_D = \eta t/r_w^2 > r_{eD}^2$ 后,流体的流动表现为稳定渗流,此时(5-75)式、(5-76)式中的级数项趋于零,则可将(5-75)式、(5-76)式简化为:

$$p = p_i - \frac{q\mu}{2\pi Kh}\ln\frac{r_e}{r} \tag{5-77}$$

$$p_{wf} = p_i - \frac{q\mu}{2\pi Kh}\ln\frac{r_e}{r_w} \tag{5-78}$$

(三)压力动态特征

当压力波传到定压边界以后,井底压力与时间的关系曲线如图 5-8 所示。由图 5-8 看出,井底压力不随时间发生变化。

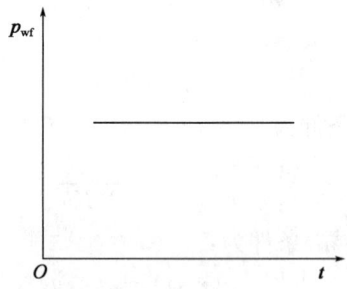

图 5-8 压力波传到定压边界后井底压力与时间关系曲线

三种外边界情形下井底压力与时间关系曲线如图 5-9 所示。

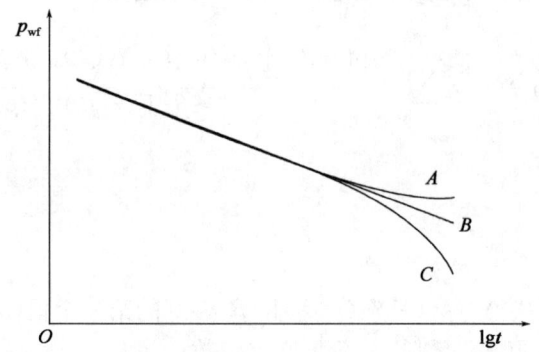

图 5-9 三种外边界情形下井底压力与时间关系曲线
A—圆形定压外边界;B—无限地层;C—圆形封闭外边界

四、弹性不稳定渗流压力扩散规律

前面介绍了弹性不稳定渗流的物理过程及不稳定渗流微分方程。无论这些不稳定渗流微分方程用什么方法求解,也无论解是什么形式,从理论上讲,不稳定渗流都有一个共同特点,即在一口井上加上一个脉冲(瞬间注入或采出一定体积的流体),由此引起的压力反应将传播到整个多孔介质,也就是说,多孔介质中流体压力的变化将瞬间传到无穷远,离井近的位置处压力变化幅度大,离井远的位置处压力变化幅度小,即压力的扩散速度是无限大,其他如浓度扩散、热扩散和流体中涡量的扩散均是如此。这在实际上是不可能的,为什么会形成这种结果呢？这是因为导出扩散方程的过程中所依据的本构方程(第三章第二节中的运动方程)是一种统计规律,完全没有考虑分子运动的惯性,而正是这种惯性使扩散速度成为有限值。然而,这种分子惯性的影响很难定量描述。为此,人们提出了用探测半径的概念来近似描述弹性不稳定渗流过程中压力的扩散规律。

(一)探测半径

假设在井上($t=t_0$, $r=r_w$)加上一个脉冲,这样压力就会在地层中不断传播,如图 5-10 所示。在任一瞬间(t_1 或 t_2),脉冲的最大影响将表示为一定的半径(r_1 或 r_2),称该半径为探测半径,用 r_i 表示,它是由井的生产制度改变造成对压力或流量显著影响的径向距离的量度。

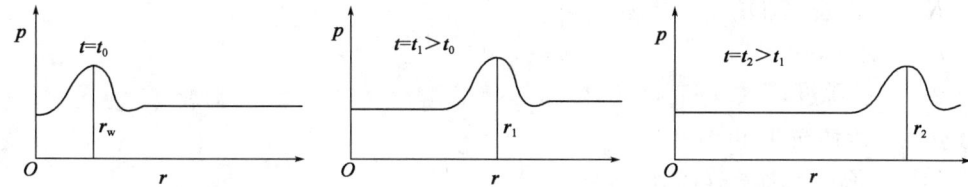

图 5-10 压力脉冲传播示意图

探测半径有多种定义,可按某位置处压降大小定义,也可按某位置处流量占井筒总流量的比值定义。国际石油工业界较为通用的定义是:在某一确定的瞬时,给井中施加一个压力脉冲,对该脉冲响应达到最大值的位置就称为探测半径。

当改变井的生产制度后,由压力数据得到的地层参数反映的是经过压力扰动的井周围区域的特征值,而探测半径就是描述这一周围区域的长度标尺。

对于理想化的模型,应用流动方程式,则在井底的压力如发生扰动就会传到地层的每个部分,甚至在外边界半径处,影响也会立即到达。然而,在达到稳定之前的每个特定时间,都对应一个径向距离,在这个距离之外,测试仪器就测不出干扰的影响,这个距离就是通常所说的探测半径。有些作者把这个半径定义为发生在 1% 压降处的半径。然而,它受到压力测量仪器精度的限制。由于有这些不同的定义,就存在作为时间函数的探测半径的若干表达式。

(二)探测半径公式

1. 不稳定渗流方法

若改变油井的生产过程,让油井开井生产 t_p 时间之后立即关井,于是有一个压力脉冲波在地层中开始传播。任意径向距离 r 处的地层压力随时间的变化关系为:

$$p(r,t) = p_i - \frac{q\mu}{4\pi Kh}\int_{\frac{r^2}{4\eta t}}^{\infty}\frac{e^{-y}}{y}dy + \frac{q\mu}{4\pi Kh}\int_{\frac{r^2}{4\eta(t-t_p)}}^{\infty}\frac{e^{-y}}{y}dy \tag{5-79}$$

由(5-79)式得:

$$p(r,t) = p_i - \frac{q\mu}{4\pi Kh}\int_{\frac{r^2}{4\eta t}}^{\frac{r^2}{4\eta(t-t_p)}}\frac{e^{-y}}{y}dy \tag{5-80}$$

(5-80)式经运算得:

$$p(r,t) = p_i - \frac{q\mu t_p}{4\pi Kht}e^{-\frac{r^2}{4\eta t}} \tag{5-81}$$

(5-81)式两端对时间 t 求导数得:

$$\frac{\partial p}{\partial t} = \frac{q\mu t_p}{4\pi Kh}\left[\frac{e^{-\frac{r^2}{4\eta t}}}{t}\left(\frac{r^2}{4\eta t}-1\right)\right] \tag{5-82}$$

对于确定的 r 值,当 $\partial p/\partial t = 0$ 时,对该脉冲的响应达到最大值,此时压力脉冲达到的距离就是探测半径 r_i,其满足以下条件:

$$\frac{r_i^2}{4\eta t} = 1 \tag{5-83}$$

由(5-83)式得达西单位制下的探测半径公式:

$$r_i = 2\sqrt{\eta t} \tag{5-84}$$

其中

$$\eta = \frac{K}{\phi \mu C_t}$$

式中　r_i——探测半径,cm;
　　　K——渗透率,D;
　　　t——时间,s;
　　　ϕ——孔隙度,小数;
　　　μ——流体黏度,mPa·s;
　　　C_t——流体压缩系数,atm^{-1}。

由(5-84)式得 SI 单位制下的探测半径公式:

$$r_i = 3.795\sqrt{\eta t} \tag{5-85}$$

其中

$$\eta = \frac{K}{\phi \mu C_t}$$

式中　r_i——探测半径,m;
　　　K——渗透率,μm^2;
　　　t——时间,h;
　　　ϕ——孔隙度,小数;
　　　μ——流体黏度,mPa·s;
　　　C_t——流体压缩系数,MPa^{-1}。

2. 稳定状态依次替换法

当研究不稳定渗流过程时,用若干稳定状态过程依序替换不稳定渗流状态过程的方法称为稳定状态依次替换法。

将任意时刻 t 的流动看作稳定流动,则压力分布可用下式表示:

$$p = p_e - \frac{p_e - p_{wf}}{\ln \frac{r_i}{r_w}} \ln \frac{r_i}{r} \tag{5-86}$$

式中　r_i——随时间变化的探测半径,m。

油井产量为:

$$q = \frac{2\pi Kh(p_e - p_{wf})}{\mu \ln \frac{r_i}{r_w}} \tag{5-87}$$

由(5-87)式可以看出,r_i 的变化规律与采油量有直接关系。

假设到 t 时刻,原油的总采出量为:

$$q_t = q\rho_0 t \tag{5-88}$$

在 r_i 区域内,可将地层分为若干个以井为中心的小圆环单元体,如图 5-11 所示。

油井从 $t=0$(压力为 p_e)生产到 t 时刻(压力为 p),因弹性膨胀从小单元体排出的液体质量为:

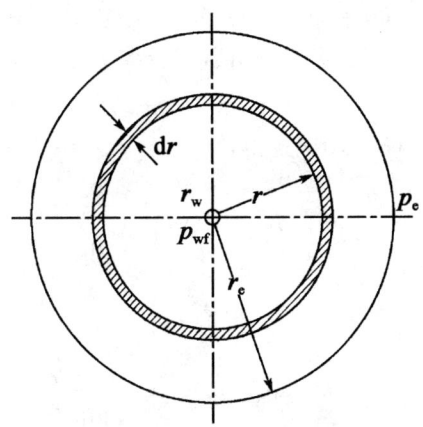

图 5-11 原油渗流入井微圆示意图

$$2\pi r \mathrm{d}r \cdot h[(\rho\phi)_e - (\rho\phi)] \tag{5-89}$$

生产到 t 时刻后,地层的总采出量为:

$$q_{tl} = \int_{r_w}^{r_i} 2\pi r h[(\rho\phi)_e - (\rho\phi)] \mathrm{d}r \tag{5-90}$$

因为:

$$\phi\rho = \phi_0\rho_0 + \phi_0\rho_0 C_t \pi \phi(\rho - \rho_0) \tag{5-91}$$

则:

$$(\phi\rho)_e = \phi_0\rho_0 + \phi_0\rho_0 C_t(p_e - p_0) \tag{5-92}$$

$$(\phi\rho)_{wf} = \phi_0\rho_0 + \phi_0\rho_0 C_t(p_{wf} - p_0) \tag{5-93}$$

由(5-91)式、(5-92)式、(5-93)式得:

$$(\phi\rho)_e - (\phi\rho) = \phi_0\rho_0 C_t(p_e - p) \tag{5-94}$$

$$(\phi\rho)_e - (\phi\rho)_{wf} = \phi_0\rho_0 C_t(p_e - p_{wf}) \tag{5-95}$$

由(5-94)式、(5-95)式得:

$$\frac{p_e - p}{p_e - p_{wf}} = \frac{(\phi\rho)_e - (\phi\rho)}{(\phi\rho)_e - (\phi\rho)_{wf}} \tag{5-96}$$

将(5-86)式代入(5-96)式得:

$$(\phi\rho)_e - (\phi\rho) = \frac{(\phi\rho)_e - (\phi\rho)_{wf}}{\ln\frac{r_i}{r_w}} \ln\frac{r_i}{r} \tag{5-97}$$

将(5-97)式代入(5-90)式得:

$$q_{tl} = 2\pi h \frac{(\phi\rho)_e - (\phi\rho)_{wf}}{\ln\frac{r_i}{r_w}} \int_{r_w}^{r_i} r \ln\frac{r_i}{r} \mathrm{d}r \tag{5-98}$$

(5-98)式经积分运算得:

$$q_{tl} = 2\pi h[(\phi\rho)_e - (\phi\rho)_{wf}]\left[\frac{r_i^2 - r_w^2}{4\ln\frac{r_i}{r_w}} - \frac{r_w^2}{2}\right] \tag{5-99}$$

井筒产液量为:

$$q_{t2} = \pi r_w^2 h [(\rho\phi)_e - (\rho\phi)_{wf}] \tag{5-100}$$

原油的总采出量 q_t 应等于地层产液量 q_{t1} 与井筒产液量 q_{t2} 之和：

$$q_t = q_{t1} + q_{t2} \tag{5-101}$$

将(5-99)式、(5-100)式代入(5-101)式得：

$$q_t = \pi h [(\phi\rho)_e - (\phi\rho)_{wf}] \frac{r_i^2 - r_w^2}{2\ln\frac{r_i}{r_w}} \tag{5-102}$$

将(5-95)式代入(5-102)式得：

$$q_t = \pi h \phi_0 \rho_0 C_t (p_e - p_{wf}) \frac{r_i^2 - r_w^2}{2\ln\frac{r_i}{r_w}} \tag{5-103}$$

将(5-87)式、(5-88)式、(5-103)式得：

$$\pi h \phi_0 C_t (p_e - p_{wf}) \frac{r_i^2 - r_w^2}{2\ln\frac{r_i}{r_w}} = \frac{2\pi K h (p_e - p_{wf})}{\mu \ln\frac{r_i}{r_w}} t \tag{5-104}$$

(5-104)式化简得：

$$r_i^2 = \frac{4K}{\phi_0 \mu C_t} t + r_w^2 \tag{5-105}$$

因为 $r_w \ll r(t)$，同时不考虑地层孔隙度的变化，则(5-105)式变为：

$$r_i = 2\sqrt{\eta t} \tag{5-106}$$

其中，$\eta = K/(\phi \mu C_t)$。

(5-106)式通过单位换算也可变为(5-85)式。

利用稳定状态依次替换法还可以求出油井井底压力的变化规律。

由(5-105)式得：

$$\frac{r_i^2}{r_w^2} = 1 + \frac{4\eta t}{r_w^2} \tag{5-107}$$

对(5-107)式运算得：

$$\ln\frac{r_i}{r_w} = \frac{1}{2}\ln\left(1 + \frac{4\eta t}{r_w^2}\right) \tag{5-108}$$

将(5-108)式代入(5-87)式得：

$$p_e - p_{wf} = \frac{q\mu}{4\pi K h}\ln\left(1 + \frac{4\eta t}{r_w^2}\right) \tag{5-109}$$

第三节 弹性不稳定渗流的井间干扰

第四章阐述的稳定渗流的井间干扰问题是通过压降叠加原则来进行分析的。在弹性驱动方式下，井间干扰受到弹性渗流的影响，因此，压降叠加原则也适用于不稳定渗流问题的井间干扰分析。叠加原理是研究油气井测试理论特别是研究不稳定渗流常用的一种方法。一些比较复杂的情况，如多井系统、变产量生产、压力恢复及断层系统等问题的求解，都可使用压降叠加原则。

一、多井系统

设无限地层中有 n 口油井在弹性驱动方式下投产，地层中任意一点 M 的压降应等于每口井单独投产时在该点形成的压降的叠加。因此，M 点的压降可表示为：

$$p_i - p_M(r,t) = \sum_{j=1}^{n} \pm \frac{q_j \mu}{4\pi Kh}\left[-\text{Ei}\left(-\frac{r_j^2}{4\eta t_j}\right)\right] \quad (5-110)$$

式中　p_i——投产前的原始地层压力；

q_j——第 j 井的产量（$j=1,2,\cdots,n$）；

r_j——点 M 到第 j 井的距离；

t_j——到时刻 t 为止，第 j 井的生产时间；

$\pm$——生产井产量取正号，注入井产量取负号。

由(5-110)式，获得其中任一口井的井底压降：

$$p_i - p_{wfk}(r,t) = \sum_{j=1}^{n} \pm \frac{q_j \mu}{4\pi Kh}\left[-\text{Ei}\left(-\frac{r_{jk}^2}{4\eta t_j}\right)\right] \quad (5-111)$$

式中　$p_{wfk}(r,t)$——时刻 t，第 k 井井底压力（$k=1,2,\cdots,n$）；

q_j——第 j 井产量；

r_{jk}——第 j 井到 k 井的距离，当 $j=k$ 时，$r_{jk}=r_{wk}$ 表示 k 井的井半径。

二、变产量生产

压降叠加原则的一个重要应用是求解一口井多流量的生产问题。此处只考虑流量曲线呈台阶状变化的情况，如图 5-12 所示。

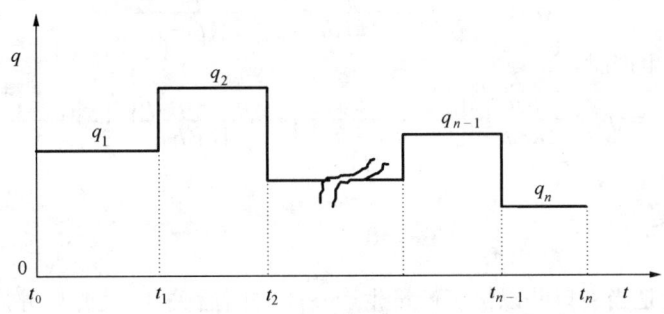

图 5-12　变产量生产时产量随时间变化的关系曲线

油井从 t_0 开始生产到 t_1，产量为 q_1；在时刻 t_1 产量突变为 q_2；在 t_2 时刻产量又突变为 q_3；直到时间在 t_{n-1} 时刻产量突变为 q_n。对应时间间隔内的油井产量及时间变化如图5-12所示。现在要求在 t_{n-1} 时刻以后任一时间 $t(t>t_{n-1})$ 的油井井底压力 $p_{wf}(t)$，即要求多流量条件下的 $p_{wf}(t)$ 与 t 的关系式。对于该问题，可应用叠加原理，其基本思想是每一时间的新产量（$q_1,q_2,\cdots,q_n$）都假想延续到 t 时刻，在 t 时刻上一系列产量增量（或负增量）$(q_i-q_{i-1})(i=1,2,\cdots,n)$ 所引起的井底压力的压力降（或压力升）的代数和即为油井在 t 时刻的压降。

由(5-20)式，油井从 t_0 到 t 时间间隔内以 q_1 产量生产所引起的压力降 Δp_1 为：

$$\Delta p_1 = p_i - p_{wf1}(t) = -\frac{q_1 \mu}{4\pi Kh}\text{Ei}\left[-\frac{r_w^2}{4\eta(t-t_0)}\right] \quad (5-112)$$

从 t_1 开始，井产量由 q_1 变化到 q_2，其在 t_1 至 t 时间间隔内产量增量 (q_2-q_1) 所引起的压力降 Δp_2 为：

$$\Delta p_2 = p_{wf1}(t) - p_{wf2}(t) = -\frac{(q_2-q_1)\mu}{4\pi Kh}\mathrm{Ei}\left[-\frac{r_w^2}{4\eta(t-t_1)}\right] \qquad (5-113)$$

……

从 t_{n-1} 时刻开始，井产量由 q_{n-1} 变化到 q_n，在 t_{n-1} 至 t 时间间隔内产量增量 (q_n-q_{n-1}) 所引起的压降 Δp_n 为：

$$\Delta p_n = p_{wfn-1}(t) - p_{wfn}(t) = -\frac{(q_n-q_{n-1})\mu}{4\pi Kh}\mathrm{Ei}\left[-\frac{r_w^2}{4\eta(t-t_{n-1})}\right] \qquad (5-114)$$

因此，油井在 t 时刻的井底压力降为：

$$\begin{aligned}
p_i - p_{wf}(t) &= \Delta p_1 + \Delta p_2 + \cdots + \Delta p_n \\
&= -\frac{q_1\mu}{4\pi Kh}\mathrm{Ei}\left[-\frac{r_w^2}{4\eta(t-t_0)}\right] - \frac{(q_2-q_1)\mu}{4\pi Kh}\mathrm{Ei}\left[-\frac{r_w^2}{4\eta(t-t_1)}\right] - \cdots \\
&\quad - \frac{(q_n-q_{n-1})\mu}{4\pi Kh}\mathrm{Ei}\left[-\frac{r_w^2}{4\eta(t-t_{n-1})}\right] \\
&= -\sum_{j=1}^{n}\left\{\frac{(q_j-q_{j-1})\mu}{4\pi Kh}\mathrm{Ei}\left[-\frac{r_w^2}{4\eta(t-t_{j-1})}\right]\right\} \\
&= -\frac{\mu}{4\pi Kh}\sum_{j=1}^{n}\left\{(q_j-q_{j-1})\mathrm{Ei}\left[-\frac{r_w^2}{4\eta(t-t_{j-1})}\right]\right\}
\end{aligned} \qquad (5-115)$$

$$p_{wf}(t) = p_i + \frac{\mu}{4\pi Kh}\sum_{j=1}^{n}\left\{(q_j-q_{j-1})\mathrm{Ei}\left[-\frac{r_w^2}{4\eta(t-t_{j-1})}\right]\right\} \qquad (5-116)$$

特别地，当 $n=1$，即恒定产量 q 生产时：

$$p_{wf}(t) = p_i + \frac{q\mu}{4\pi Kh}\mathrm{Ei}\left[-\frac{r_w^2}{4\eta(t-t_0)}\right] \qquad (5-117)$$

当 $n=2$，即两流量生产时：

$$p_{wf}(t) = p_i + \frac{q_1\mu}{4\pi Kh}\mathrm{Ei}\left[-\frac{r_w^2}{4\eta(t-t_0)}\right] + \frac{(q_2-q_1)\mu}{4\pi Kh}\mathrm{Ei}\left[-\frac{r_w^2}{4\eta(t-t_1)}\right] \qquad (5-118)$$

三、压力恢复

压力恢复问题是当一口井以恒定产量生产一段时间后关井，关井后井底压力的变化同样可由压降方程利用压降叠加原则来求得。

设有一口井 A 在以恒定产量 q 生产 t_p 时间后关井，关井时间用 Δt 表示。对该问题，可以设想成：(1)井 A 在关井后继续以恒定产量 q 一直生产下去，生产时间为 $t_p+\Delta t$；(2)在井 A 的位置上，有一口虚拟井 B，从井 A 关井的时刻开始，井 B 以恒定的注入量 q 注入（或以恒定的产量 $-q$ 生产），其产量和井底压力随时间变化的关系曲线如图 5-13 所示。

由压降叠加原则，关井后的井底压降应等于井 A 以产量 q 生产到 $t_p+\Delta t$ 时间所产生的压降与井 B 以产量 $-q$ 生产 Δt 时间产生压降（压力升）的代数和，即：

$$\begin{aligned}
p_{ws}(\Delta t) &= p_i - (\Delta p_1 + \Delta p_2) \\
&= p_i - \left\{\frac{q\mu}{4\pi Kh}\left\{-\mathrm{Ei}\left[-\frac{r_w^2}{4\eta(t_p+\Delta t)}\right]\right\} + \frac{(-q)\mu}{4\pi Kh}\left[-\mathrm{Ei}\left(-\frac{r_w^2}{4\eta\Delta t}\right)\right]\right\}
\end{aligned}$$

$$= p_i - \frac{q\mu}{4\pi Kh}\left\{-\mathrm{Ei}\left[-\frac{r_w^2}{4\eta(t_p+\Delta t)}\right] + \mathrm{Ei}\left(-\frac{r_w^2}{4\eta\Delta t}\right)\right\} \tag{5-119}$$

由幂积分函数的性质得到:

$$p_{ws}(\Delta t) = p_i - \frac{q\mu}{4\pi Kh}\left[\ln\frac{2.25\eta(t_p+\Delta t)}{r_w^2} - \ln\frac{2.25\eta\Delta t}{r_w^2}\right]$$

$$= p_i + \frac{q\mu}{4\pi Kh}\ln\frac{\Delta t}{t_p+\Delta t} \tag{5-120}$$

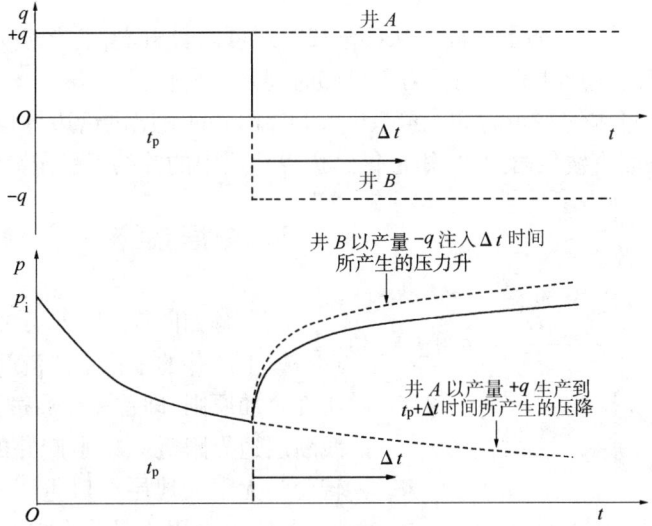

图 5-13 压力恢复情形下产量及压力与时间的关系曲线

四、供给边界系统

当求解如图 5-14 所示的直线恒压供给边界附近一口生产井的不稳定渗流问题时,同样要用到压降叠加原则,即首先需通过镜像反映原理将直线恒压供给边界附近一口生产井的不稳定渗流问题转变为无限大地层一口生产井和一口注入井的不稳定渗流问题,再使用无限大地层的压降公式按叠加原则求解。

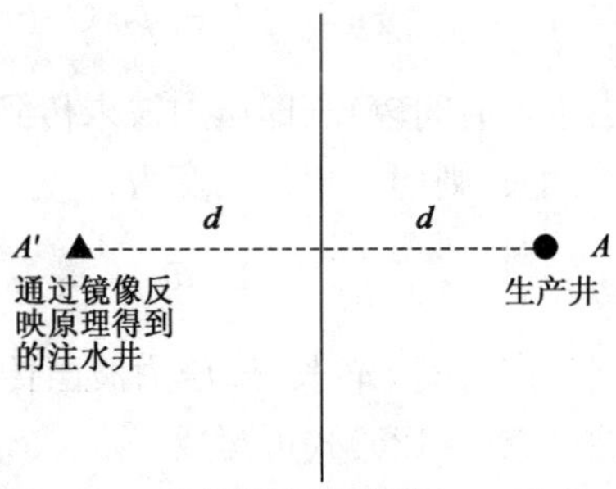

首先利用镜像反映原理(与第四章相同),再应用 (5-111)式的压降叠加原则公式,则获得生产井井底压降为:

图 5-14 直线供给边界附近一口生产井示意图

$$p_i - p_{wf}(t) = -\frac{q\mu}{4\pi Kh}\mathrm{Ei}\left(-\frac{r_w^2}{4\eta t}\right) + \frac{q\mu}{4\pi Kh}\mathrm{Ei}\left(-\frac{2d^2}{4\eta t}\right) \tag{5-121}$$

当生产时间较短(即压力波未传到直线恒压供给边界)时,(5-121)式中的第二项可忽略不计,由幂积分函数的性质,则(5-121)式变为:

$$p_{wf}(t) = p_i + \frac{q\mu}{4\pi Kh}\mathrm{Ei}\left(-\frac{r_w^2}{4\eta t}\right) = p_i - \frac{q\mu}{4\pi Kh}\ln\frac{2.25\eta t}{r_w^2} \tag{5-122}$$

当生产时间 t 较长(即压力波已传到直线恒压供给边界)时,(5-121)式中第二项不能忽略,由幂积分函数的性质,(5-121)式可写成:

$$p_{\text{wf}}(t) = p_i + \frac{q\mu}{4\pi Kh}\text{Ei}\left(-\frac{r_w^2}{4\eta t}\right) - \frac{q\mu}{4\pi Kh}\text{Ei}\left(-\frac{2d^2}{4\eta t}\right)$$

$$\approx p_i - \frac{q\mu}{4\pi Kh}\ln\frac{2.25\eta t}{r_w^2} + \frac{q\mu}{4\pi Kh}\ln\frac{2.25\eta t}{4d^2}$$

$$= p_i - \frac{q\mu}{4\pi Kh}\left(\ln\frac{2.25\eta t}{r_w^2} - \ln\frac{2.25\eta t}{4d^2}\right)$$

$$= p_i - \frac{q\mu}{4\pi Kh}\ln\frac{2d}{r_w} \qquad (5-123)$$

(5-123)式与(4-161)式本质上相同。从(5-123)式可以看出,当生产时间较长,压力波传到直线恒压供给边界后,生产井的井底压力不再随时间发生变化。

用同样的方法,可求解夹角为30°、45°、60°、90°、120°的恒压供给边界角平分线上的井,平行供给直线边界、三面直线供给边界、矩形供给边界地层中的井的不稳定渗流问题。

五、断层系统

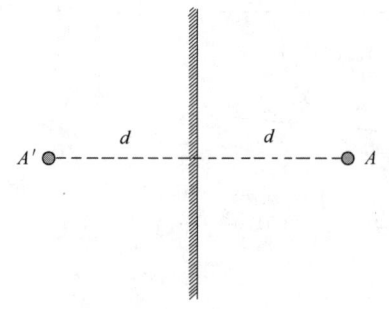

图 5-15 直线断层附近一口生产井示意图

当求解如图5-15所示的直线断层边界附近一口生产井的不稳定渗流问题时,同样要用到压降叠加原则,即首先需通过镜像反映原理将直线断层边界附近一口生产井的不稳定渗流问题转变为无限大地层二口生产井的不稳定渗流问题,再使用无限大地层的压降公式按叠加原则求解。

首先利用镜像反映原理(与第四章相同),再应用(5-111)式的压降叠加原则公式,则获得生产井井底压降为:

$$p_i - p_{\text{wf}}(t) = -\frac{q\mu}{4\pi Kh}\text{Ei}\left(-\frac{r_w^2}{4\eta t}\right) - \frac{q\mu}{4\pi Kh}\text{Ei}\left(-\frac{4d^2}{4\eta t}\right) \qquad (5-124)$$

当生产时间较短(即压力波未传到断层时),(5-124)式中的第二项可忽略不计,由幂积分函数的性质,则(5-124)式变为:

$$p_{\text{wf}}(t) = p_i + \frac{q\mu}{4\pi Kh}\text{Ei}\left(-\frac{r_w^2}{4\eta t}\right) = p_i - \frac{q\mu}{4\pi Kh}\ln\frac{2.25\eta t}{r_w^2} \qquad (5-125)$$

当生产时间 t 较长(即压力波已传到断层)时,(5-125)式中第二项不能忽略,由幂积分函数的性质,(5-125)式可写成:

$$p_{\text{wf}}(t) = p_i + \frac{q\mu}{4\pi Kh}\text{Ei}\left(-\frac{r_w^2}{4\eta t}\right) + \frac{q\mu}{4\pi Kh}\text{Ei}\left(-\frac{4d^2}{4\eta t}\right)$$

$$\approx p_i - \frac{q\mu}{4\pi Kh}\ln\frac{2.25\eta t}{r_w^2} - \frac{q\mu}{4\pi Kh}\ln\frac{2.25\eta t}{4d^2}$$

$$= p_i - \frac{q\mu}{4\pi Kh}\left(\ln\frac{2.25\eta}{r_w^2} + \ln\frac{2.25\eta}{4d^2}\right) - \frac{2q\mu}{4\pi Kh}\ln t \qquad (5-126)$$

由(5-126)式,在半对数图中井底压力与时间表现为出现拐点的两条直线。第一条直线是压力波传到断层边界之前的压力动态特征,相当于无限大地层中一口井的压力动态特征;当生产时间较长,压力波传到断层边界后,出现第二条直线,斜率是第一条直线斜率的2倍,即 $m_2 : m_1 = 2 : 1$,如图5-16所示。

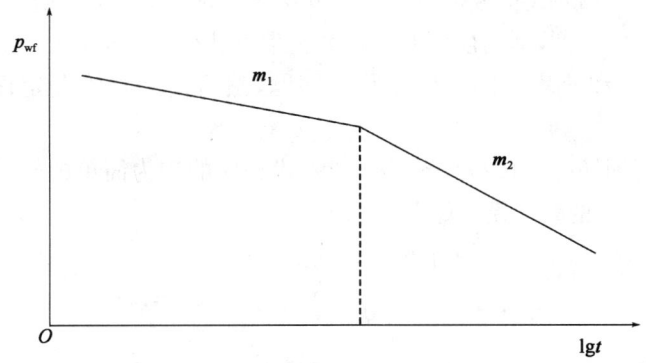

图5-16 直线断层附近一口生产井井底压力随时间变化关系曲线

用同样的方法,可求解夹角分别为 30°、45°、60°、90°、120°断层的角平分线上的井,平行断层、三面断层、矩形封闭断层中的井的不稳定渗流问题。

第四节 带时间变量边界条件的渗流问题

前面所建立的和求解的不稳定渗流数学模型都是基于井产量恒定的假设,即边界条件中的产量与时间没有关系。实际上,由于井在生产或注入过程中其产量往往难以稳定在某一个值,即井产量是随时间发生变化的,这种变产量的不稳定渗流问题就属于带时间变量边界条件问题,而杜哈美(Duhamel)定理是解决这类问题的较好方法。

杜哈美定理用于求解偏微分方程,将随时间变化的边界条件和非齐次项问题与其不随时间变化的问题联系起来,从而使问题得到简化。在渗流力学中,利用该定理通过求解不随时间变化的边界条件或源汇强度的简单问题,而获得其随时间变化的较为复杂问题的解。

一、杜哈美定理的一般形式

对一个边界条件和源汇强度随时间变化的三维渗流定解问题,其数学模型如下。
当 $t>0$ 时,在区域 R 内,渗流微分方程为:

$$\nabla^2 p(r,t) + \frac{1}{\lambda} q(r,t) = \frac{1}{\eta} \frac{\partial p(r,t)}{\partial t} \tag{5-127}$$

当 $t>0$ 时,在边界 S_i 处:

$$l_i \frac{\partial p}{\partial n_i} + h_i p = f_i(r,t), i = 1, 2, \cdots N \tag{5-128}$$

当 $t>0$ 时,在区域 R 内:

$$p(r,0) = F(r) \tag{5-129}$$

式中 N——区域 R 连续边界的个数;

$\partial/\partial n_i$——垂直于边界面 S_i 的外法线方向的导数;

l_i, h_i——系数,假设均为常数,$l_i=0$ 为第一类边界(给定边界上压力或速度势),$h_i=0$ 为第二类边界(在边界上给定通量或压力导数),l_i 和 h_i 均不为零为第三类边界条件(前两类的线性组合)。

(5-127)式～(5-129)式构成带时间变量边界条件的渗流数学模型。

对于上述渗流数学模型,利用前面的求解方法难以获得解。但可以先求解与之相应的边界条件和源汇强度 f_i 和 q 均不随时间变化的问题,然后借助杜哈美定理给出该复杂问题的解。

首先讨论与定解问题(5-127)式～(5-129)式相应的较为简单的辅助问题 $\Phi(r,t,\tau)$ 的解。辅助问题 $\Phi(r,t,\tau)$ 的数学模型如下。

当 $t>0$ 时,在区域 R 内,渗流微分方程为:

$$\nabla^2 \Phi(r,t,\tau) + \frac{1}{\lambda}q(r,\tau) = \frac{1}{\eta}\frac{\partial \Phi(r,t,\tau)}{\partial t} \tag{5-130}$$

当 $t>0$ 时,在边界 S_i 处:

$$l_i \frac{\partial \Phi(r,t,\tau)}{\partial n_i} + h_i \Phi(r,t,\tau) = f_i(r,\tau) \tag{5-131}$$

当 $t>0$ 时,在区域 R 内:

$$\Phi(r,t,\tau) = F(r) \tag{5-132}$$

(5-130)式～(5-132)式构成辅助问题 $\Phi(r,t,\tau)$ 的数学模型。其中,τ 只是一个参数,它不是时间的函数。

该辅助问题中的源汇强度 f_i 和 q 均不是时间的函数,正因为如此,用前面的求解方法就可以求解该辅助问题的解。

若求得了辅助问题(5-130)式～(5-132)式的解 $\Phi(r,t,\tau)$,则带时间变量边界条件的渗流数学模型(5-127)式～(5-129)式的解 $p(r,t)$ 可借助于 $\Phi(r,t,\tau)$ 表示为:

$$p(r,t) = \frac{\partial}{\partial t}\int_0^t \Phi(r,t-\tau,\tau)\mathrm{d}\tau \tag{5-133}$$

即压力函数 $p(r,t)$ 可用辅助函数 $\Phi(r,t,\tau)$ 的广义卷积 $\Phi^*(r,t,\tau)$ 对时间 t 的偏导数给出。利用积分号下求微分的公式和初始条件(5-132)式,则(5-129)式可改写成:

$$p(r,t) = F(r) + \int_0^t \frac{\partial}{\partial t}\Phi(r,t-\tau,\tau)\mathrm{d}\tau \tag{5-134}$$

(5-134)式即为杜哈美定理的一般表述。

二、特殊情况的杜哈美定理表达式

(5-134)式为一般情况下的杜哈美定理的数学表达式。对于一些较为特殊的简单情形,该定理的数学表达式可以进一步简化。

(1)初始压力 $F(r) = 0$,其他条件不变。

在初始压力为0,其他条件不变的情形下,(5-130)式简化为:

$$p(r,t) = \int_0^t \frac{\partial}{\partial t}\Phi(r,t-\tau,\tau)\mathrm{d}\tau \tag{5-135}$$

(2)初始压力 $F(r) = 0$,所有的边界条件都是齐次的,只有源汇强度 $q(t)$ 随时间变化。

此类情况的定解问题如下。

当 $t>0$ 时,在区域 R 内,渗流微分方程为:

$$\nabla^2 p(r,t) + \frac{1}{\lambda}q(t) = \frac{1}{\eta}\frac{\partial p(r,t)}{\partial t} \tag{5-136}$$

当 $t>0$ 时,在边界 S_i 处:

$$l_i \frac{\partial p}{\partial n_i} + h_i p = 0 \tag{5-137}$$

当 $t>0$ 时,在区域 R 内:

$$p(r,t) = 0 \tag{5-138}$$

(5-136)式～(5-138)式构成的定解问题的相应的辅助问题(记为辅助问题 1)可写成:

当 $t>0$ 时,在区域 R 内,渗流微分方程为:

$$\mathbf{\nabla}^2 \Phi_1(r,t,\tau) + \frac{1}{\lambda} q(\tau) = \frac{1}{\eta} \frac{\partial \Phi_1(r,t,\tau)}{\partial t} \tag{5-139}$$

当 $t>0$ 时,在边界 S_i 处:

$$l_i \frac{\partial \Phi_1(r,t,\tau)}{\partial n_i} + h_i \Phi_1(r,t,\tau) = 0 \tag{5-140}$$

当 $t>0$ 时,在区域 R 内:

$$\Phi_1(r,t,\tau) = 0 \tag{5-141}$$

求出上述辅助问题(5-139)式～(5-141)式的解 $\Phi_1(r,t,\tau)$ 后,将其代入(5-135)式即得到定解问题(5-136)式～(5-138)式的解 $p(r,t)$。

但实际上,对于这类特殊问题,有更为简单的辅助问题(记为辅助问题 2),其定解问题如下。

当 $t>0$ 时,在区域 R 内,渗流微分方程为:

$$\mathbf{\nabla}^2 \Phi_2(r,t) + \frac{1}{\lambda} = \frac{1}{\eta} \frac{\partial \Phi_2(r,t)}{\partial t} \tag{5-142}$$

当 $t>0$ 时,在边界 S_i 处:

$$l_i \frac{\partial \Phi_2(r,t)}{\partial n_i} + h_i \Phi_2(r,t) = 0 \tag{5-143}$$

当 $t>0$ 时,在区域 R 内:

$$\Phi_2(r,t) = 0 \tag{5-144}$$

显然,辅助问题 2 比辅助问题 1 要简单得多,它的源汇项是常数,整个问题不涉及参数 τ。

可以证明,辅助问题 1 的解 $\Phi_1(r,t,\tau)$ 与辅助问题 2 的解 $\Phi_2(r,t)$ 满足以下关系:

$$\Phi_1(r,t,\tau) = q(\tau) \Phi_2(r,t) \tag{5-145}$$

实际上,通过直接代入可以看出:若 $\Phi_1(r,t,\tau)$ 满足方程(5-135)式、(5-136)式,则 $\Phi_2(r,t) = \Phi_1(r,t,\tau)/q(\tau)$ 一定满足方程(5-142)式～(5-144)式,反之亦然。

因此,定解问题(5-139)式～(5-141)式的解 $p(r,t)$ 可借助于辅助问题(5-142)式～(5-144)式的解 $\Phi_2(r,t)$ 和源汇项强度 $q(\tau)$ 表示为:

$$p(r,t) = \int_0^t q(\tau) \frac{\partial \Phi_2(r,t-\tau)}{\partial t} d\tau \tag{5-146}$$

这样就把求解源汇项强度随时间变化的问题转化为求解源汇项强度为常数的问题,从而使得解决过程大大简化。

(3)初始压力 $F(r) = 0$,源汇强度亦为零,只是诸边界条件中有一个(设为第 j 个)是非齐次的,且与时间 t 有关,其他边界条件均是非齐次的。

此类情况的定解问题如下。

当 $t>0$ 时,在区域 R 内,渗流微分方程为:

$$\nabla^2 p(r,t) = \frac{1}{\eta}\frac{\partial p(r,t)}{\partial t} \tag{5-147}$$

当 $t>0$ 时,在边界 S_i 处:

$$l_i \frac{\partial p}{\partial n_i} + h_i p(r,t) = \delta_{ji} f_i(t) \tag{5-148}$$

当 $t>0$ 时,在区域 R 内:

$$p(r,t) = 0 \tag{5-149}$$

该类问题的辅助问题(仍称作辅助问题1)可写成:

当 $t>0$ 时,在区域 R 内,渗流微分方程为:

$$\nabla^2 \Phi_1(r,t,\tau) = \frac{1}{\eta}\frac{\partial \Phi_1(r,t,\tau)}{\partial t} \tag{5-150}$$

当 $t>0$ 时,在边界 S_i 处:

$$l_i \frac{\partial \Phi_1(r,t,\tau)}{\partial n_i} + h_i \Phi_1(r,t,\tau) = \delta_{ji} f_i(\tau) \tag{5-151}$$

当 $t>0$ 时,在区域 R 内:

$$\Phi_1(r,t,\tau) = 0 \tag{5-152}$$

求出上述辅助问题(5-150)式~(5-152)式的解 $\Phi_1(r,t,\tau)$ 后,将其代入(5-135)式即得到定解问题(5-147)式~(5-149)式的解 $p(r,t)$。

与情况(2)类似,定解问题(5-147)式~(5-149)式有更为简单的辅助问题2。

当 $t>0$ 时,在区域 R 内,渗流微分方程为:

$$\nabla^2 \Phi_2(r,t) = \frac{1}{\eta}\frac{\partial \Phi_1(r,t)}{\partial t} \tag{5-153}$$

当 $t>0$ 时,在边界 S_i 处:

$$l_i \frac{\partial \Phi_2(r,t)}{\partial n_i} + h_i \Phi_2(r,t) = \delta_{ji} \tag{5-154}$$

当 $t>0$ 时,在区域 R 内:

$$\Phi_2(r,t) = 0 \tag{5-155}$$

显然,辅助问题1与辅助问题2的解之间满足以下关系:

$$\Phi_1(r,t,\tau) = \Phi_2(r,t) f_j(\tau) \tag{5-156}$$

则定解问题定解问题(5-147)式~(5-149)式的解 $p(r,t)$ 为:

$$p(r,t) = \int_0^t f_j(\tau) \frac{\partial \Phi_2(r,t-\tau)}{\partial t} d\tau \tag{5-157}$$

因此,定解问题(5-147)式~(5-149)式的解 $p(r,t)$ 可借助于辅助问题(5-153)式~(5-155)式的解 $\Phi_2(r,t)$ 和 $f_i(\tau)$ 表示为(5-157)式的形式。

通过上述过程,就将求解一个边界条件随时间 t 变化的问题转化成求解边界条件是常数的问题,使求解过程得以简化。

三、杜哈美定理的应用

均质无限大地层中一口完善井以变产量 $q(t)$ 投产,其渗流数学模型如下。

微分方程为:

$$\frac{\partial^2 p}{\partial r^2} + \frac{1}{r}\frac{\partial p}{\partial r} = \frac{1}{\eta}\frac{\partial p}{\partial t} \tag{5-158}$$

内边界条件为:

$$r\frac{\partial p}{\partial r}\bigg|_{r=r_w} = \frac{\mu q(t)}{2\pi Kh} \tag{5-159}$$

外边界条件为:

$$\lim_{r\to\infty} p(r,t) = p_i \tag{5-160}$$

初始条件为:

$$p(r,0) = p_i \tag{5-161}$$

这是有一个边界条件随时间变化的问题,为了应用杜哈美定理中初始压力为零情况的公式,可令 $\Delta p = p_i - p(r,t)$,于是上述问题化为:

$$\frac{\partial^2 \Delta p}{\partial r^2} + \frac{1}{r}\frac{\partial \Delta p}{\partial r} = \frac{1}{\eta}\frac{\partial \Delta p}{\partial t} \tag{5-162}$$

$$r\frac{\partial \Delta p}{\partial r}\bigg|_{r=r_w} = \frac{\mu q(t)}{2\pi Kh} \tag{5-163}$$

$$\lim_{r\to\infty} \Delta p(r,t) = 0 \tag{5-164}$$

$$\Delta p(r,0) = 0 \tag{5-165}$$

这符合前面所述的第三种情况。为此,可构造辅助问题 2(求解内边界条件为常数的问题),即:

$$\frac{\partial^2 \Phi_2}{\partial r^2} + \frac{1}{r}\frac{\partial \Phi_2}{\partial r} = \frac{1}{\eta}\frac{\partial \Phi_2}{\partial t} \tag{5-166}$$

$$\left(r\frac{\partial \Phi_2}{\partial r}\right)\bigg|_{r=r_w} = 1 \tag{5-167}$$

$$\lim_{r\to\infty} \Phi_2(r,t) = 0 \tag{5-168}$$

$$\Phi_2(r,0) = 0 \tag{5-169}$$

该辅助问题的求解方法与第二节之一的求解方法相同,很容易求得解的形式为:

$$\Phi_2(r,t) = -\frac{1}{2}\text{Ei}\left(-\frac{r^2}{4\eta t}\right) = \frac{1}{2}\int_{\frac{r^2}{4\eta t}}^{\infty}\frac{e^{-u}}{u}du \tag{5-170}$$

其中

$$u = \frac{r^2}{4\eta t}, \quad du = -\frac{r^2}{4\eta t^2}dt$$

(5-170)式运算得:

$$\Phi_2(r,t) = \frac{1}{2}\int_0^t \frac{\exp\left(-\frac{r^2}{4\eta \tau}\right)}{\tau}d\tau \tag{5-171}$$

由(5-171)式得:

$$\frac{\partial \Phi(r,t-\tau)}{\partial t} = \frac{1}{2}\frac{\partial}{\partial t}\int_0^{t-\tau}\frac{e^{-\frac{r^2}{4\eta \tau}}}{\tau}d\tau = \frac{e^{-\frac{r^2}{4\eta(t-\tau)}}}{t-\tau} \tag{5-172}$$

将(5-172)式代入(5-157)式,并记 $f(\tau) = \frac{q\mu}{2\pi Kh}$,则得:

$$p(r,t) = p_i - \frac{\mu}{4\pi Kh}\int_0^t \frac{q(\tau)}{t-\tau}e^{-\frac{r^2}{4\eta(t-\tau)}}d\tau \tag{5-173}$$

(5-173)式即为均质无限大地层中一口井以变产量生产时地层中任意一点的压力分布公式。

思 考 题

1. 不稳定渗流在什么条件下发生?
2. 在不稳定渗流条件下,压力波是如何传播的?
3. 写出不稳定渗流的渗流基本微分方程。它属于哪一类数理方程?
4. 什么是导压系数？其物理意义是什么?
5. 写出无限大地层中定产条件下的油井井底压力分布公式。
6. 压降叠加原则能否用于不稳定渗流?

习 题

1. 无穷大地层中存在一口生产井,以 $54.3m^3/d$ 的地下产量投产。原油黏度为$4mPa·s$,地层渗透率为 $0.6\mu m^2$,油层厚度为 $10m$,导压系数为$10m^2/s$。求当生产时间为 $100d$ 时,离井 $100m$、$300m$、$500m$、$800m$、$1000m$、$1394.274m$、$1500m$ 处的压降,并绘成曲线。

2. 在弹性驱动方式下,某探井以 $30t/d$ 的地面产量投入生产,试求此井生产 $30d$ 时井底流动压力。已知原始地层压力为 $11MPa$,原油体积系数为 1.32,地下原油黏度为 $3mPa·s$。渗透率为 $0.5\mu m^2$,地层厚度为 $10m$,综合压缩系数为 $3\times10^{-4}MPa^{-1}$,油井半径为 $0.1m$,地面原油密度为 $850kg/m^3$,油层孔隙度为 0.2。

3. 由于压力表灵敏度的原因,只有当压力降超过 $0.02MPa$ 时才能在压力表上反映出来。如果距 2 题中的探井 $500m$ 处有一口停产井,问需要多少时间才能在停产井中看到探井投产的影响(油层及油井参数同第 2 题)。

4. 某弹性驱动油藏中有四口井,第一口井以 $2t/d$ 生产,第二口井以 $40t/d$ 生产,第三口井以 $80t/d$ 注入水,第四口井距这三口井均为 $500m$,没有进行生产。当这三口井生产到第 $5d$ 时,第四口井井底压力变化多少? 已知地层原始压力为 $11MPa$,原油体积系数为 1.32,原油黏度为 $3mPa·s$,地层渗透率为 $0.5\mu m^2$,油层厚度为 $10m$,综合压缩系数为 $3\times10^{-4}MPa^{-1}$,孔隙度为 0.2,地面原油密度为 $850kg/m^3$。

5. 某弹性驱动油藏有一口探井以 $20t/d$ 投入生产,生产 $15d$ 后距该井 $1000m$ 处又有一新井以 $40t/d$ 产量投入生产。求第一口井生产 $30d$ 时的井底压力降。已知地层渗透率为 $0.25\mu m^2$,油层厚度为 $12m$,总压缩系数为 $1.8\times10^{-4}MPa^{-1}$,地下原油黏度为 $9mPa·s$,体积系数为 1.12,地面原油相对密度为 $850kg/m^3$,油井半径为 $0.1m$,油藏孔隙度为 0.25。

6. 某油田开发初期进行矿场试验,研究利用原油和地层的弹性能采油时油井和地层动态变化规律。未来井网为 $500m\times600m$,地层导压系数为 $0.15m^2/s$,地层厚度为 $20m$,原始地层压力为 $10MPa$,饱和压力为 $6MPa$,地层渗透率为 $0.5\mu m^2$,地下原油黏度为 $9mPa·s$,原油相对密度 $850kg/m^3$,原油体积系数为 1.12,井产量保持为 $20t/d$,井半径为 $0.1m$。求:(1)当油井生产时间为 $1d$、$10d$、$50d$、$100d$、$200d$、$300d$ 时,油井井底压力各为多少? (2)绘制井底压力与时间的关系曲线。

7. 如表 5-1 所示,某油藏某井组中有一口注水井、三口生产井和一口观察井。已知油层厚度为 $10m$,渗透率为 $0.4\mu m^2$,原油黏度为 $2mPa·s$,体积系数为 1.12,导压系数为 $1m^2/s$。各井距观察井的距离及投产时间如表 5-1 所示。求观察井 1991 年 8 月 30 日的井底压力变化。

表 5-1 第 7 题表

井 别	井 号	投产时间	产量，m³/d	距观察井距离，m	备 注
生产井	1	1991年1月20日	50	340	每月按 30d 计算，每年按 360d 计算
生产井	2	1991年4月8日	70	580	
生产井	3	1991年8月25日	100	520	
注入井	4	1991年5月1日	300	400	

8. 如图 5-17 所示，两直线断层夹角 45°，角平分线上有一口生产井，生产井产量为 80m³/d，井至断层距离为 100m，地层厚度为 10m，地层渗透率为 $1\mu m^2$，原油黏度为 $2mPa \cdot s$，导压系数为 $10m^2/s$，井半径为 0.1m，求生产 50d 后的 A 井及 B 井井底压力降。

9. 如图 5-18 所示，直线供给边缘附近有两口生产井 A、B，A 井地下产量 $100m^3/d$，B 井地下产量 $50m^3/d$，井到供给边界的距离为 100m，地层厚度为 10m，原油黏度为 $4mPa \cdot s$，渗透率为 $0.5\mu m^2$，导压系数为 $10m^2/s$，井半径为 0.1m，求生产 50d 后的 A 井及 B 井井底压力降。生产 100d 后，A 井及 B 井压力变化又为如何？

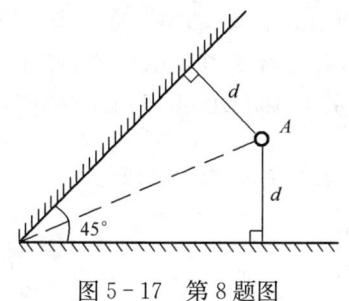

图 5-17 第 8 题图

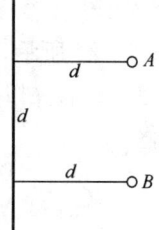

图 5-18 第 9 题图

10. 通过 9 题的计算分析，如果直线供给边缘附近存在 n 口井的情形，其中有的是注入井，有的是生产井，这 n 口井将反映出 $2n$ 口井，这 $2n$ 口井在生产一定时间在任何一点形成的压力变化有什么样的特征？为什么有这样的特征？和单相弱可压缩液体的稳定渗流计算公式有什么区别？

11. 如图 5-19 所示，有两条直线断层相交成直角，其分角线上有两口井 A、B。A 井为生产井，产量为 $100m^3/d$；B 井为注入井，注入量为 $100m^3/d$。B 井到断层的距离为 100m，A 井到供给边界距离为 50m。求同时生产 100d 时 B 井的井底压力变化。已知地层厚度为 10m，地层渗透率为 $0.8\mu m^2$，原油黏度为 $4mPa \cdot s$。

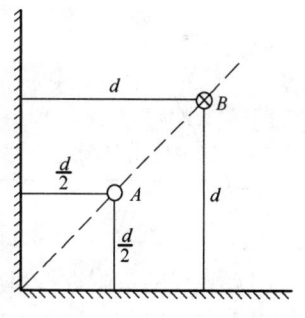

图 5-19 第 11 题图

12. 一圆形敞开地层，若油藏的油井产量可看作半径为 2000m 的大井，产量为 $2000m^3/d$，供给边界半径为 50000m，供给边界上的压力为 18MPa，地层厚度为 4m，地层渗透率为 $0.5\mu m$，地层孔隙度为 20%，原油黏度为 $1.5mPa \cdot s$，原油压缩系数为 $4.5 \times 10^{-5} MPa^{-1}$，多孔介质压缩系数为 $10^{-5} MPa^{-1}$，试确定自大井投产起 0.5 年、1 年、2 年时的压力降。

13. 各参数与 12 题相同，设大井产量每年增长 $200m^3/d$，试求 1 年、2 年时大井的压降。

14. 在地层中曾先后投入生产井 1、5、6，注入井 2、3、4 进行生产，各井投产时间、平均产量及距离地层某点 A 的距离如表 5-2 所示。已知地层厚度为 10m，地层渗透率为 $0.4\mu m^2$，原油黏度为 $2mPa \cdot s$，导压系数为 $1m^2/s$，试计算从油田开发至 1960 年 1 月 1 日，A 点压力变化多少？至 1961 年 1 月 1 日 A 点压力变化又如何？

表 5-2 第 14 题表

井 号	开始投产日期	井产量,m³/d	井至A点距离,m	备 注
1	1959年1月1日	50	340	每天按 30d 计算,每年按 360d 计算
2	1959年3月1日	80	300	
3	1959年4月1日	70	580	
4	1959年8月1日	100	520	
5	1959年5月1日	300	400	
6	1959年10月1日	200	500	

15. 如图 5-20 所示,无穷地层中对称分布三口井,井距为 400m,开始 1 井以定产量 $50m^3/d$ 投入生产 10d 后,井 2 以同样产量投入生产,当井 2 投产时,井 1 的井底压力降为多少?若 1 井投产 1 年后,井 2 停产,并同时由井 3 注水,注入量为 $100m^3/d$,求注水 3 个月后(每月 30d)井 1 的井底压力变化。已知 3 口井的井半径都为 0.1m,井为完善井,地层厚度为 10m,渗透率为 $0.5\mu m^2$,原油黏度为 $3mPa \cdot s$,导压系数为 $20m^2/s$。

16. 已知一均质地层,渗透率为 $0.25\mu m^2$,原油黏度为 $2mPa \cdot s$,油层厚度为 4m,导压系数为 $50m^2/s$。如图 5-21 所示,地层中有一激动完善井 A,井半径为 0.1m,以产量 $21.6m^3/d$ 投产 5d,然后关井,经 5d 后又以产量 $10.8m^3/d$ 生产。试求远离该井 100m 处测压(停产)井 B 在 15d 时的压力变化。

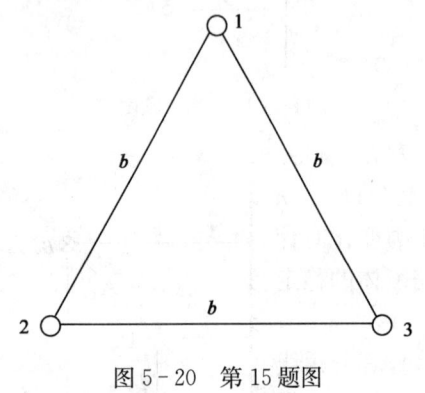

图 5-20 第 15 题图

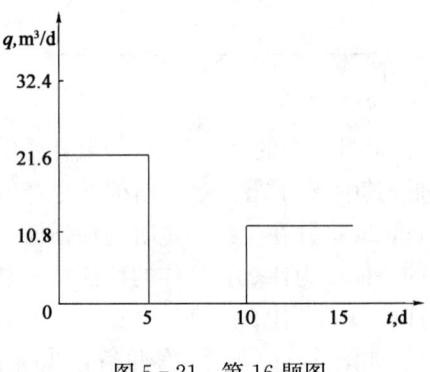

图 5-21 第 16 题图

17. 直线断层附近一口生产井 A 在弹性驱动方式下生产。A 井以定产量 $50m^3/d$(地面产量)投产 100d 后关井,关井时刻的 A 井的井底压力降是多少?关井 20d 后,A 井的井底压力降又是多少?已知井半径为 0.1m,地层厚度为 10m,渗透率为 $0.5\mu m^2$,原油黏度为 $3mPa \cdot s$,导压系数为 $20m^2/s$;原油体积系数为 1.5,井到断层的距离为 86.4m。

18. 如图 5-22 所示,生产井 A 位于 120°不渗透断层的分角线上。井至断层的距离为 d,弹性驱动方式下生产,设 A 井以定井产量 $50m^3/d$ 投产 200d 后关井,关井 30d 后 A 井井底压力降是多少?已知井半径为 0.1m,地层厚度为 9m,渗透率为 $0.5\mu m^2$,原油黏度为 $3mPa \cdot s$,原油体积系数为 1.5。

19. 如图 5-23 所示,有一直线断层附近有两口井,其中 A 井是注入井,B 井是生产井,当 A 井注入 20d 后,B 井开始投产,B 井生产 40d 后 A 井关井,求 A 井关井 20d 后 B 井井底压力降。已知 A 井的注入量、B 井的产量皆为 $100m^3/d$,地层厚度为 10m,地层渗透率为 $0.6\mu m^2$,原油黏度为 $2mPa \cdot s$,井底半径为 0.1m,A 井到断层的距离 d 为 100m,导压系数为 $100m^2/s$。

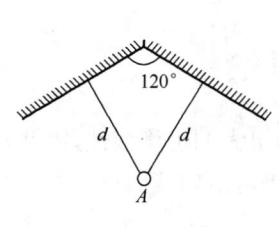

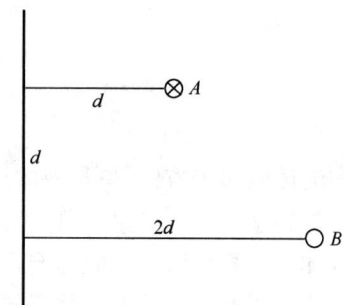

图 5-22　第 18 题图　　　　　　　　图 5-23　第 19 题图

20. 如 19 题中，A、B 井同时投产 40d 后又同时关井 20d，此时 B 井的压力降为多少（其他条件不变）？如果同时生产 80d 又同时关井 20d，情况又怎样？

第六章 气体渗流理论

气体与液体同属于流体,但与液体相比,气体具有明显的更大的可压缩性,因此,气体属于可压缩性渗流力学讨论的对象。研究气体渗流问题,原则上仍可沿用液体渗流的研究方法,但必须考虑气体可压缩性所带来的影响。因此,在分析过程中,通过引入一些新的变量,使所得到的气体渗流方程及其解的形式具有与液体渗流方程相似的形式,在实际应用时再经过适当的变换,又能反映出气体可压缩性对渗流规律的影响。

第一节 气体渗流微分方程

一、基本方程

研究气体地下渗流问题首先需要建立气体地层渗流的数学模型,而建立气体地层渗流数学模型必须研究三类方程,即气体状态方程、运动方程和连续性方程。下面分别讨论这三类方程。

(一)气体状态方程

气体具有明显的可压缩性,表现为气体体积和密度明显受到压力和温度等因素的影响,气体的这一特性可由气体状态方程来描述。表示气体体积或密度随压力和温度变化的关系式称为气体的状态方程。

理想气体的状态方程可用波义耳-盖吕萨克定律来表示。对 1kmol 单位质量(1kg)的气体,有:

$$pV = RT \tag{6-1}$$

理想气体的状态方程的另一种表达形式为:

$$\rho = \frac{p}{RT} \tag{6-2}$$

式中 p——气体的绝对压力,MPa;

T——热力学温度,K;

V——气体的体积,m^3;

R——气体常数,0.008314 MPa·m^3/(kmol·K);

ρ——气体密度,kg/m^3。

理想气体是一种忽略了分子间相互作用力的理想化模型,显然,只有处于高温低压下的实际气体才接近这一理想模型。实验表明,实际气体的可压缩性与理想气体有一定差别,这是因为实际气体分子本身有体积、分子间存在作用力,高压时气体分子彼此间靠得很紧密,分子本身的体积已影响到气体所占的容积;此外,当压力升高时,气体分子彼此接近而产生斥力,而当压力降低时,分子间距离稍远时则产生引力,这都会影响到气体所占有效容积的大小。只有当压力很低、分子间距离很大时,分子本身的体积和分子间的作用力才可忽略。因此,与理想气体相比,实际气体的可压缩性会产生一定的偏差。

对于1kmol单位质量(1kg)的实际气体,其状态方程为:
$$pV = ZRT \tag{6-3}$$
式中 Z——气体偏差因子。

(二)运动方程

1. 线性渗流

与液体的渗流相类似,当气体在渗流过程中处于层流状态时,其流动规律仍可由达西定律表示。在三维渗流空间中,对于均质地层,广义达西定律可写成如下的形式:
$$v = -\frac{K}{\mu}\nabla p \tag{6-4}$$

在三维空间中,渗流速度的三个分量分别表示为:
$$v_x = -\frac{K}{\mu}\frac{\partial p}{\partial x} \tag{6-5}$$

$$v_y = -\frac{K}{\mu}\frac{\partial p}{\partial y} \tag{6-6}$$

$$v_z = -\frac{K}{\mu}\left(\frac{\partial p}{\partial z}+\rho g\right) \tag{6-7}$$

式中 v——渗流速度;
　　　K——地层渗透率;
　　　μ——天然气黏度;
　　　p——压力;
　　　g——重力加速度;
　　　x,y,z——空间坐标。

2. 非线性渗流

1)二项式

与液体渗流相似,当气体的渗流速度增加到一定程度之后,紊流和惯性的影响明显增强,此时气体渗流速度与压力梯度之间不再呈线性关系,即渗流不满足达西线性渗流定律。对于水平地层,压力梯度与渗流速度之间符合以下关系:
$$\frac{dp}{dx} = -\left(\frac{\mu}{K}v + \beta\rho v^2\right) \tag{6-8}$$
式中 β——影响紊流和惯性阻力的孔隙结构特征参数。

在高速流动下,岩石孔隙结构及表面粗糙程度对紊流和惯性的影响是不可忽略的。

(6-8)式就是气体渗流过程中有紊流和惯性阻力存在时的动力学规律,称为非线性二项式运动方程。式中右端第一项表征黏滞阻力,与渗流速度成正比;第二项表示惯性阻力,与渗流速度平方成正比。当流动速度较小时,第二项的影响可以忽略,此时(6-8)式描述的是达西渗流过程。而当渗流速度增加时,紊流和惯性的影响也随之增加,从而使渗流过程逐渐偏离达西定律,最后过渡到惯性阻力起主要作用。渗流实验表明,从单纯的层流过渡到完全的紊流,包括很宽的流速范围,而气体在向井流动过程中的渗流特性多在这一范围内。

实际上,(6-8)式是一个广义的运动方程,而达西定律是它的一种特殊情况。将(6-8)式整理为如下习惯的形式:
$$v = -\delta\frac{K}{\mu}\frac{dp}{dx} \tag{6-9}$$

$$\delta = 1/(1+\beta\rho Kv/\mu)$$

式中,δ 为层流—惯性—紊流修正系数,简称紊流修正系数,而达西线性渗流定律是(6-9)式在 $\delta=1$ 时的特例。

推广到三维渗流空间,(6-9)式的广义坐标记法表示为:

$$v = -\frac{K}{\mu}\delta\nabla p \tag{6-10}$$

2) 指数式

在气体渗流过程中,非线性渗流规律还可以用另一种形式来表达,即当渗流速度超过某一临界速度之后,渗流速度和压力梯度之间的非线性关系也可以用指数形式来表示。对于一维水平渗流,运动方程表示为:

$$v = C\left|\frac{\mathrm{d}p}{\mathrm{d}x}\right|^n \tag{6-11}$$

式中 C——渗流系数,取决于气体及岩石孔隙性质;

n——渗流指数,$1/2 \leqslant n \leqslant 1$,$n$ 随渗流速度不同而变化。

实验表明,当 $n=1$ 时,(6-11)式即成为线性渗流运动方程,黏滞阻力起主要作用;当 $n=1/2$ 时,称为渗流平方区,此时惯性阻力起主要作用;当 $1/2<n<1$ 时,称为渗流过渡区,此时黏滞力和惯性力同时起作用。

需要指明,指数式的渗流运动方程是从渗流实验得来的经验性公式,它不像二项式那样有明显的动力学意义,但可以认为是从另一个角度对渗流规律的描述,在实际情况中也有重要的应用意义。

以上分析表明,气体渗流过程中由于渗流速度的变化,其渗流规律有时用线性渗流运动方程描述,有时则需要用非线性运动方程来表示。因此,对于实际渗流问题的计算,应首先识别其属于哪一种渗流形式。

(三) 连续性方程

气体渗流连续性方程的建立方法与第三章中原油渗流连续性方程的建立方法完全相同。利用质量守恒原理,对于单相流体渗流,连续性方程的广义形式为:

$$\nabla\cdot(\rho v) = -\frac{\partial(\phi\rho)}{\partial t} \tag{6-12}$$

(6-12)式展开为偏微分形式:

$$\frac{\partial(\rho v_x)}{\partial x}+\frac{\partial(\rho v_y)}{\partial y}+\frac{\partial(\rho v_z)}{\partial z} = -\frac{\partial(\phi\rho)}{\partial t} \tag{6-13}$$

式中 ϕ——孔隙度;

t——时间。

从(6-13)式可以看出,在不稳定渗流状态下,气体渗流的连续性方程表征了气体渗流过程中各运动要素(渗流速度、气体密度等)随空间位置坐标和时间坐标的变化关系,在稳定渗流状态下,则表现为各运动要素与空间位置坐标之间的变化关系,此时偏微分方程的表达式为:

$$\frac{\partial(\rho v_x)}{\partial x}+\frac{\partial(\rho v_y)}{\partial y}+\frac{\partial(\rho v_z)}{\partial z} = 0 \tag{6-14}$$

二、气体渗流微分方程的一般形式

气体渗流微分方程是在一定条件下,以气体渗流的连续性方程为纽带,联立运动方程和状态方程求解而得到的偏微分方程式,它综合反映了地层特性(如孔隙度、渗透率)、流体特性(如黏度、密度)、渗流过程中的运动要素(如时间、距离和压力等)对渗流规律的影响。下面以连续性方程为基础,利用理想和实际气体的运动方程和状态方程来建立相应的气体渗流微分方程。

(一)理想气体的渗流微分方程

假设气体渗流过程满足下列条件:

(1)气体单相渗流;
(2)渗流过程符合线性渗流规律并忽略重力影响;
(3)气体为理想气体;
(4)孔隙介质为均质,孔隙度及渗透率为常数;
(5)等温渗流过程。

气体不稳定渗流的连续性方程的偏微分形式由(6-13)式给出。

将(6-5)式、(6-6)式、(6-7)式分别代入(6-13)式得:

$$\frac{K}{\mu}\left[\frac{\partial}{\partial x}\left(\rho\frac{\partial p}{\partial x}\right)+\frac{\partial}{\partial y}\left(\rho\frac{\partial p}{\partial y}\right)+\frac{\partial}{\partial z}\left(\rho\frac{\partial p}{\partial z}\right)\right]=\frac{\partial(\phi\rho)}{\partial t} \qquad (6-15)$$

将(6-2)式代入(6-15)式并经运算和简化得:

$$\frac{\partial^2 p^2}{\partial x^2}+\frac{\partial^2 p^2}{\partial y^2}+\frac{\partial^2 p^2}{\partial z^2}=\frac{\phi\mu}{Kp}\frac{\partial p^2}{\partial t} \qquad (6-16)$$

(6-16)式又可写成:

$$\nabla^2 p^2 = \frac{\phi\mu}{Kp}\frac{\partial p^2}{\partial t} \qquad (6-17)$$

由(6-17)式,气体稳定渗流数学模型的微分方程为:

$$\nabla^2 p^2 = 0 \qquad (6-18)$$

(二)实际气体的渗流微分方程

如果在前面所给出的假设条件中去掉第(3)条假设,即将气体考虑成实际气体,这时应把实际气体的状态方程代入连续性方程求解。对于实际气体的不稳定渗流,连续性方程仍为(6-12)式、(6-13)式。

将(6-3)式、(6-4)式代入(6-12)式得到:

$$\nabla\cdot\left(\frac{K}{\mu}\frac{p}{Z}\nabla p\right)=\frac{\partial}{\partial t}\left(\frac{\phi p}{Z}\right) \qquad (6-19)$$

(6-19)式是等温条件下,均质地层中实际气体不稳定渗流的基本微分方程。将(6-19)式中的 ϕ 提到偏导数之外,并将其右边展开成:

$$\frac{\partial}{\partial t}\left(\frac{p}{Z}\right)=\frac{1}{Z}\frac{\partial p}{\partial t}+p\frac{\partial}{\partial t}\left(\frac{1}{Z}\right)=\frac{1}{Z}\frac{\partial p}{\partial t}+p\frac{\mathrm{d}}{\mathrm{d}p}\left(\frac{1}{Z}\right)\frac{\partial p}{\partial t}=\frac{p}{Z}\left(\frac{1}{p}-\frac{1}{Z}\frac{\partial Z}{\partial p}\right)\frac{\partial p}{\partial t} \qquad (6-20)$$

由(6-20)式得:

$$\frac{\partial}{\partial t}\left(\frac{p}{Z}\right)=C\frac{p}{Z}\frac{\partial p}{\partial t} \qquad (6-21)$$

其中
$$C = \frac{1}{p} - \frac{1}{Z}\frac{\partial Z}{\partial p}$$

由(6-19)式、(6-21)式得到：

$$\nabla \cdot \left(\frac{p}{\mu Z}\nabla p\right) = \frac{\phi C}{K}\frac{p}{Z}\frac{\partial p}{\partial t} \tag{6-22}$$

(6-22)式就是气体不稳定渗流微分方程的一般形式。对于实际气体，μ 和 Z 都是压力的函数，因此(6-22)式是一个非线性的微分方程，它与液体渗流微分方程(3-37)式完全不相同。

由(6-22)式，真实气体稳定渗流微分方程的一般形式为：

$$\nabla \cdot \left(\frac{p}{\mu Z}\nabla p\right) = 0 \tag{6-23}$$

三、气体渗流微分方程的三种形式

通过对(6-22)式左边项的处理，可以得到三种形式的气体渗流微分方程。

（一）压力形式

利用复合函数求导法则和算子运算规则，对(6-22)式的左端作展开运算并整理后可得：

$$\nabla^2 p - \frac{\mathrm{d}}{\mathrm{d}p}\left[\ln\left(\frac{\mu Z}{p}\right)\right](\nabla p)^2 = \frac{\phi \mu C}{K}\frac{\partial p}{\partial t} \tag{6-24}$$

根据气体实际渗流特点，可对(6-24)式作适当的简化处理。

情况1：假设气体渗流过程中压力梯度很小，即认为$(\nabla p)^2 \to 0$，则(6-24)式可简化为：

$$\nabla^2 p = \frac{\phi \mu C}{K}\frac{\partial p}{\partial t} \tag{6-25}$$

情况2：假设气体在一定压力范围内 $p/(\mu Z)=$ 常数（后面的讨论将会说明这是可能的），则(6-24)式也简化为(6-25)式。

对于气体稳定渗流情形，(6-25)式变为：

$$\nabla^2 p = 0 \tag{6-26}$$

（二）压力平方形式

在算子运算中，$p\nabla p = \nabla p^2/2$，$p\partial p = \partial p^2/2$，则(6-22)式也可按压力平方形式展开，经处理后可得：

$$\nabla^2 p^2 - \frac{\mathrm{d}}{\mathrm{d}p^2}[\ln(\mu Z)](\nabla p^2)^2 = \frac{\phi \mu C}{K}\frac{\partial p^2}{\partial t} \tag{6-27}$$

(6-27)式仍然可按两种情况进行简化。例如，假设气体渗流的压力梯度很小，即$(\nabla p^2)^2 \to 0$或者在一定压力范围内气体的μZ乘积近似为常数，则(6-27)式可简化成以压力平方表示的渗流微分方程。

$$\nabla^2 p^2 = \frac{\phi \mu C}{K}\frac{\partial p^2}{\partial t} \tag{6-28}$$

对于稳定渗流，(6-28)式变为：

$$\nabla^2 p^2 = 0 \tag{6-29}$$

上述所得到压力和压力平方形式的结果，虽然在气田开发某些情况下（例如低压或高压情形）能得到很好的效果，但不是在任意情况下都能成立。例如，对于低渗透气藏，压力梯度很小的假设会引起较大误差，而μZ乘积为常数的假设相当于理想气体的情况，这只有在较低压力下才适用。因此需要推导不作任何辅助假设的渗流微分方程。

(三)拟压力形式

1. 拟压力定义

在(6-22)式中,由于 μ、Z 都是压力的函数,因此不能提到算子之外,解决的办法有两种,一种方法是作如前面对压力及压力平方微分方程推导的假设,另一种方法是引入拟压力函数的概念,即令:

$$\psi = 2\int_{p_0}^{p} \frac{p}{\mu Z} dp \tag{6-30}$$

(6-30)式中的 ψ 称为真实气体的拟压力,其中 p_0 为任意选定的某一参考压力。对(6-30)式可作如下数学处理:

$$\nabla \psi = 2\frac{p}{\mu Z} \nabla p \tag{6-31}$$

$$\frac{\partial \psi}{\partial t} = 2\frac{p}{\mu Z}\frac{\partial p}{\partial t} \tag{6-32}$$

将(6-31)式、(6-32)式代入(6-22)式,得到以拟压力形式表示的实际气体不稳定渗流微分方程:

$$\nabla^2 \psi = \frac{\phi \mu C}{K}\frac{\partial \psi}{\partial t} \tag{6-33}$$

引入拟压力的概念后,(6-33)式在形式上与前面所导出的(6-28)式很相似,但没有事先附加"压力梯度很小"和"μZ 乘积近似为常数"的假设条件,因此,(6-33)式是更为严谨的实际气体不稳定渗流微分方程。

在拟压力的分析中,如果作进一步的推广,即考虑渗透率也随压力变化,并假设这种变化的关系已经知道,那么适应于 K、μ 和 Z 都随压力变化的压力函数可定义为:

$$\psi = 2\int_{p_0}^{p} K\frac{p}{\mu Z} dp \tag{6-34}$$

$$\nabla \psi = 2K\frac{p}{\mu Z}\nabla p \tag{6-35}$$

$$\frac{\partial \psi}{\partial t} = 2\frac{Kp}{\mu Z}\frac{\partial p}{\partial t} \tag{6-36}$$

将(6-35)式、(6-36)式代入(6-22)式,得到与(6-33)式相同的微分方程:

$$\nabla^2 \psi = \frac{\phi \mu C}{K}\frac{\partial \psi}{\partial t} \tag{6-37}$$

如果再进一步分析,即推广到理想气体情况,则有 $C=1/p$,于是(6-37)式可转变为理想气体不稳定渗流方程:

$$\nabla^2 \psi = \frac{\phi \mu}{Kp}\frac{\partial \psi}{\partial t} \tag{6-38}$$

由上述分析,引入拟压力的概念后,不管是实际气体,还是理想气体,或者是否考虑气体黏度、地层渗透率随压力变化,气体不稳定渗流微分方程都具有完全相同的形式。

无论是理想气体还是实际气体,对于稳定渗流,以拟压力形式表示的微分方程为:

$$\nabla^2 \psi = 0 \tag{6-39}$$

2. 拟压力与压力、压力平方的关系

在引入了拟压力的概念后,可以得到更一般形式的气体渗流微分方程。下面的讨论将会进一步看到拟压力与压力、压力平方之间存在一定的转换关系,这种关系是通过气体 μZ 乘积随压力的变化关系而得到表现的。研究表明,对于多数天然气烃类体系,它们在地层温度下的 μZ 乘积与压力的关系曲线通常具有如图 6-1 所示的形态。

从曲线形态可以看出,在低压范围内,气体 μZ 乘积近似一个常数,几乎不随压力变化,即 $\mu Z=$ 常数,因此,对应于低压范围的拟压力可写成:

$$\psi = \frac{2}{\mu Z}\int_{p_0}^{p} p\mathrm{d}p = \frac{1}{\mu Z}p^2 \qquad (6-40)$$

将(6-40)式代入(6-37)式后,即可还原为(6-28)式,由此说明,以压力平方形式表示的渗流微分方程适用于低压情形。

在较高压力下,图 6-2 中表现出其斜率接近于常数,即 $p/\mu Z=$ 常数,此时有:

$$\psi = \frac{2p}{\mu Z}\int_{p_0}^{p} \mathrm{d}p = \frac{2p}{\mu Z}p \qquad (6-41)$$

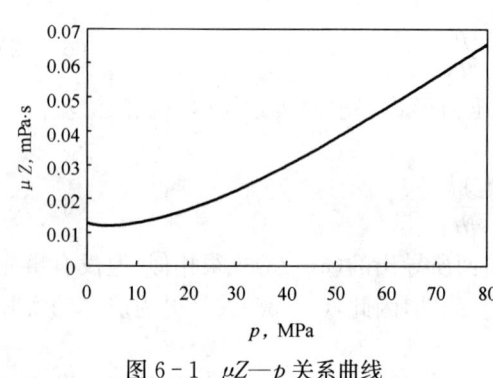

图 6-1 μZ—p 关系曲线

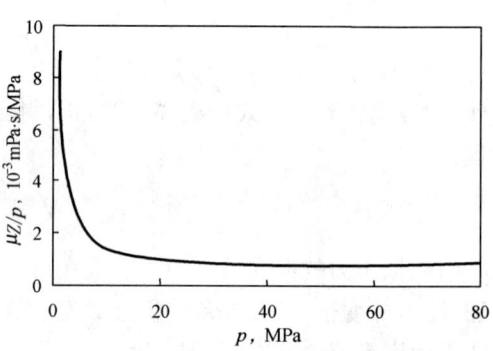

图 6-2 $\mu Z/p$—p 关系曲线

将(6-41)式代入(6-37)式,则又可还原为(6-25)式,由此说明,以压力形式表示的渗流微分方程适用于高压情形。

由上述分析可以看出,使用何种形式的气体渗流微分方程,可以通过绘制 μZ 乘积随压力变化的关系曲线来确定。

3. 拟压力的计算

可用最简单的"梯形法"计算拟压力:

$$\psi(p) = \int_{p_0}^{p}\frac{2p}{\mu Z}\mathrm{d}p = \sum_{j=1}^{n}\frac{1}{2}\left[\left(\frac{2p}{\mu Z}\right)_j + \left(\frac{2p}{\mu Z}\right)_{j-1}\right](p_j - p_{j-1}) \qquad (6-42)$$

对于一个气藏,应作出其拟压力图,即 $\psi(p)$—p 的关系曲线,如图 6-3 所示,以便进行压力和拟压力的相互转换。

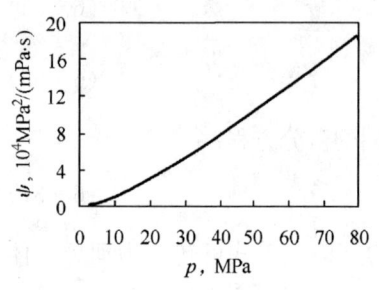

图 6-3 $\psi(p)$—p 关系曲线

第二节 气体稳定渗流理论

稳定渗流实际上就是气体渗流过程中的运动要素(例如压力等)与时间无关,在气田开发中,绝对的稳定渗流是不存在的,只是在一个短时间内可以近似认为渗流是稳定的,它对于分析气井的压力动态及产能具有重要作用。上一节讨论了单相气体稳定渗流的微分方程,本节主要讨论单相气体稳定渗流问题。

一、平面径向达西稳定渗流

在气驱气藏开发过程中或在有水气藏开发的初期,气藏中的渗流为单相气体的流动,这已经为大量的气田开发实践所证实,因此研究单相气体稳定渗流理论对于分析气藏或气井的动态、气井的产能具有重要意义。

(一)假设条件

设在一水平均质各向同性圆形等厚地层中心有一口完善井,供给边界半径为r_e,边界压力为p_e,气井半径为r_w,井底压力为p_{wf},气层厚度为h。气体的渗流服从线性渗流定律且呈平面径向稳定渗流。

(二)渗流数学模型及其解

气体稳定渗流数学模型微分方程的一般形式,实际上就是(6-23)式。从理论上说,气体稳定渗流数学模型的微分方程应有三种形式,即(6-26)式、(6-29)式、(6-39)式。

以拟压力形式表示的气体稳定渗流的数学模型如下。

微分方程为:

$$\frac{d^2\psi}{dr^2} + \frac{1}{r}\frac{d\psi}{dr} = 0 \tag{6-43}$$

在井底$r=r_w$处:

$$\psi = \psi_{wf} \tag{6-44}$$

在供给边界$r=r_e$处:

$$\psi = \psi_e \tag{6-45}$$

上述稳定渗流数学模型的解为:

$$\psi = \psi_e - \frac{\psi_e - \psi_{wf}}{\ln\frac{r_e}{r_w}}\ln\frac{r_e}{r} \tag{6-46}$$

或

$$\psi = \psi_{wf} + \frac{\psi_e - \psi_{wf}}{\ln\frac{r_e}{r_w}}\ln\frac{r}{r_w} \tag{6-47}$$

(6-46)式、(6-47)式为气体平面径向稳定渗流时拟压力的分布公式。

利用上一节的拟压力与压力平方之间的关系式,可以获得以压力平方形式表示的稳定渗流压力平方分布表达式:

$$p^2 = p_e^2 - \frac{p_e^2 - p_{wf}^2}{\ln\frac{r_e}{r_w}}\ln\frac{r_e}{r} \tag{6-48}$$

或

$$p^2 = p_{wf}^2 + \frac{p_e^2 - p_{wf}^2}{\ln\frac{r_e}{r_w}}\ln\frac{r}{r_w} \tag{6-49}$$

(三)压力梯度和渗流速度

由(6-48)式或(6-49)式,气层中任意一点的压力梯度为:

$$\frac{dp}{dr} = \frac{p_e^2 - p_{wf}^2}{\ln\frac{r_e}{r_w}}\frac{1}{2pr} \tag{6-50}$$

由达西定律,气层中任意一点的渗流速度为:

$$v = \frac{K}{\mu} \frac{p_e^2 - p_{wf}^2}{\ln \frac{r_e}{r_w}} \frac{1}{2pr} \tag{6-51}$$

（四）产量

利用达西定律、气体状态方程并结合上述拟压力和压力平方分布公式,可得标准状况下（温度为20℃,压力为0.101325MPa）平面径向流气井产量公式。

拟压力形式:

$$q_{sc} = \frac{78.53Kh(\psi_e - \psi_{wf})}{T \ln \frac{r_e}{r_w}} \tag{6-52}$$

式中 q_{sc}——标准状况下的气井产量,$10^4 \mathrm{m}^3/\mathrm{d}$;
  K——气层渗透率,$\mu \mathrm{m}^2$;
  h——气层厚度,m;
  T——气层温度,K;
  r_e——供给边界半径,m;
  r_w——气井半径,m。

压力平方形式:

$$q_{sc} = \frac{78.53Kh(p_e^2 - p_{wf}^2)}{T \bar{\mu} \bar{Z} \ln \frac{r_e}{r_w}} \tag{6-53}$$

式中 p_e——供给边界压力,MPa;
  p_{wf}——井底压力,MPa;
  $\bar{\mu}$——平均压力及温度下的气体黏度,mPa·s;
  $\bar{Z}$——平均压力及温度下的气体偏差因子。

由(6-53)式看出,气井的产量与压力平方差呈线性关系,如图6-4所示。

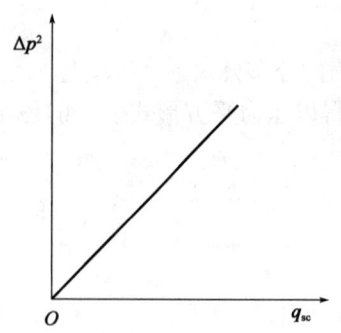

图6-4 气井产量与压力平方差关系

由(6-48)式或(6-49)式可以看出,气体平面径向流时,压力平方分布公式与液体径向流压力分布公式形式相同,都是对数形式的表达式;当 r 为某一数值时,相应的压力值也是一个定值。因此,气体平面径向流的等压线也是一簇与井同心的圆,流线是一簇指向圆心的直线,如图4-10所示。

从(6-50)式、(6-51)式可以看出,气体向井底渗流过程中,单位距离所消耗的能量即压力梯度与 pr 成反比。这就表明越靠近井底,p 越小,压力梯度越大,渗流速度越大,渗流场图中的等压线越密。在相同压差条件下,气井井底附近的压力梯度比油井井底附近的压力梯度大,因此,气体平面径向流的压力分布曲线位于相同条件下液体压力分布曲线的上方,即在井底附近气井的压降漏斗比油井的陡,气体平面径向流的压降主要消耗在井底附近,如图6-5所示。

二、平面径向非达西稳定渗流

由于气体膨胀作用使得气体在井底附近的渗流速度比同条件下液体渗流速度要大得多,因此一般来说,气体在近井区的渗流更容易出现破坏达西定律的情况,即出现非线性渗流特征。下面将讨论气体平面径向非达西稳定渗流即气体服从非线性渗流定律时气体平面径向稳定渗流方程及其解。

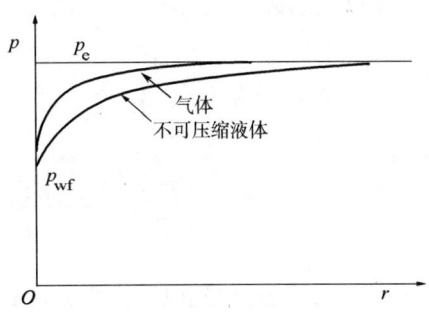

图 6-5 气体和不可压缩液体的压力分布曲线

描述气体非线性渗流过程的微分方程为:

$$\nabla \cdot (\delta \nabla \psi) = 0 \tag{6-54}$$

气体平面径向非达西稳定渗流的数学模型为:
(1) 微分方程:

$$\delta \frac{1}{r} \frac{d}{dr}\left(r \frac{d\psi}{dr}\right) + \frac{d\psi}{dr} \frac{d\delta}{dr} = 0 \tag{6-55}$$

(2) 在井底 $r=r_w$ 处:

$$\psi = \psi_{wf} \tag{6-56}$$

(3) 在供给边界 $r=r_e$ 处:

$$\psi = \psi_e \tag{6-57}$$

当紊流流动的校正系数 δ 为常数时,气体平面径向非达西稳定渗流的数学模型退化为气体平面径向达西稳定渗流的数学模型。

实际上,在非线性渗流情况下,紊流流动的校正系数 δ 并非常数,它与渗流速度有关,因此上述渗流数学模型求解非常复杂,目前多采用直接从渗流规律出发而得到气体非线性平面径向渗流问题的解。下面分两种情形予以讨论。

(一) 服从二项式渗流运动方程的平面径向渗流

气体平面径向渗流的二项式渗流运动方程为:

$$\frac{dp}{dr} = \frac{\overline{\mu}}{K} v + \beta \rho v^2 \tag{6-58}$$

在 (6-58) 式中,渗流速度 v 表示为:

$$v = \frac{q}{2\pi rh} = \frac{1}{2\pi rh} \frac{p_{sc} \overline{Z} T}{T_{sc} p} q_{sc} \tag{6-59}$$

将 (6-59) 式代入 (6-58) 式中得到:

$$\frac{dp}{dr} = \frac{\overline{\mu}}{K} \frac{p_{sc} \overline{Z} T}{T_{sc} p} \frac{q_{sc}}{2\pi h} \frac{1}{r} + \frac{28.97 \beta \gamma_g}{R} \frac{p_{sc}^2 \overline{Z} T}{T_{sc}^2 p} \frac{q_{sc}^2}{4\pi^2 h^2} \frac{1}{r^2} \tag{6-60}$$

由(6-60)式,地层中任意一点的压力平方的表达式为:

$$p^2 = p_{wf}^2 + \left\{ \left(\frac{\bar{\mu}}{\pi Kh} \cdot \frac{p_{sc}\overline{Z}T}{T_{sc}} \ln \frac{r}{r_w}\right) q_{sc} + \left[\frac{28.97\beta\gamma_g}{2\pi^2 h^2} \frac{p_{sc}^2 \overline{Z}T}{T_{sc}^2 R} \left(\frac{1}{r_w} - \frac{1}{r}\right)\right] q_{sc}^2 \right\} \quad (6-61)$$

$$p^2 = p_e^2 - \left\{ \left(\frac{\bar{\mu}}{\pi Kh} \cdot \frac{p_{sc}\overline{Z}T}{T_{sc}} \ln \frac{r_e}{r}\right) q_{sc} + \left[\frac{28.97\beta\gamma_g}{2\pi^2 h^2} \frac{p_{sc}^2 \overline{Z}T}{T_{sc}^2 R} \left(\frac{1}{r} - \frac{1}{r_e}\right)\right] q_{sc}^2 \right\} \quad (6-62)$$

对(6-60)式积分,得到以压力平方形式表示的气体平面径向渗流的二项式方程:

$$p_e^2 - p_{wf}^2 = \left(\frac{\bar{\mu}}{\pi Kh} \frac{p_{sc}\overline{Z}T}{T_{sc}} \ln \frac{r_e}{r_w}\right) q_{sc} + \left[\frac{28.97\beta\gamma_g}{2\pi^2 h^2} \cdot \frac{p_{sc}^2 \overline{Z}T}{T_{sc}^2 R} \left(\frac{1}{r_w} - \frac{1}{r_e}\right)\right] q_{sc}^2 \quad (6-63)$$

(6-63)式可以简写成:

$$p_e^2 - p_{wf}^2 = Aq_{sc} + Bq_{sc}^2 \quad (6-64)$$

其中

$$A = \frac{\bar{\mu}}{\pi Kh} \frac{p_{sc}\overline{Z}T}{T_{sc}} \ln \frac{r_e}{r_w} \quad (6-65)$$

$$B = \frac{28.97\beta\gamma_g}{2\pi^2 h^2} \frac{p_{sc}^2 \overline{Z}T}{T_{sc}^2 R} \left(\frac{1}{r_w} - \frac{1}{r_e}\right) \quad (6-66)$$

利用压力平方与拟压力之间的关系,得到以拟压力形式表示的气体平面径向渗流的二项式方程:

$$\psi_e - \psi_{wf} = \left(\frac{p_{sc}T}{\pi Kh T_{sc}} \ln \frac{r_e}{r_w}\right) q_{sc} + \left[\frac{28.97\beta\gamma_g p_{sc}^2 T}{2\pi^2 h^2 T_{sc}^2 \mu R} \left(\frac{1}{r_w} - \frac{1}{r_e}\right)\right] q_{sc}^2 \quad (6-67)$$

(6-67)式可以简写成:

$$\psi_e - \psi_{wf} = Aq_{sc} + Bq_{sc}^2 \quad (6-68)$$

其中

$$A = \frac{p_{sc}T}{\pi Kh T_{sc}} \ln \frac{r_e}{r_w} \quad (6-69)$$

$$B = \frac{28.97\beta\gamma_g p_{sc}^2 T}{2\pi^2 h^2 T_{sc}^2 \mu R} \left(\frac{1}{r_w} - \frac{1}{r_e}\right) \quad (6-70)$$

(6-64)式、(6-68)式就是气井稳定渗流的二项式方程。

值得注意的是,在推导平面径向非达西稳定渗流的二项式方程时,所用到的单位为达西单位制。为了满足矿场需要,将(6-64)式~(6-70)式换算为(6-52)式、(6-53)式所采用的矿场实用单位制,并将标准状况下的参数值代入,同时考虑到 $1/r_w \gg 1/r_e$,则二项式方程的系数具有以下形式。

以压力平方形式表示的二项式方程(6-64)式的系数为:

$$A = \frac{1.2734 \times 10^{-2} \bar{\mu}\overline{Z}T}{Kh} \ln \frac{r_e}{r_w} \quad (6-71)$$

$$B = \frac{2.825 \times 10^{-13} \beta \gamma_g \overline{Z} T}{r_w h^2} \quad (6-72)$$

以拟压力形式表示的二项式方程(6-68)式的系数为:

$$A = \frac{1.2734 \times 10^{-2} T}{Kh} \ln \frac{r_e}{r_w} \quad (6-73)$$

$$B = \frac{2.825 \times 10^{-13} \beta \gamma_g T}{\overline{\mu} r_w h^2} \quad (6-74)$$

$$\beta = 7.644 \times 10^{10}/K^{1.5}$$

式中　γ_g——天然气相对密度,小数。

由上述方程可以看出,在非线性渗流条件下,气井产量 q_{sc} 和压力平方差 Δp^2 或拟压力差 $\Delta \psi$ 之间呈抛物线关系。如果绘制 Δp^2—q_{sc} 或 $\Delta \psi$—q_{sc} 的关系曲线,应为一条通过原点的抛物线,如图6-6所示。

同时还可看出,非线性稳定渗流的压力平方差或拟压力差由两部分构成,第一项为气体渗流的黏滞阻力,第二项则表示气体渗流的惯性阻力。由于近井区气体渗流速度更大,增加了一部分惯性阻力损失,因此其压力损失更集中在井底附近区域。

由(6-64)式,气井产量与压力平方差比产量的关系曲线如图6-7所示,此关系曲线是分析气井稳定试井测试数据、求取气井产能的理论基础。

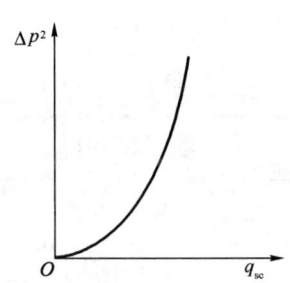

图6-6　气井产量与压力平方差关系曲线　　图6-7　气井产量与压力平方差比产量关系

气井井底压力与产量的关系曲线如图6-8所示,此关系曲线称为气井的流入动态关系曲线。

(二)服从指数式渗流运动方程的平面径向流

气体平面径向非线性渗流的指数式产量方程为:

$$q_{sc} = C(p_e^2 - p_{wf}^2)^n \quad (6-75)$$

式中,C、n 的物理意义与(6-11)式相同。

(6-75)即为指数形式的气体平面径向非线性渗流的产量公式。

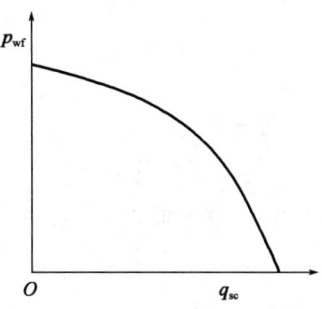

图6-8　气井流入动态关系曲线

第三节 气体不稳定渗流理论

当气藏中流体的流动处于平衡状态(静止或稳定状态)时,若改变气藏中某一口井的工作制度,即改变气井产量(或压力),则在井底将造成一个压力扰动。此压力扰动将随着时间的推移而不断向井壁四周地层径向扩展,最后达到一个新的平衡状态,这个过程称为不稳定渗流。不稳定渗流过程的发生与气藏、气井和气体性质有关。

一、不稳定渗流数学模型

纵观渗流的发展历史,油藏不稳定渗流的基本微分方程是以均质介质为基础的,因此本书阐述的气藏不稳定渗流的基本微分方程也是以均质介质为基础。在第一节中已经建立起均质气藏中气体不稳定渗流的微分方程,这一微分方程是气井不稳定渗流数学模型建立的基础,此微分方程加上初始条件和边界条件就构成完整的气井不稳定渗流的数学模型。

在建立气体不稳定渗流数学模型时需要作如下假设:(1)气层均质(K、ϕ为常数)、水平、等厚、各向同性;(2)单相气体满足达西定律渗流;(3)忽略气层内温度变化与重力作用。

气体不稳定渗流数学模型的微分方程具有三种形式,可用下列通式表示:

$$\frac{1}{r}\frac{\partial}{\partial r}\left(r\frac{\partial \varphi}{\partial r}\right) = \frac{1}{3.6\eta}\frac{\partial \varphi}{\partial t} \tag{6-76}$$

对压力、压力平方和拟压力三种情形,(6-76)式中的φ、η分别如表6-1所示。

表6-1 压力、压力平方和拟压力三种情形下的φ、η

情形	φ	η
压力	p	$K/(\phi\bar{\mu}\bar{C})$
压力平方	p^2	$K/(\phi\bar{\mu}\bar{C})$
拟压力	ψ	$K/(\phi\mu C)_i$

(1)初始条件:

$$\varphi\big|_{t=0} = \varphi_i \tag{6-77}$$

(2)内边界条件:

压力形式

$$r\frac{\partial p}{\partial r}\bigg|_{r=r_w} = \frac{6.367 \times 10^{-3} q_{sc}\bar{\mu}\bar{Z}T}{Kh\bar{p}} \tag{6-78}$$

压力平方形式

$$r\frac{\partial p^2}{\partial r}\bigg|_{r=r_w} = \frac{1.2734 \times 10^{-2} q_{sc}\bar{\mu}\bar{Z}T}{Kh} \tag{6-79}$$

拟压力形式

$$r\frac{\partial \psi}{\partial r}\bigg|_{r=r_w} = \frac{1.2734 \times 10^{-2} q_{sc}T}{Kh} \tag{6-80}$$

(3)外边界条件：

无限外边界 $\quad \varphi|_{r \to \infty} = \varphi_i \quad$ (6-81)

封闭外边界 $\quad \dfrac{\partial \varphi}{\partial r}\Big|_{r=r_e} = 0 \quad$ (6-82)

定压外边界 $\quad \varphi|_{r=r_e} = \varphi_i \quad$ (6-83)

式中　p——距离井 r 处在 t 时刻的压力，MPa；

$\bar{p}$——距离井 r 处在 t 时刻的平均压力，MPa；

p^2——距离井 r 处在 t 时刻的压力平方，MPa^2；

ψ——距离井 r 处在 t 时刻的拟压力，MPa^2/(mPa·s)；

η——导压系数，μm^2·MPa/(mPa·s)；

q_{sc}——标准状况下的气井产量，10^4m^3/d；

T——气层温度，K；

K——气层渗透率，μm^2；

h——气层厚度，m；

t——时间，h；

$\bar{C}, C_i$——平均压力和温度下及原始压力和温度下的综合压缩系数，MPa^{-1}；

$\bar{\mu}, \mu_i$——平均压力和温度下及原始压力和温度下的天然气黏度，mPa·s；

$\bar{Z}$——平均压力和温度下的天然气偏差因子；

ϕ——孔隙度，小数；

r_w——气井半径，m；

r_e——供给半径，m。

二、不稳定渗流数学模型的解

气体不稳定渗流数学模型的求解方法与第五章中介绍的油井不稳定渗流数学模型的求解方法相同。

（一）无限大气藏

气藏中任意一点在任意时刻的压力为：

$$p(r,t) = p_i + \dfrac{3.183 \times 10^{-3} q_{sc} \bar{\mu} \bar{Z} T}{Kh\bar{p}} \text{Ei}\left(-\dfrac{r^2}{14.4\eta t}\right) \quad (6-84)$$

利用幂积分函数的性质，得到以压力形式表示的井底流压：

$$p_{wf}(t) = p_i - \dfrac{7.33 \times 10^{-3} q_{sc} \bar{\mu} \bar{Z} T}{Kh\bar{p}} \lg\left(\dfrac{8.085 \eta t}{r_w^2}\right) \quad (6-85)$$

压力平方形式为：

$$p_{wf}^2(t) = p_i^2 - \dfrac{1.466 \times 10^{-2} q_{sc} \bar{\mu} \bar{Z} T}{Kh} \lg\left(\dfrac{8.085 \eta t}{r_w^2}\right) \quad (6-86)$$

拟压力形式为：

$$\psi_{wf}(t) = \psi_i - \frac{1.466 \times 10^{-2} q_{sc} T}{Kh} \lg\left(\frac{8.085 \eta t}{r_w^2}\right) \qquad (6-87)$$

(6-85)式~(6-87)式称为无限大气藏中井以恒定产量投产的"压降公式"。

（二）封闭外边界气藏

(1) 流动处于过渡期时，井底压力表达式为：

$$p_{wf}(t) = p_i - \frac{1.466 \times 10^{-2} q_{sc} \bar{\mu} \bar{Z} T}{Kh\bar{p}} \times \left\{\left(\frac{3.128 \eta t}{r_w^2} + \lg\frac{r_e}{r_w} - 0.326\right) - 0.868 \sum_{n=1}^{\infty} \frac{\exp\left[-\alpha_n^2 \frac{3.6 \eta t}{r_e^2} J_1\left(\alpha_n \frac{r_e}{r_w}\right)\right]}{\alpha_n^2 \left[J_1^2\left(\alpha_n \frac{r_e}{r_w}\right) - J_1^2(\alpha_n)\right]}\right\} \qquad (6-88)$$

式中 α_n——方程 $J_1\left(\alpha_n \frac{r_e}{r_w}\right) Y_1(\alpha_n) - J_1(\alpha_n) Y_1\left(\alpha_n \frac{r_e}{r_w}\right) = 0$ 的根。

J_1, Y_1——第一类、第二类一阶贝塞尔函数。

当 $r_e/r_w > 100$ 时，(6-88)式可近似为：

$$p_{wf}(t) = p_i - \frac{1.466 \times 10^{-2} q_{sc} \bar{\mu} \bar{Z} T}{Kh\bar{p}}\left[\frac{3.128 \eta t}{r_w^2} + \lg\frac{r_e}{r_w} - 0.326 - 0.3647 \exp\left(-52.86 \frac{\eta t}{r_e^2}\right)\right] \qquad (6-89)$$

压力平方形式为：

$$p_{wf}^2(t) = p_i^2 - \frac{2.932 \times 10^{-2} q_{sc} \bar{\mu} \bar{Z} T}{Kh}\left[\frac{3.128 \eta t}{r_w^2} + \lg\frac{r_e}{r_w} - 0.326 - 0.3647 \exp\left(-\frac{52.86 \eta t}{r_e^2}\right)\right] \qquad (6-90)$$

拟压力形式为：

$$\psi_{wf}(t) = \psi_i - \frac{2.932 \times 10^{-2} q_{sc} T}{Kh}\left[\frac{3.128 \eta t}{r_e^2} + \lg\frac{r_e}{r_w} - 0.326 - 0.3647 \exp\left(-\frac{52.86 \eta t}{r_e^2}\right)\right] \qquad (6-91)$$

(2) 流动处于拟稳定期时，井底压力表达式为：

$$p_{wf}(t) = p_i - \frac{1.466 \times 10^{-2} q_{sc} \bar{\mu} \bar{Z} T}{Kh\bar{p}}\left(\lg\frac{r_e}{r_w} - 0.326\right) - \frac{4.586 \times 10^{-2} q_{sc} \bar{Z} T t}{\phi h \bar{C} \bar{p} r_e^2} \qquad (6-92)$$

压力平方形式为：

$$p_{wf}^2(t) = p_i^2 - \frac{2.932 \times 10^{-2} q_{sc} \bar{\mu} \bar{Z} T}{Kh}\left(\lg\frac{r_e}{r_w} - 0.326\right) - \frac{9.168 \times 10^{-2} q_{sc} \bar{Z} T t}{\phi h \bar{C} r_e^2} \qquad (6-93)$$

拟压力形式为：

$$\psi_{wf}(t) = \psi_i - \frac{2.932 \times 10^{-2} q_{sc} T}{Kh}\left(\lg\frac{r_e}{r_w} - 0.326\right) - \frac{9.168 \times 10^{-2} q_{sc} T t}{\phi \mu_i C_i h r_e^2} \qquad (6-94)$$

（三）定压外边界气藏

当压力波传到定压边界以后，以压力平方形式表示的井底压力公式为：

$$p_{wf}^2(t) = p_i^2 - \frac{2.932 \times 10^{-2} q_{sc} \bar{\mu} \bar{Z} T}{Kh}\left\{\lg\frac{r_e}{r_w} - 2\sum_{n=1}^{n} \frac{\exp\left[-\beta_n^2 \frac{\eta t}{r_w^2} J_0^2\left(\frac{r_e}{r_w}\beta_n\right)\right]}{\beta_n^2\left[J_1^2(\beta_n) - J_0^2\left(\frac{r_e}{r_w}\beta_n\right)\right]}\right\} \qquad (6-95)$$

拟压力形式为：

$$\psi_{wf}(t) = \psi_i - \frac{2.932 \times 10^{-2} q_{sc} T}{Kh} \left\{ \lg \frac{r_e}{r_w} - 2 \sum_{n=1}^{n} \frac{\exp\left[-\beta_n^2 \frac{\eta t}{r_w^2} J_0^2 \left(\frac{r_e}{r_w} \beta_n\right)\right]}{\beta_n^2 \left[J_1^2(\beta_n) - J_0^2\left(\frac{r_e}{r_w} \beta_n\right)\right]} \right\} \quad (6-96)$$

式中 β_n ——方程 $J_0\left(\beta_n \frac{r_e}{r_w}\right) Y_1(\beta_n) - J_1(\beta_n) Y_0\left(\beta_n \frac{r_e}{r_w}\right) = 0$ 的根；

J_0, Y_0 ——第一类、第二类零阶贝塞尔函数；

J_1, Y_1 ——第一类、第二类一阶贝塞尔函数。

思 考 题

1. 天然气的标准状况是什么？
2. 什么是理想气体和真实气体？
3. 什么是偏差因子？其物理意义是什么？
4. 什么是拟压力函数？
5. 描述天然气渗流有哪几种形式？
6. 气体渗流与液体渗流有何异同点？
7. 气体渗流微分方程与液体渗流微分方程有什么不同？
8. 气体平面径向流的水动力学场有何特点？

第七章　油水两相渗流理论

前几章所研究的都是单相渗流问题。事实上，油藏常具有边水，且多数油田采用注水保持地层压力开发。因此，单相渗流只在一定时间的局部区域内出现，而油水共存且同时渗流则是更普遍的现象。实际上，油水物性差异尤其是油水黏度明显的差异，必然对渗流产生较大的影响，因此，研究油水两相渗流问题，对于确保水驱油田长期高产、稳产以及提高最终采收率具有重要意义。本章主要介绍均质介质中油水两相渗流的基本理论。

油水两相渗流一直是渗流力学研究的一个重要问题。20 世纪 30 年代以前，研究油水两相渗流问题时，认为水驱油是一个活塞式的推进过程，即油水接触面始终垂直于流线，并均匀地向井排推进，水渗入油区后将孔隙中可以流动的原油全部驱替干净，含水区和含油区是截然分开的。按此观点，单向流时，油水接触面将与排液道平行，如图 7-1 所示。

实际上，由于存在黏度差异、毛细管现象、油水密度差异以及油层非均质性等因素的影响，水渗入到油区后，不可能一次性把可以流动的原油全部驱替出来，即会出现一个油水两相同时混合流动的两相渗流区，这种驱动方式称为非活塞式水驱油。在非活塞式水驱油时，存在三个区，即纯水渗流区（水区）、油水两相渗流区（混合区）及纯油渗流区（油区），图 7-2 为单向流非活塞式驱动示意图。

图 7-1　活塞式驱动示意图　　　　图 7-2　非活塞式驱动示意图

第一节　影响水驱油非活塞性的因素

由于非活塞式水驱油时油藏内存在三个区，因此从供给边缘到排液道（生产井排）的总渗流阻力分为三部分，纯水渗流区和纯油渗流区的单相渗流阻力可以利用前几章的方法予以确定，本章主要研究水驱油形成的两相流动区的渗流规律。下面首先探讨两相渗流区的形成原因。

一、毛细管力的影响

界面张力和岩石的润湿性所产生的毛细管力有时是流动的阻力，有时是动力。

（一）岩石表面亲油

当岩石表面亲油时，毛细管力为阻力，其表达式为：

$$p_c = \frac{2\sigma\cos\theta}{r}$$

式中　　σ——表面张力；
　　　　θ——润湿接触角；
　　　　r——毛细管半径。

当毛细管两端没有建立压差时（$p_1-p_2=0$），由于毛细管力的存在，水不可能渗入毛细管。当建立压差 $p_1-p_2>0$ 之后，大毛细管中毛细管力小，阻力小，因而水首先渗入大毛细管而小毛细管中主要是油，这是形成非活塞驱动的原因之一，如图 7-3 所示。

（二）岩石表面亲水

当岩石表面亲水时，毛细管力为动力。毛细管两端不建立压差时（$p_1=p_2$），水在毛细管力作用下也能渗入毛细管，如图 7-4 所示。由于小毛细管中毛细管力大，水首先渗入小毛细管形成非活塞式推进。若两端建立压差 $p_1-p_2>0$，那么这种差别仍有可能存在。只有当所建立的压差 $p_1-p_2>0$ 大大超过毛细管力时，水主要依靠外来压差渗入毛细管，毛细管力的影响就不明显了。

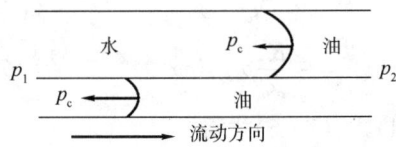

图 7-3 亲油毛细管中的流动示意图

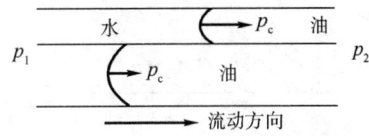

图 7-4 亲水毛细管中的流动示意图

二、密度差的影响

一般情况下，水的密度比油的密度大，因此油水相遇时，水向下，油向上，形成上油下水的两相渗流区。当油水密度差很大、油层很厚、液流速度不大时，很容易形成上油下水的两相渗流区。但在一般情况下，密度差对混合区的形成不起作用。

三、黏度差的影响

通常油水黏度差异是比较大的，水的黏度约为 1mPa·s，而油的黏度约为 3～10mPa·s 甚至更高，这使得水的流动比油的流动要容易得多。在外加压差的作用下，由于大毛细管通道横截面积大，阻力小，因而水首先渗入大毛细管；又由于 $\mu_o \gg \mu_w$，水渗入的毛细管中，总阻力下降，因而水窜越来越快，形成严重的指进现象，这也是形成非活塞式驱动的原因。

综上所述，形成两相渗流区的主要因素有毛细管力、油水物性差异以及岩石微观结构的非均质性。

第二节 油水两相渗流微分方程及解

一、运动方程

（一）不考虑重力和毛细管力

假设油、水相流动都分别服从达西定律，不考虑重力和毛细管力的影响，则油、水的一维运动方程为：

$$v_o = -\frac{K_o}{\mu_o}\frac{\partial p}{\partial x} \tag{7-1}$$

$$v_w = -\frac{K_w}{\mu_w}\frac{\partial p}{\partial x} \tag{7-2}$$

(二)考虑重力和毛细管力

假设油、水相流动都分别服从达西定律,在考虑重力和毛细管力影响时,其渗流示意图如图 7-5 所示。

对于油相:

$$v_o = v_{o1} + v_{o2} \tag{7-3}$$

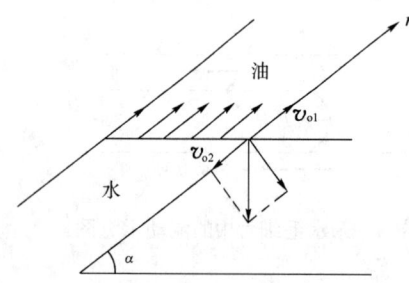

其中

$$v_{o1} = -\frac{K_o}{\mu_o}\frac{\partial p_o}{\partial x} \tag{7-4}$$

$$v_{o2} = -\frac{K_o}{\mu_o}\rho_o g \sin\alpha \tag{7-5}$$

由(7-3)式、(7-4)式、(7-5)式得:

$$v_o = -\frac{K_o}{\mu_o}\left(\frac{\partial p_o}{\partial x} + \rho_o g \sin\alpha\right) \tag{7-6}$$

同理,对于水相:

$$v_w = -\frac{K_w}{\mu_w}\left(\frac{\partial p_w}{\partial x} + \rho_w g \sin\alpha\right) \tag{7-7}$$

图 7-5 考虑重力及毛细管力时的油水两相渗流示意图

二、状态方程

假设岩石及流体都是不可压缩的,则状态方程可表示为:

$$\phi = C(\text{常数}) \tag{7-8}$$

$$\rho_o = C(\text{常数}) \tag{7-9}$$

$$\rho_w = C(\text{常数}) \tag{7-10}$$

式中 ϕ——岩石孔隙度;

ρ_o,ρ_w——原油和水的密度。

三、连续性方程

在地层中取一微小的六面体 $a'b'a''b''$,如图 3-1 所示。设油水两相间不存在质量交换,两种液体共同充满孔隙空间。

油相饱和度 S_o 和水相饱和度 S_w 之和应为 1,即:

$$S_o + S_w = 1 \tag{7-11}$$

六面体的三边长度各为 dx、dy、dz,各个侧面分别与 x、y、z 轴平行,以 x 轴向渗流为例进行分析。设六面体中心 M 点油相、水相的质量渗流速度在 x 方向的分量分别为 $\rho_o v_{ox}$ 及 $\rho_w v_{wx}$,则在距 M 点的 $dx/2$ 的侧面 $a'b'$ 上的 M' 点(即为距六面体中心 $-dx/2$ 的左端面中心点)上,油、水相的质量渗流速度分别为:

$$\rho_{\text{o}} v_{\text{o}x} - \frac{\partial(\rho_{\text{o}} v_{\text{o}x})}{\partial x} \frac{\text{d}x}{2} \tag{7-12}$$

$$\rho_{\text{w}} v_{\text{w}x} - \frac{\partial(\rho_{\text{w}} v_{\text{w}x})}{\partial x} \frac{\text{d}x}{2} \tag{7-13}$$

经过 $\text{d}t$ 时间，流入 $a'b'$ 侧面（左端面）的油、水相质量为：

$$\left[\rho_{\text{o}} v_{\text{o}x} - \frac{\partial(\rho_{\text{o}} v_{\text{o}x})}{\partial x} \frac{\text{d}x}{2} \right] \text{d}y \text{d}z \text{d}t \tag{7-14}$$

$$\left[\rho_{\text{w}} v_{\text{w}x} - \frac{\partial(\rho_{\text{w}} v_{\text{w}x})}{\partial x} \frac{\text{d}x}{2} \right] \text{d}y \text{d}z \text{d}t \tag{7-15}$$

同理，在 $\text{d}t$ 时间内，在 x 方向流出 $a''b''$ 侧面（右端面）的油、水质量为：

$$\left[\rho_{\text{o}} v_{\text{o}x} + \frac{\partial(\rho_{\text{o}} v_{\text{o}x})}{\partial x} \frac{\text{d}x}{2} \right] \text{d}y \text{d}z \text{d}t \tag{7-16}$$

$$\left[\rho_{\text{w}} v_{\text{w}x} + \frac{\partial(\rho_{\text{w}} v_{\text{w}x})}{\partial x} \frac{\text{d}x}{2} \right] \text{d}y \text{d}z \text{d}t \tag{7-17}$$

因此，在 $\text{d}t$ 时间内，在 x 方向流入六面体和流出六面体的油、水质量差分别为：

$$-\frac{\partial(\rho_{\text{o}} v_{\text{o}x})}{\partial x} \text{d}x \text{d}y \text{d}z \text{d}t \tag{7-18}$$

$$-\frac{\partial(\rho_{\text{w}} v_{\text{w}x})}{\partial x} \text{d}x \text{d}y \text{d}z \text{d}t \tag{7-19}$$

同理，$\text{d}t$ 时间内，在 y 方向和 z 方向上流入六面体和流出六面体的油、水相质量差为：

$$-\frac{\partial(\rho_{\text{o}} v_{\text{o}y})}{\partial y} \text{d}x \text{d}y \text{d}z \text{d}t \tag{7-20}$$

$$-\frac{\partial(\rho_{\text{w}} v_{\text{w}y})}{\partial y} \text{d}x \text{d}y \text{d}z \text{d}t \tag{7-21}$$

$$-\frac{\partial(\rho_{\text{o}} v_{\text{o}z})}{\partial z} \text{d}x \text{d}y \text{d}z \text{d}t \tag{7-22}$$

$$-\frac{\partial(\rho_{\text{w}} v_{\text{w}z})}{\partial z} \text{d}x \text{d}y \text{d}z \text{d}t \tag{7-23}$$

经过 $\text{d}t$ 时间后，六面体流出和流入的油、水总质量差分别为：

$$-\left[\frac{\partial(\rho_{\text{o}} v_{\text{o}x})}{\partial x} + \frac{\partial(\rho_{\text{o}} v_{\text{o}y})}{\partial y} + \frac{\partial(\rho_{\text{o}} v_{\text{o}z})}{\partial z} \right] \text{d}x \text{d}y \text{d}z \text{d}t \tag{7-24}$$

$$-\left[\frac{\partial(\rho_{\text{w}} v_{\text{w}x})}{\partial x} + \frac{\partial(\rho_{\text{w}} v_{\text{w}y})}{\partial y} + \frac{\partial(\rho_{\text{w}} v_{\text{w}z})}{\partial z} \right] \text{d}x \text{d}y \text{d}z \text{d}t \tag{7-25}$$

而在 $\text{d}t$ 时间内，由于油、水相流入和流出六面体引起六面体内油、水相饱和度发生变化，从而导致六面体内油、水相质量的变化为：

$$\frac{\partial(\phi \rho_{\text{o}} S_{\text{o}})}{\partial t} \text{d}x \text{d}y \text{d}z \text{d}t \tag{7-26}$$

$$\frac{\partial(\phi \rho_{\text{w}} S_{\text{w}})}{\partial t} \text{d}x \text{d}y \text{d}z \text{d}t \tag{7-27}$$

由质量守恒原理，油、水流入和流出单元体的质量差应等于由于单元体内油、水相饱和度变化而导致的油、水相质量变化，即由(7-24)式～(7-27)式得：

$$-\left[\frac{\partial(\rho_o v_{ox})}{\partial x}+\frac{\partial(\rho_o v_{oy})}{\partial y}+\frac{\partial(\rho_o v_{oz})}{\partial z}\right]=\frac{\partial(\phi\rho_o S_o)}{\partial t} \quad (7-28)$$

$$-\left[\frac{\partial(\rho_w v_{wx})}{\partial x}+\frac{\partial(\rho_w v_{wy})}{\partial y}+\frac{\partial(\rho_w v_{wz})}{\partial z}\right]=\frac{\partial(\phi\rho_w S_w)}{\partial t} \quad (7-29)$$

(7-28)式、(7-29)式简写为：

$$\nabla\cdot(\rho_o v_o)=-\frac{\partial(\phi\rho_o S_o)}{\partial t} \quad (7-30)$$

$$\nabla\cdot(\rho_w v_w)=-\frac{\partial(\phi\rho_w S_w)}{\partial t} \quad (7-31)$$

(7-28)式~(7-31)式都是油、水两相渗流的连续性方程。

不考虑油、水和岩石压缩性时，(7-28)式、(7-29)式还可简化为：

$$\frac{\partial v_{ox}}{\partial x}+\frac{\partial v_{oy}}{\partial y}+\frac{\partial v_{oz}}{\partial z}=-\phi\frac{\partial S_o}{\partial t} \quad (7-32)$$

$$\frac{\partial v_{wx}}{\partial x}+\frac{\partial v_{wy}}{\partial y}+\frac{\partial v_{wz}}{\partial z}=-\phi\frac{\partial S_w}{\partial t} \quad (7-33)$$

在一维流动情况下，油、水的连续性方程为：

$$\frac{\partial v_{ox}}{\partial x}=-\phi\frac{\partial S_o}{\partial t} \quad (7-34)$$

$$\frac{\partial v_{wx}}{\partial x}=-\phi\frac{\partial S_w}{\partial t} \quad (7-35)$$

四、分流方程

分流方程用含水率表示。含水率是渗流总液量中的含水量，用 f_w 表示：

$$f_w=\frac{q_w}{q_w+q_o} \quad (7-36)$$

或

$$f_w=\frac{v_w}{v_w+v_o} \quad (7-37)$$

由(7-6)式、(7-7)式得：

$$\frac{\mu_o}{K_o}v_o=-\frac{\partial p_o}{\partial x}-\rho_o g\sin\alpha \quad (7-38)$$

$$\frac{\mu_w}{K_w}v_w=-\frac{\partial p_w}{\partial x}-\rho_w g\sin\alpha \quad (7-39)$$

由(7-38)式、(7-39)式得：

$$\frac{\mu_w}{K_w}v_w-\frac{\mu_o}{K_o}v_o=-\left(\frac{\partial p_w}{\partial x}-\frac{\partial p_o}{\partial x}\right)-(\rho_w-\rho_o)g\sin\alpha \quad (7-40)$$

由毛细管力定义可知，毛细管力 p_c 应为油水两相的压力差：

$$p_c=p_o-p_w \quad (7-41)$$

则

$$\frac{\partial p_c}{\partial x}=\frac{\partial p_o}{\partial x}-\frac{\partial p_w}{\partial x} \quad (7-42)$$

$$\frac{\partial p_c}{\partial x}=-\left(\frac{\partial p_w}{\partial x}-\frac{\partial p_o}{\partial x}\right) \quad (7-43)$$

令 $\Delta\rho=\rho_w-\rho_o$，$v_t=v_w+v_o$，(7-40)式~(7-43)式整理得：

$$\frac{\mu_w}{K_w}v_w - \frac{\mu_o}{K_o}(v_t-v_w) = \frac{\partial p_c}{\partial x} - \Delta\rho g\sin\alpha \tag{7-44}$$

$$v_w\left(\frac{\mu_w}{K_w}+\frac{\mu_o}{K_o}\right) - \frac{\mu_o}{K_o}v_t = \frac{\partial p_c}{\partial x} - \Delta\rho g\sin\alpha \tag{7-45}$$

(7-45)式两端同除以 v_t 得：

$$\frac{v_w}{v_t}\left(\frac{\mu_w}{K_w}+\frac{\mu_o}{K_o}\right) - \frac{\mu_o}{K_o} = \left(\frac{\partial p_c}{\partial x} - \Delta\rho g\sin\alpha\right)\frac{1}{v_t} \tag{7-46}$$

$$\frac{v_w}{v_t} = \frac{\dfrac{\mu_o}{K_o}+\left(\dfrac{\partial p_c}{\partial x}-\Delta\rho g\sin\alpha\right)\dfrac{1}{v_t}}{\dfrac{\mu_w}{K_w}+\dfrac{\mu_o}{K_o}} \tag{7-47}$$

由(7-37)式、(7-47)式得：

$$f_w = \frac{1+\dfrac{K_o}{\mu_o}\dfrac{1}{v_t}\left(\dfrac{\partial p_c}{\partial x}-\Delta\rho g\sin\alpha\right)}{1+\dfrac{\mu_w}{\mu_o}\dfrac{K_o}{K_w}} \tag{7-48}$$

(7-48)式即为同时考虑毛细管力及重力影响时的分流方程。若忽略毛细管力和重力的影响时，(7-48)式简化为：

$$f_w = \frac{1}{1+\dfrac{\mu_w}{\mu_o}\dfrac{K_o}{K_w}} \tag{7-49}$$

f_w 称为莱文莱特函数。在不考虑毛细管力及重力影响时，分流方程中的含水率主要取决于油水黏度及相渗透率的比值。对于某一特定的油藏而言，在开发过程中，μ_o 及 μ_w 值基本不变，因此 f_w 的变化主要受 K_o/K_w 的影响，而相渗透率又是含水饱和度 S_w 的函数，故 f_w 也是含水饱和度 S_w 的函数。

五、等饱和度平面移动方程

（一）单向流动

由(7-37)式得：

$$v_w = (v_w+v_o)f_w = v_t f_w \tag{7-50}$$

(7-50)式两端对 x 求导得：

$$\frac{\partial v_w}{\partial x} = v_t\frac{\partial f_w}{\partial x} = v_t\frac{df_w}{dS_w}\frac{\partial S_w}{\partial x} \tag{7-51}$$

由(7-51)式、(7-35)式得：

$$-v_t\frac{df_w}{dS_w}\frac{\partial S_w}{\partial x} = \phi\frac{\partial S_w}{\partial t} \tag{7-52}$$

$$\frac{v_t}{\phi}\frac{df_w}{dS_w} = -\frac{\dfrac{\partial S_w}{\partial t}}{\dfrac{\partial S_w}{\partial x}} \tag{7-53}$$

如果忽略岩石及流体的压缩性，当稳定渗流时，总流速 v_t 为常量，而 f_w 是含水饱和度 S_w 的函数。故当 S_w 为一常数时，即 $S_w=C$（C 为常数），$dS_w=0$，则：

$$dS_w = \frac{\partial S_w}{\partial x}dx + \frac{\partial S_w}{\partial t}dt = 0 \tag{7-54}$$

$$\frac{dx}{dt} = -\frac{\dfrac{\partial S_w}{\partial t}}{\dfrac{\partial S_w}{\partial x}} \tag{7-55}$$

由(7-53)式、(7-55)式得：

$$\frac{dx}{dt} = \frac{v_t}{\phi}\frac{df_w}{dS_w} \tag{7-56}$$

$$v_t = q(t)/A$$

式中 $q(t)$——供水源处的注入量。

由(7-56)式得：

$$\frac{dx}{dt} = \frac{q(t)}{\phi A}\frac{df_w}{dS_w} \tag{7-57}$$

(7-57)式为单向流动等饱和度平面移动方程，也称为 Buckley-Leverett 方程。

对(7-57)式积分得：

$$\int_{x_0}^{x}dx = \frac{df_w}{dS_w}\frac{1}{\phi A}\int_{0}^{t}q(t)dt \tag{7-58}$$

式中 x_0——两相渗流区的初始位置；
x——两相渗流区任一点位置。

由(7-58)式得：

$$x - x_0 = \frac{f'_w}{\phi A}\int_{0}^{t}q(t)dt \tag{7-59}$$

$$x - x_0 = \frac{f'_w}{\phi A}W(t) \tag{7-60}$$

$$f'_w = df_w/dS_w, \quad W(t) = \int_{0}^{t}q(t)dt$$

式中 $W(t)$——从开始时刻到 t 时刻的总注入量。

由(7-59)式可得到在各个时刻地层内各点饱和度的分布，如图 7-6 所示。其中前缘部分的多值性是由于如图 7-7 所示的 df_w/dS_w—S_w 曲线的多值性引起的。含水饱和度分布出现双值或三值状况，这显然不符合实际情况。要得到两相渗流区内 S_w 的实际分布，需要求出两相渗流区前缘含水饱和度 S_{wf}，当 S_{wf} 的值确定之后，S_w 的变化域也就确定了，双值或三值问题也就消失了，如图 7-8 所示。

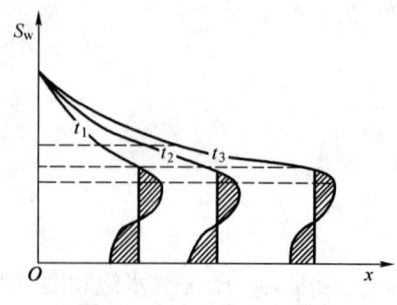

图 7-6 饱和度分布曲线

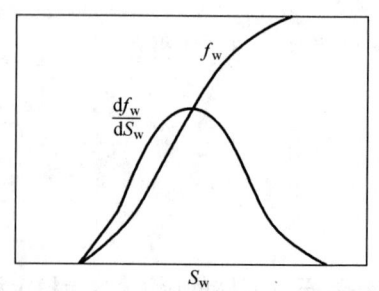

图 7-7 含水率及导数关系曲线

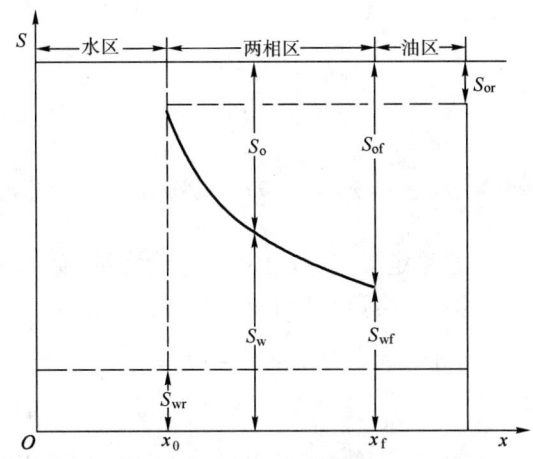

图 7-8 一维水驱饱和度分布示意图

S_{or}——残余油饱和度;S_o——可流动的含油饱和度;S_w——含水饱和度;
S_{wr}——束缚水饱和度;S_{wf}——油水前缘含水饱和度;S_{of}——油水前缘含油饱和度

(二)平面径向流动

在极坐标下,油、水流动的连续性方程为:

$$\frac{1}{r}\frac{\partial}{\partial r}(rv_o) = -\phi\frac{\partial S_o}{\partial t} \tag{7-61}$$

$$\frac{1}{r}\frac{\partial}{\partial r}(rv_w) = -\phi\frac{\partial S_w}{\partial t} \tag{7-62}$$

因 $S_o + S_w = 1$,故:

$$\frac{\partial S_o}{\partial t} = -\frac{\partial S_w}{\partial t} \tag{7-63}$$

由(7-61)式、(7-62)式得:

$$\frac{1}{r}\frac{\partial}{\partial r}(rv_o + rv_w) = 0 \tag{7-64}$$

从(7-64)式可以看出,$(rv_o + rv_w)$是与位置 r 无关的常量。

令 $u_o = rv_o$,$u_w = rv_w$,$u_t = u_o + u_w$,则:

$$u_t = rv_o + rv_w \tag{7-65}$$

因 $(rv_o + rv_w)$ 与位置 r 无关,则(7-65)式中的 u_t 也是与 r 无关的常量。

由 $f_w = v_w/v_t$,得 $rv_w = rv_t f_w$,$rv_w = u_t f_w$,则:

$$\frac{\partial(rv_w)}{\partial r} = \frac{\partial(u_t f_w)}{\partial r} \tag{7-66}$$

因 u_t 为常量,则:

$$\frac{\partial(rv_w)}{\partial r} = u_t \frac{\partial f_w}{\partial S_w}\frac{\partial S_w}{\partial r} \tag{7-67}$$

(7-67)式两端同除以 r 得:

$$\frac{1}{r}\frac{\partial(rv_w)}{\partial r} = v_t \frac{\partial f_w}{\partial S_w}\frac{\partial S_w}{\partial r} \tag{7-68}$$

由(7-68)式、(7-62)式得:

$$v_t \frac{\partial f_w}{\partial S_w}\frac{\partial S_w}{\partial r} = -\phi\frac{\partial S_w}{\partial t} \tag{7-69}$$

(7-69)式变形得:

$$\frac{vf'_w}{\phi} = -\frac{\frac{\partial S_w}{\partial t}}{\frac{\partial S_w}{\partial r}} \tag{7-70}$$

其中
$$f'_w = -\frac{\partial f_w}{\partial S_w}$$

如果忽略岩石及流体的压缩性,当稳定渗流时,总流速 v_t 为常量,而 f_w 是含水饱和度 S_w 的函数。故当 S_w 为一常数即 $S_w = C$(C 为常数)时,$dS_w = 0$,则:

$$dS_w = \frac{\partial S_w}{\partial r}dr + \frac{\partial S_w}{\partial t}dt = 0 \tag{7-71}$$

(7-71)式变形得:

$$\frac{dr}{dt} = -\frac{\frac{\partial S_w}{\partial t}}{\frac{\partial S_w}{\partial r}} \tag{7-72}$$

由(7-70)式、(7-72)式得:

$$\frac{dr}{dt} = \frac{v_t f'_w}{\phi} \tag{7-73}$$

因 $v_t = \frac{q(t)}{2\pi rh}$,则(7-73)式变为:

$$\frac{dr}{dt} = \frac{q(t)f'_w}{2\pi rh\phi} \tag{7-74}$$

(7-74)式即为平面径向流动等饱和度平面移动微分方程。

(7-74)式分离变量并积分得:

$$r^2 - r_0^2 = \frac{f'_w}{\pi h\phi}W(t) \tag{7-75}$$

由(7-75)式可以得到在各个时刻地层内沿径向各点的饱和度分布。

第三节 油水两相渗流理论的应用

一、确定前缘含水饱和度

由上述分析可知,在 t 时间内,侵入到($x_f - x_0$)范围内的总水量应等于该区域内含水饱和度的增加量,即:

$$\int_0^t q(t)dt = \int_{x_0}^{x_f} \phi A[S_w(x,t) - S_{wr}]dx \tag{7-76}$$

式中 A——渗流过水断面积;
ϕ——岩石的孔隙度;
x_f——两相渗流区前缘位置(时刻 t);
x_0——原始油水界面的位置;
$S_w(x,t)$——时刻 t,两相渗流区内任意点 x 处的含水饱和度;

S_{wr}——束缚水饱和度；

$\phi A[S_w(x,t)-S_{wr}]dx$——$t$ 时间内，两相渗流区内任意微元体 Adx 中含水量的增量。

(7-59)式对饱和度求导得：

$$dx = \frac{\int_0^t q(t)dt}{\phi A} f''_w(S_w)dS_w \tag{7-77}$$

(7-77)式代入(7-76)式得：

$$\int_0^t q(t)dt = \int_{x_0}^{x_f} \phi A[S_w(x,t)-S_{wr}] \frac{\int_0^t q(t)dt}{\phi A} f''_w(S_w)dS_w \tag{7-78}$$

(7-78)式积分并经整理得：

$$1 = \int_{S_{w0}}^{S_{wf}} [S_w(x,t)-S_{wr}]f''_w(S_w)dS_w \tag{7-79}$$

式中 S_{w0}——x_0 处的含水饱和度；

S_{wf}——x_f 处的含水饱和度，即前缘含水饱和度。

由分部积分公式 $\int_a^b udv = uv\Big|_a^b - \int_a^b vdu$，对(7-79)式则有：

$$1 = [S_w(x,t)-S_{wr}]f'_w(S_w)\Big|_{S_{w0}}^{S_{wf}} - \int_{S_{w0}}^{S_{wf}} f'_w(S_w)dS_w \tag{7-80}$$

在初始含油边界上有 $S_{w0}=1, f_w(S_{w0})=1, f'_w(S_{w0})=0$，则(7-80)式可简写成：

$$1 = [S_{wf}-S_{wr}]f'_w(S_{wf}) - [f_w(S_{wf})-1] \tag{7-81}$$

由(7-81)式得：

$$f'_w(S_{wf}) = \frac{f_w(S_{wf})}{S_{wf}-S_{wr}} \tag{7-82}$$

(7-82)式是一个含有 S_{wf} 的隐函数关系，可以通过下述方法求解前缘含水饱和度。

将(7-82)式改写成：

$$f'_w(S_{wf}) = \frac{f_w(S_{wf})-0}{S_{wf}-S_{wr}} \tag{7-83}$$

由(7-83)式可以看出，$f'_w(S_{wf})$ 正是过点 $(S_{wr},0)$ 与 f_w—S_w 曲线相切的直线的斜率。

因此，利用上述原理，在 f_w—S_w 曲线上，过 $(S_{wr},0)$ 作 f_w 的切线交于 A，过 A 点作横轴的垂线，交横轴于一点，该点的饱和度值即为前缘含水饱和度 S_{wf}，如图 7-9 所示。

确定了前缘饱和度 S_{wf} 后，由(7-59)式确定在 t 时刻的前缘位置：

$$x_f - x_0 = \frac{f'_w(S_{wf})}{\phi A} \int_0^t q(t)dt \tag{7-84}$$

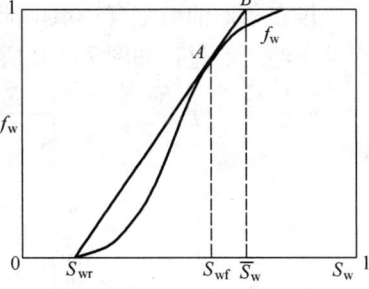

图 7-9 确定 S_{wf} 及 $\overline{S}_w$ 的示意图

(7-84)式表明，前缘位置将随采出量的增加而向前推移。

二、确定两相渗流区平均含水饱和度

当知道两相渗流区内的饱和度分布后，可以确定平均含水饱和度，即：

$$\bar{S}_w - S_{wr} = \frac{\int_0^t q(t)\mathrm{d}t}{\phi A(x_f - x_0)} \tag{7-85}$$

将(7-84)式代入(7-85)式得：

$$\bar{S}_w - S_{wr} = \frac{1}{f'_w(S_{wf})} \tag{7-86}$$

将(7-86)式改写为：

$$f'_w(S_{wf}) = \frac{1-0}{\bar{S}_w - S_{wr}} \tag{7-87}$$

由(7-87)式，在 f_w—S_w 曲线上，过 $(S_{wr}, 0)$ 作 f_w 的切线交于 A，延长过 A 点的切线与 $f_w = 1$ 的水平线交于 B 点，B 点所对应的饱和度值即为平均含水饱和度 $\bar{S}_w$，如图7-9所示。

三、确定排液道(或生产井排)见水时间

当油水两相渗流区前缘移到排液道(或生产井排)时，此时的累积注入量即为无水采油量，无水采油量可表达为：

$$\int_0^{t_f} q(t)\mathrm{d}t = \frac{A\phi(x_f - x_0)}{f'_w(S_{wf})} \tag{7-88}$$

式中 x_f——从供水源到排液道的距离；

t_f——排液道见水时间。

若排液道(或生产井排)以定产量 $q(t_f)$ 投产，则由(7-88)式，排液道见水时间为：

$$t_f = \frac{\int_0^{t_f} q(t)\mathrm{d}t}{q(t_f)} \tag{7-89}$$

四、油水两相渗流时的压力和产量

(一)单向流动

设在条形油藏中有一条排液道，水驱油呈单向流，其渗流物理模型如图 4-1 所示，油水分布及所经历的过程如图 7-10 所示。

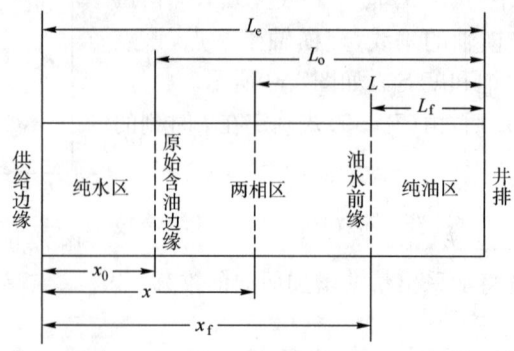

图 7-10 条形油藏水驱油示意图

油水两相渗流区中，通过任一过水断面的总液量为：

$$q = -BKh\left(\frac{K_{rw}}{\mu_w} + \frac{K_{ro}}{\mu_o}\right)\frac{dp}{dx} \qquad (7-90)$$

令 $\mu_r = \mu_o/\mu_w$，则(7-90)式变为：

$$q = -\frac{BKh}{\mu_o}(\mu_r K_{rw} + K_{ro})\frac{dp}{dx} \qquad (7-91)$$

$$dp = -\frac{q\mu_o}{BKh}\frac{dx}{\mu_r K_{rw} + K_{ro}} \qquad (7-92)$$

$$p_f - p_o = \int_{p_o}^{p_f} dp = -\frac{q\mu_o}{BKh}\int_{x_0}^{x_f}\frac{dx}{\mu_r K_{rw} + K_{ro}} \qquad (7-93)$$

(7-93)式就是油水两相渗流时两相渗流区的压力分布。在(7-93)式中，$\dfrac{\mu_o}{BKh}\int_{x_0}^{x_f}\dfrac{dx}{\mu_r K_{rw} + K_{ro}}$ 表示油水两相渗流区的渗流阻力，将此渗流阻力的分子分母同除以 $\mu_r K_{rw}$ 得：

$$\frac{\mu_o}{BKh}\int_{x_0}^{x_f}\frac{dx}{\mu_r K_{rw} + K_{ro}} = \frac{\mu_w}{BKh}\int_{x_0}^{x_f}\frac{f_w(S_w)}{K_{rw}}dx \qquad (7-94)$$

要求出(7-94)式的积分值，必须找出 $f_w(S_w)/K_{rw}$ 与 x 的关系。但 $f_w(S_w)$、K_{rw} 都是饱和度 S_w 的函数，而它们可以由如图 7-11 所示的相对渗透率曲线求出。因此，必须找出距离 x 与饱和度 S_w 的关系，(7-94)式的积分值就可用作图法求出。

由(7-59)式、(7-84)式得：

$$x - x_0 = \frac{f'_w(S_w)}{f'_w(S_{wf})}(x_f - x_0) \qquad (7-95)$$

则 $dx = \dfrac{(x_f - x_0)}{f'_w(S_{wf})}df'_w(S_w)$，且 $x = x_0$ 时，$S_w = 1 - S_{or}$，$f'_w(S_w) = 0$，其中 S_{or} 为残余油饱和度。

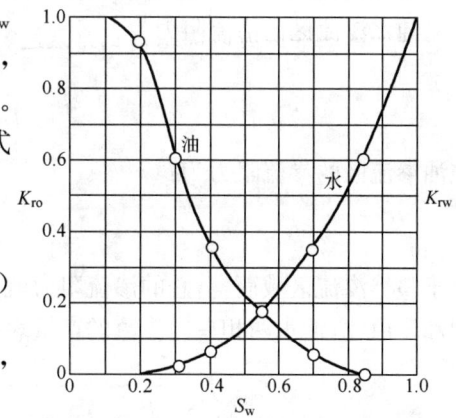

图 7-11 油水相对渗透率曲线

将以上各式代入(7-94)式右端并积分得：

$$\frac{\mu_w}{BKh}\frac{x_f - x_0}{f'_w(S_{wf})}\int_0^{f'_w(S_{wf})}\frac{f_w(S_w)}{K_{rw}}df'_w(S_w) \qquad (7-96)$$

(7-96)式积分号下的值可以用图解法求出。在 $S_{wf} < S_w < 1 - S_{or}$ 区间内，给定任意 S_w，由相对渗透率曲线求出 $f_w(S_w)$—S_w、$f'_w(S_w)$—S_w 关系曲线，如图 7-12 所示。

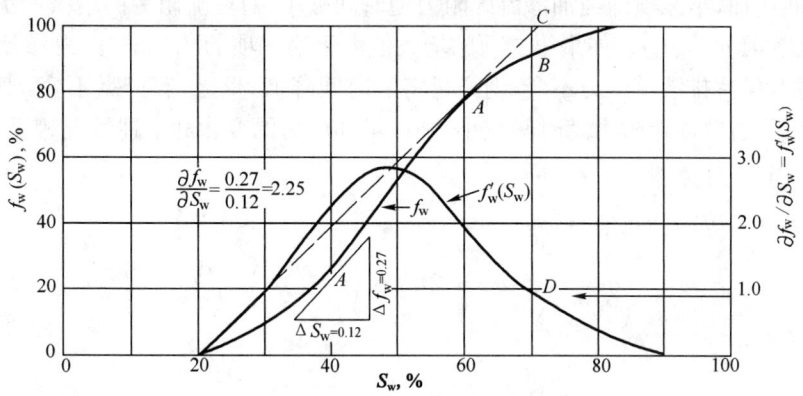

图 7-12 $f_w(S_w)$—S_w 及 $f'_w(S_w)$—S_w 关系曲线

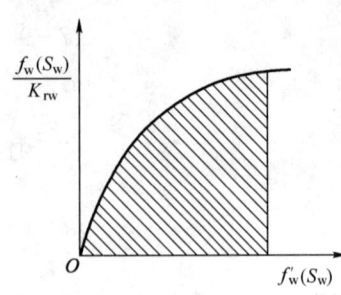

于是可以作出 $f_w(S_w)/K_{rw}$—$f'_w(S_w)$ 的关系曲线，如图7-13所示，图形中曲线所围成的面积就是(7-96)式中的积分值。

若令：

$$\alpha = \frac{1}{f'_w(S_{wf})} \int_0^{f'_w(S_{wf})} \frac{f_w(S_w)}{K_{rw}} df'_w(S_w) \qquad (7-97)$$

则两相渗流区的渗流阻力为：

$$\alpha \frac{\mu_w}{BKh}(x_f - x_0) \qquad (7-98)$$

图7-13 $f_w(S_w)/K_{rw}$—$f'_w(S_w)$ 关系曲线

由于 $x_f - x_0 = L_o - L_f$，则(7-98)式又可写成：

$$\alpha \frac{\mu_w}{BKh}(L_o - L_f) \qquad (7-99)$$

(7-99)式就是油水两相渗流时两相区渗流阻力的表达式。

纯水渗流区的渗流阻力为：

$$\frac{\mu_w}{BKh}(L_e - L_o) \qquad (7-100)$$

纯油渗流区的渗流阻力为：

$$\frac{\mu_o}{BKh}L_f \qquad (7-101)$$

对于整个渗流区域而言，总的渗流阻力就是将纯水渗流区、两相渗流区、纯油渗流区沿程阻力相加。由此，油水两相单向渗流的产量表达式为：

$$q = \frac{p_e - p_{wf}}{\frac{\mu_w}{BKh}(L_e - L_o) + \alpha \frac{\mu_w}{BKh}(L_o - L_f) + \frac{\mu_o}{BKh}L_f} \qquad (7-102)$$

式中 p_e——供给边界压力；

p_{wf}——排液道压力。

(7-102)式表示某时刻 t 的产量。在水驱油过程中，油水前缘随时间向井推进，L_f 随时间而变化，因此，排液道产量(或压力)也将随时间而变化。(7-102)式中分母第二项即两相区渗流阻力随时间增加，第三项即纯油渗流区阻力随时间减小，总渗流阻力的增减取决于该两项变化数值的对比(因 $\mu_w < \mu_o$)。如果第二项的增大值大于第三项的减小值，则总渗流阻力将随时间增大，此时若保持排液道压力不变，则产量将随时间降低；反之，若产量不变，则排液道压力将随时间降低。若总渗流阻力随时间减小，则产量和压力的变化和上述情况相反。

(二)平面径向流动

两相区内任一界面的总液量为：

$$q = q_w + q_o = 2\pi rhK\left(\frac{K_{rw}}{\mu_w} + \frac{K_{ro}}{\mu_o}\right)\frac{dp}{dr} \qquad (7-103)$$

由(7-103)式得：

$$dp = \frac{q}{2\pi rhK} \frac{1}{\frac{K_{rw}}{\mu_w} + \frac{K_{ro}}{\mu_o}} dr \qquad (7-104)$$

由(7-75)式对 S_w 求导得：

$$2r\mathrm{d}r = \frac{W(t)}{\pi h \phi} f''_w \mathrm{d}S_w \tag{7-105}$$

(7-105)式变形得：

$$\mathrm{d}r = \frac{W(t)}{2\pi rh\phi} f''_w \mathrm{d}S_w \tag{7-106}$$

由(7-106)式、(7-104)式得：

$$\mathrm{d}p = \frac{q}{2\pi rhK} \frac{1}{\frac{K_{rw}}{\mu_w} + \frac{K_{ro}}{\mu_o}} \frac{W(t)}{2\pi rh\phi} f''_w \mathrm{d}S_w \tag{7-107}$$

(7-107)式积分得：

$$\int_{p_0}^{p_f} \mathrm{d}p = \int_{S_{wo}}^{S_{wf}} \frac{q}{KA} \frac{W(t)}{A\phi} \frac{f''_w}{\frac{K_{rw}}{\mu_w} + \frac{K_{ro}}{\mu_o}} \mathrm{d}S_w \tag{7-108}$$

由(7-108)式得：

$$p_f - p_0 = \frac{qW(t)}{K\phi A^2} \int_{S_{wo}}^{S_{wf}} \frac{f''_w}{\frac{K_{rw}}{\mu_w} + \frac{K_{ro}}{\mu_o}} \mathrm{d}S_w \tag{7-109}$$

可用近似积分的方法求出(7-109)式的结果，即可求出两相区内的各点的压力分布。

五、相对渗透率曲线计算理论

在实验室利用驱替实验的数据计算相对渗透率的方法有稳态法和非稳态法。稳态法是在忽略重力和毛管力影响的情况下，假定油、水的渗流都遵循达西定律，由稳定流产量公式反求相对渗透率，其基本原理已在"油层物理"课程中介绍，此处不再阐述。

利用非稳态法测定的实验数据计算油水相对渗透率是以 Buckley-Leverett 一维前缘驱替理论为基础的。1959 年，Johnson、Bossler 和 Navmann 在处理非稳态法实验数据时，利用 Buckley-Leverett 方程推导出计算油水两相相对渗透率公式，后经 Jones 和 Roszelle 在 1978 年完善，得到目前国内外常用的 JBN 方法。

非稳态法测定的实验步骤已在"油层物理课程"中介绍，此处仅阐述计算相对渗透率的基本理论。

对于一维岩心水驱油实验，假设岩心为各向同性均匀介质；岩心的有效孔隙中只有油、水或油和水，且油、水具有恒定黏度；驱替过程中束缚水不流动；非稳态恒速水平驱替，忽略重力和毛细管力情形；相对渗透率理论本身存在有效性。

（一）注入体积倍数与含水率关系

由(7-60)式，在岩心入口端$(x_0=0)$和岩心出口端$(x=L)$时：

$$L = \frac{f'_w(S_{w2})}{\phi A} \int_0^t q(t)\mathrm{d}t = \frac{f'_w(S_{w2})}{\phi A} W(t) \tag{7-110}$$

定义：

$$Q_i = \frac{W(t)}{V_p} \tag{7-111}$$

则由(7-110)式、(7-111)式得：

$$\frac{1}{Q_i} = f'_w(S_{w2}) = \frac{df_w(S_{w2})}{dS_w} \tag{7-112}$$

式中　Q_i——注入体积倍数,即累积注水量与岩心孔隙体积之比;

V_p——岩心的孔隙体积,$V_p = \phi AL$;

ϕ——岩心孔隙度;

A——岩心横截面积;

L——岩心长度;

S_{w2}——出口端含水饱和度;

$f_w(S_{w2})$——出口端饱和度对应的含水率;

$W(t)$——从开始时刻到 t 时刻的总注水量;

$q(t)$——t 时刻的产量。

(7-112)式是 Buckley-Leveret 方程的广义形式,即所谓的 Welge 方程,它表明在岩心驱替过程中,注水体积倍数等于含水率导数的倒数,驱替过程的"非稳态"间接体现在注水体积倍数中。

(二) 视黏度与注水体积倍数关系

一维水驱油总流量:

$$q(t) = q_w + q_o = -AK\left(\frac{K_{rw}}{\mu_w} + \frac{K_{ro}}{\mu_o}\right)\frac{\partial p}{\partial x} \tag{7-113}$$

式中　K——岩心绝对渗透率;

μ_w——水黏度;

μ_o——油黏度。

定义视黏度:

$$\mu_{app}(S_w) = \left(\frac{K_{rw}}{\mu_w} + \frac{K_{ro}}{\mu_o}\right)^{-1} \tag{7-114}$$

由(7-113)式、(7-114)式得:

$$\Delta p(x) = \frac{q(t)\mu_o}{AK}\int_0^x \frac{\mu_{app}(S_w)}{\mu_o}dx \tag{7-115}$$

由(7-59)式、(7-84)式,当取岩心入口端($x_0=0$)和岩心出口端($x=L$)时:

$$dx = \frac{L}{f'_w(S_{w2})}df'_w(S_w) \tag{7-116}$$

(7-116)式代入(7-115)式并取岩心末端($x=L$)得:

$$\Delta p(L) = \frac{q(t)\mu_o L}{AKf'_w(S_{w2})}\int_0^{f'_w(S_{w2})} \frac{\mu_{app}(S_w)}{\mu_o}df'_w(S_w) \tag{7-117}$$

令:

$$I(Q_i) = \frac{\Delta p(L)AK}{q(t)\mu_o L} \tag{7-118}$$

式中　$\Delta p(t)$——t 时刻岩心两端压差。

由(7-117)式、(7-118)式得:

$$\int_0^{f'_w(S_w)} \frac{\mu_{app}(S_w)}{\mu_o}df'_w(S_w) = I(Q_i)f'_w(S_{w2}) \tag{7-119}$$

由(7-112)式、(7-119)式得:

$$\int_0^{\frac{1}{Q_i}} \frac{\mu_{app}(Q_i)}{\mu_o} d\left(\frac{1}{Q_i}\right) = \frac{I(Q_i)}{Q_i} \qquad (7-120)$$

(7-120)式两端对 Q_i 微分得：

$$\frac{\mu_{app}(Q_i)}{\mu_o} = I(Q_i) - Q_i \frac{dI(Q_i)}{dQ_i} \qquad (7-121)$$

根据驱替数据，由(7-118)式可以计算出不同注入体积倍数 Q_i 下的 $I(Q_i)$ 值，再由(7-121)式可以计算不同注入体积倍数 Q_i 下的 $\mu_{app}(Q_i)$ 值。

（三）平均含水饱和度与出口端含水饱和度关系

在驱替实验过程中，对于某一特定时间而言，由于油、水是不可压缩的，根据物质平衡原理，累积产油量即为累积增水量，则岩心平均含水饱和度为：

$$\bar{S}_w = S_{wr} + \frac{V_o}{V_p} \qquad (7-122)$$

式中　S_{wr}——岩心束缚水饱和度；
　　　V_o——岩心中的含油体积。

平均含水饱和度又可由岩心中的任意两点间(x_1, x_2)的饱和度分布求得：

$$\bar{S}_w = \frac{S_{w2}(x_2) - S_{w1}(x_1)}{x_2 - x_1} - \frac{W(t)[f_w(S_{w2}) - f_w(S_{w1})]}{\phi A(x_2 - x_1)} \qquad (7-123)$$

在岩心的入口端($x=0$)及岩心出口端($x=L$)处，(7-123)式变为：

$$\bar{S}_w = S_{w2} + Q_i[1 - f_w(S_{w2})] = S_{w2} + Q_i f_o(S_{w2}) \qquad (7-124)$$

式中　$f_o(S_{w2})$——出口端饱和度对应的含油率。

岩心出口端的含油率为：

$$f_o(S_{w2}) = \lim_{\Delta V_i} \frac{V_o(V + \Delta V) - V_o(V)}{\Delta V} = \frac{dV_o}{dV} = \frac{\phi AL d\bar{S}_w}{dV} = \frac{d\bar{S}_w}{dQ_i} \qquad (7-125)$$

由(7-125)式得：

$$f_w(S_{w2}) = 1 - f_o(S_{w2}) = 1 - \frac{d\bar{S}_w}{dQ_i} \qquad (7-126)$$

由(7-124)式得：

$$S_{w2} = \bar{S}_w - Q_i f_o(S_{w2}) = \bar{S}_w - Q_i \frac{d\bar{S}_w}{dQ_i} \qquad (7-127)$$

由(7-127)式可以计算不同注入体积倍数 Q_i 下的岩心出口端含水饱和度 S_{w2}。

（四）相对渗透率计算公式

由分流方程(7-49)式及(7-114)得：

$$f_w(S_{w2}) = \left(\frac{K_{rw}/\mu_w}{K_{rw}/\mu_w + K_{ro}/\mu_o}\right)_{S_{w2}} = \frac{K_{rw}}{\mu_w} \mu_{app}(S_{w2}) \qquad (7-128)$$

由(7-128)式、(7-121)式得：

$$K_{rw}(S_{w2}) = \frac{\mu_w}{\mu_o} f_w(S_{w2}) \frac{d(Q_i)}{d[I(Q_i)Q_i]} \qquad (7-129)$$

由分流方程(7-49)式、(7-129)式得：

$$K_{ro}(S_{w2}) = \frac{\mu_o}{\mu_w} K_{rw}(S_{w2}) \frac{1 - f_w(S_{w2})}{f_w(S_{w2})} \qquad (7-130)$$

思 考 题

1. 什么是活塞式和非活塞式驱动？
2. 影响非活塞驱动的因素有哪些？
3. 写出单向流动等饱和度平面移动方程？说明它的建立过程。
4. 什么是分流方程？考虑毛细管力和重力影响下的分流方程如何建立？
5. 如何确定一维单向渗流时的油水前缘饱和度和平均含水饱和度？

习 题

1. 在某砂岩油藏油水渗透率数据如表 7-1 所示，求解以下问题。

表 7-1 第 1 题表

S_w,%	0	10	20	30	40	50	60	70	75	80	90	100
K_{ro}	1.0	1.0	1.0	0.94	0.80	0.44	0.16	0.045	0	0	0	0
K_{rw}	0	0	0	0	0.04	0.11	0.20	0.30	0.36	0.44	0.68	1.0

(1) 作出油水相对渗透率曲线图。
(2) 确定残余油饱和度及束缚水饱和度。
(3) 若油、水的黏度分别为 3.4mPa·s、0.68mPa·s，则当两相渗流区中含水饱和度为 50% 时含水率为多少？
(4) 若油、水的体积系数分别为 1.5、1.05，则地面含水率及含油率为多少？
(5) 作出 f_w—S_w 关系曲线。
(6) 确定两相区前缘含水饱和度及两相中的平均含水饱和度。
(7) 作出 $\partial f_w/\partial S_w$—$S_w$ 关系曲线。
(8) 确定前缘含水饱和度下的 f'_w 值。
(9) 如图 7-14 所示，已知地层厚度为 10m，宽度为 420m，油层孔隙度为 0.25，沿走向均匀布置三口井，若每口井产量均为 30m³/d，求经过 60d、120d 及 240d 后两相渗流区内任一恒定饱和度推进的距离并绘成曲线。

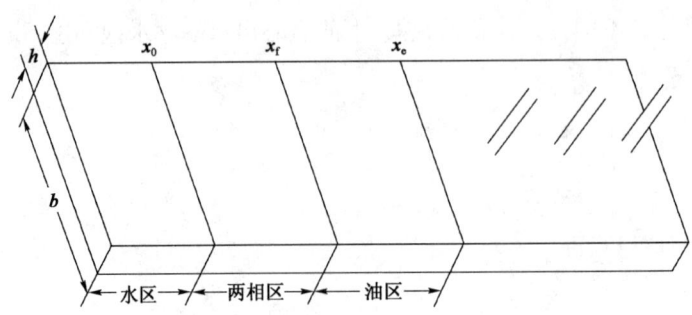

图 7-14 第 1 题图

2. 图 7-15(a) 为一带状油藏，考虑水驱油为非活塞式过程。已知油层宽度为 140m，油层厚度为 6m，孔隙度为 0.25，束缚水饱和度为 0.2，两相区中含水饱和度 S_w 与含水率 f_w 以及与

含水率的导数 $\partial f_w/\partial S_w$ 的关系如图 7-15(b) 所示。试求：

(1) 两相区前缘处的含水饱和度 S_{wf}；
(2) 两相区平均含水饱和度 $\overline{S}_w$；
(3) 无水采油量 ($x_e - x_0 = 500\mathrm{m}$)。

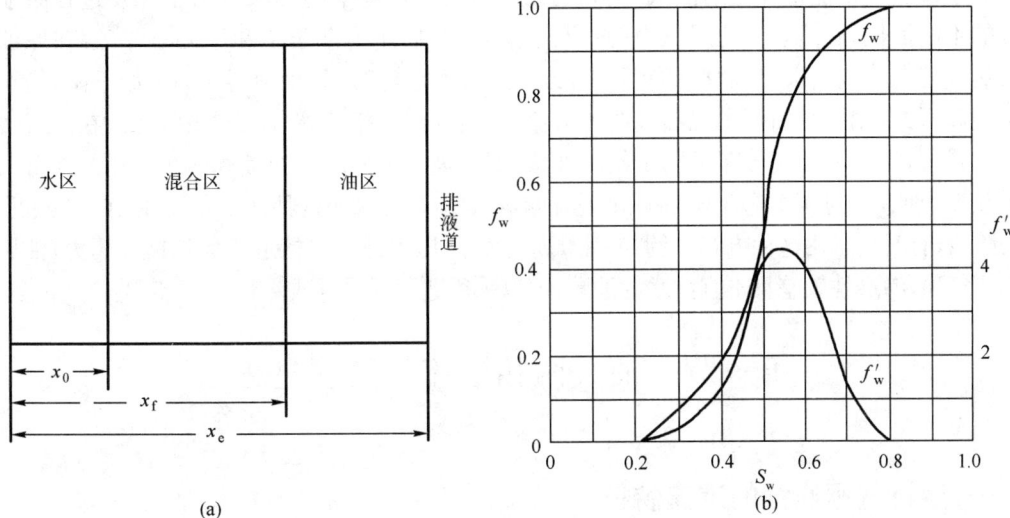

图 7-15　第 2 题图

3. 已知油层宽度为 500m，油层厚度为 8m，孔隙度为 0.25，原油体积系数为 1.2，油水黏度比为 2，油水相对渗透率曲线如图 7-16 所示。

(1) 求经过 80d、160d、320d 后任一恒定饱和度推进的距离，并绘成曲线。
(2) 在油区布置四口井，每口井产量均为 $40\mathrm{m}^3/\mathrm{d}$(地面)，若 $x_e - x_0 = 15000\mathrm{m}$，求无水采油期及无水采油量。

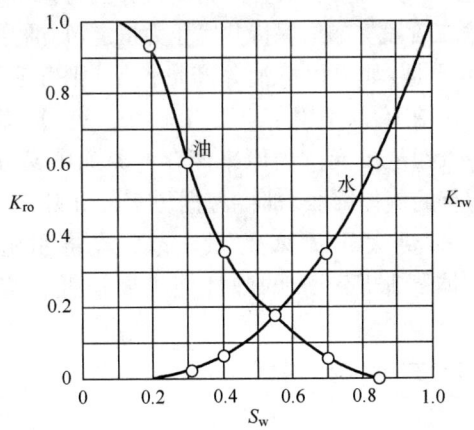

图 7-16　第 3 题图

第八章 油气两相渗流理论

对于没有外来能量补充的油藏(例如既无气顶也无边底水的油藏),由于开发过程中油藏能量的不断消耗,必然导致地层压力的不断下降,当井底压力低于饱和压力时,溶解在原油中的天然气就会分离出来,从而在井底附近形成油气两相渗流。如果地层压力继续下降,乃至于低于饱和压力,则在全油藏出现油气两相渗流,此时油藏处于溶解气驱开采状态。在溶解气驱开采方式下,油藏内油气分布不同于气驱油藏,即在油层内同时存在油气两相渗流。溶解气驱的采收率很低,约为5%~15%,一般来说,油藏不宜全过程采用这种开采方式,但在开发过程的某一阶段,有时会采用这种方式。例如,油藏原始地层压力低于或接近于原油饱和压力,油层无边水或气顶,渗透性较差且不宜注水的油藏,可以采用这种开采方式。

第一节 油气两相渗流的物理过程

一、溶解气驱油藏的渗流特征

假定在圆形封闭油藏中心有一口生产井,地层原始压力接近于原油的饱和压力。当油井投产后,井底压力低于原油的饱和压力时,在井底附近首先出现油气两相渗流。如果保持油井产量恒定,可以观察到井底压力不断下降、压降漏斗逐渐扩大加深、油气两相渗流区(简称两相区)逐渐扩大的过程,如图8-1所示。

在两相区以外,由于没有压差,因而没有流动发生。当两相区扩大到封闭边界之前称为油气两相渗流的第一阶段。两相区外缘到达封闭边界,封闭边界压力开始下降,全油藏处于两相渗流状态,称为油气两相渗流的第二阶段。如果保持井底压力恒定,则油井产量将不断下降。

上述变化过程的物理本质是:如果保持油井产量恒定,则井底附近压力下降到 p 时,从油量 q_{o1} 中分离出部分溶解气,在压力作用下会发生膨胀。此外,单元体内的压力也随时间而下降,有一个下降速度 dp/dt,从单元体内原来储存的原油中又分离出部分溶解气,该部分气体也将发生膨胀。上述所有的气体膨胀,都将占据更多的孔隙,将油驱出,使得流出单元体的自由气量 q_{g2} 和油量 q_{o2} 都要大于流入的量,显然这将引起单元体内油气饱和度发生变化,如图8-2所示。气体膨胀所释放的弹性能主要消耗在克服阻力转化为流体的动

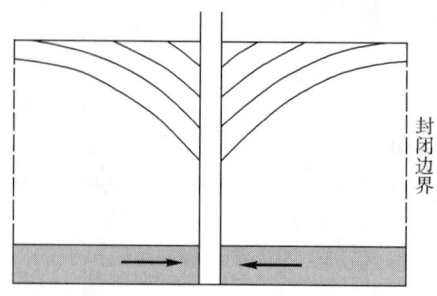

图8-1 溶解气驱压力传播示意图

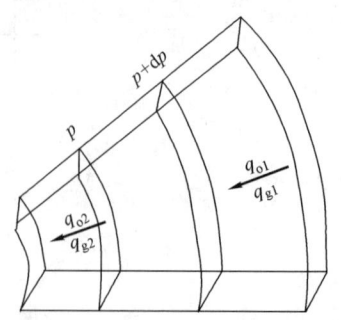

图8-2 溶解气驱单元体示意图

能上。由于两相区的气体弹性能不断被消耗,因此当油井的产量恒定时,若要保持原油连续流向井中,井底压力和地层压力就要不断下降,压降漏斗逐渐扩大和加深。在两相区达到边界后,封闭边界上的压力也将不断下降。

二、溶解气驱的生产特征

在溶解气驱开采方式下,油藏的开采曲线如图8-3所示,图中的 GOR 为生产气油比。生产气油比的变化可以分为三个阶段。

(1)第Ⅰ阶段:地层压力刚低于饱和压力,分离出的自由气量很少,呈单个的气泡状态分散在地层内,气体未形成连续的流动相,故自由气膨胀所释放的能量主要用于驱油,生产气油比缓慢下降。

(2)第Ⅱ阶段:随地层压力的进一步降低,分离出的自由气量较多,逐渐形成连续的气流,因此油气同时流动,但气体的黏度远比油的黏度小,故气体流动很快,油流得很慢。此阶段的气油比急剧上升,驱油效率较低。

(3)第Ⅲ阶段:生产气油比迅速下降,此时已进入开采后期,油藏中的气量很少,能量已接近枯竭。

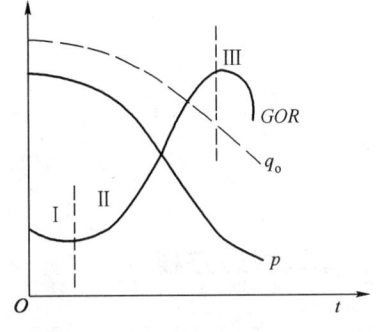

图8-3 溶解气驱开采曲线

第二节 油气两相渗流微分方程

假设地层均质、水平、等厚及各向同性,油气渗流满足达西定律且呈平面径向渗流,渗流为等温过程,忽略重力和毛细管力的影响。

一、运动方程

(一)油相的运动方程

由假设条件,油相的流动满足达西定律,则油相的运动方程为:

$$v_o = -\frac{KK_{ro}}{\mu_o}\nabla p \tag{8-1}$$

式中 μ_o——原油黏度,它是压力的函数;

K_{ro}——油相的相对渗透率,它是含油饱和度 S_o 的函数;

K——地层渗透率。

在三维空间中,油相的运动方程又可表示为:

$$v_{ox} = -\frac{KK_{ro}}{\mu_o}\frac{\partial p}{\partial x} \tag{8-2}$$

$$v_{oy} = -\frac{KK_{ro}}{\mu_o}\frac{\partial p}{\partial y} \tag{8-3}$$

$$v_{oz} = -\frac{KK_{ro}}{\mu_o}\frac{\partial p}{\partial z} \tag{8-4}$$

(二)气相的运动方程

由假设条件,气相的流动满足达西定律,则气相的运动方程为:

$$\boldsymbol{v}_g = -\frac{KK_{rg}}{\mu_g}\nabla p \tag{8-5}$$

式中 μ_g——气体黏度,它是压力的函数;

K_{rg}——气相的相对渗透率,它是含气饱和度 S_g 的函数。

在三维空间中,气相的运动方程又可表示为:

$$v_{gx} = -\frac{KK_{rg}}{\mu_g}\frac{\partial p}{\partial x} \tag{8-6}$$

$$v_{gy} = -\frac{KK_{rg}}{\mu_g}\frac{\partial p}{\partial y} \tag{8-7}$$

$$v_{gz} = -\frac{KK_{rg}}{\mu_g}\frac{\partial p}{\partial z} \tag{8-8}$$

二、状态方程

(一)自由气

自由气的状态方程由下述过程导出:

$$p_{sc}V_{sc} = pV$$

$$p_{sc}\frac{m}{\rho_{gsc}} = p\frac{m}{\rho_g}$$

$$\rho_g = \rho_{gsc}\frac{p}{p_{sc}} = C(p)$$

$$C(p) = \rho_{gsc}\frac{p}{p_{sc}} \tag{8-9}$$

式中 p_{sc}——地面标准状况下的压力,MPa;

V_{sc}——地面标准状况下气体体积,m³;

ρ_{gsc}——地面标准状况下气体的密度,kg/m³;

ρ_g——某一压力下自由气的密度,kg/m³;

m——气体的质量,kg。

(二)溶解气

溶解气在地面的产量为:

$$q_{sc2} = q_{osc}R_s(p) = \frac{q_o}{B_o(p)}R_s(p) \tag{8-10}$$

式中 q_{sc2}——溶解气在地面的产量,m³;

q_{osc}——地面产油量,m³;

q_o——地下产油量,m³;

$R_s(p)$——溶解气油比,m³/m³;

$B_o(p)$——原油体积系数。

溶解气质量为:

$$q_{sc2} = q_{osc}R_s(p)\rho_{gsc} = \frac{q_o}{B_o(p)}R_s(p)\rho_{gsc} \tag{8-11}$$

式中 ρ_{gsc}——溶解气地面标准状况下的密度。

每 $1m^3$ 地下原油体积中溶解气的密度：

$$\rho_{gr} = \frac{R_s(p)\rho_{gsc}}{B_o(p)} \tag{8-12}$$

式中 ρ_{gr}——地下单位体积原油中溶解气的密度，kg/m^3。

（三）原油

每 $1m^3$ 原油的质量为脱气油质量与溶解气质量之和，即：

$$m = \frac{q_o}{B_o(p)}\rho_{osc} + \frac{q_o}{B_o(p)}R_s(p)\rho_{gsc} \tag{8-13}$$

则原油密度为：

$$\rho_o = \frac{\rho_{osc} + R_s(p)\rho_{gsc}}{B_o(p)} \tag{8-14}$$

式中 ρ_{osc}——脱气油的密度，kg/m^3；
ρ_o——地下单位体积原油（含气）的密度，kg/m^3。

三、油气渗流的连续性方程

（一）油相的连续性方程

类似于单相渗流的研究方法，在油藏中取一微小的六面体 $a'b'a''b''$，如图 3-1 所示。中心点 M 处液体的质量渗流速度在各坐标下的分量分别为 $(\rho_o-\rho_{gr})v_{ox}$、$(\rho_o-\rho_{gr})v_{oy}$、$(\rho_o-\rho_{gr})v_{oz}$。

在 x 方向上，M' 点的质量渗流速度为：

$$(\rho_o-\rho_{gr})v_{ox} - \frac{\partial}{\partial x}[(\rho_o-\rho_{gr})v_{ox}]\frac{dx}{2}$$

在 x 方向上，M'' 点的质量渗流速度为：

$$(\rho_o-\rho_{gr})v_{ox} + \frac{\partial}{\partial x}[(\rho_o-\rho_{gr})v_{ox}]\frac{dx}{2}$$

六面体在 dt 时间内在 x 方向上流入与流出的质量差为：

$$-\frac{\partial[(\rho_o-\rho_{gr})v_{ox}]}{\partial x}dxdydzdt$$

同理，在 dt 时间内在 y、z 方向上流入与流出的质量差为：

$$-\frac{\partial[(\rho_o-\rho_{gr})v_{oy}]}{\partial y}dxdydzdt$$

$$-\frac{\partial[(\rho_o-\rho_{gr})v_{oz}]}{\partial z}dxdydzdt$$

则六面体内流入与流出的质量差为：

$$-\left\{\frac{\partial[(\rho_o-\rho_{gr})v_{ox}]}{\partial x} + \frac{\partial[(\rho_o-\rho_{gr})v_{oy}]}{\partial y} + \frac{\partial[(\rho_o-\rho_{gr})v_{oz}]}{\partial z}\right\}dxdydzdt \tag{8-15}$$

而在 dt 时间内六面体内液体质量变化为：

$$\frac{\partial}{\partial t}[(\rho_o-\rho_{gr})\phi S_o]dxdydzdt \tag{8-16}$$

式中 S_o——油相的饱和度。

由质量守恒定律,利用(8-15)式、(8-16)式得油相的连续性方程:

$$-\left\{\frac{\partial[(\rho_o-\rho_{gr})v_{ox}]}{\partial x}+\frac{\partial[(\rho_o-\rho_{gr})v_{oy}]}{\partial y}+\frac{\partial[(\rho_o-\rho_{gr})v_{oz}]}{\partial z}\right\}=\frac{\partial[(\rho_o-\rho_{gr})\phi S_o]}{\partial t}$$

或

$$-\nabla\cdot[(\rho_o-\rho_{gr})v_o]=\frac{\partial[(\rho_o-\rho_{gr})\phi S_o]}{\partial t} \quad (8-17)$$

(二)气相的连续性方程

气相的物质平衡应包括溶解气和自由气两部分。

M 点自由气的质量渗流速度在各方向上的分量分别为 $\rho_g v_{gx}$、$\rho_g v_{gy}$、$\rho_g v_{gz}$。

M 点溶解气的质量渗流速度在各方向上的分量分别为 $\rho_{gr} v_{ox}$、$\rho_{gr} v_{oy}$、$\rho_{gr} v_{oz}$。

M 点在各坐标方向的气体总的质量渗流速度分别为 $\rho_g v_{gx}+\rho_{gr}v_{ox}$、$\rho_g v_{gy}+\rho_{gr}v_{oy}$、$\rho_g v_{gz}+\rho_{gr}v_{oz}$。

经过 dt 时间后六面体流入与流出的质量差为:

$$-\left[\frac{\partial}{\partial x}(\rho_g v_{gx}+\rho_{gr}v_{ox})+\frac{\partial}{\partial y}(\rho_g v_{gy}+\rho_{gr}v_{oy})+\frac{\partial}{\partial z}(\rho_g v_{gz}+\rho_{gr}v_{oz})\right]dxdydzdt \quad (8-18)$$

六面体内气体的质量变化包括自由气和溶解气两部分的质量变化。

自由气的质量变化为:

$$\frac{\partial}{\partial t}[\rho_g(1-S_o)\phi]dxdydzdt$$

溶解气的质量变化为:

$$\frac{\partial}{\partial t}[\rho_{gr}S_o\phi]dxdydzdt$$

则气体总的质量变化为:

$$\frac{\partial}{\partial t}[\rho_g(1-S_o)+\rho_{gr}S_o]\phi dxdydzdt \quad (8-19)$$

由质量守恒定律,利用(8-18)式、(8-19)式得气相的连续性方程:

$$-\left[\frac{\partial}{\partial x}(\rho_g v_{gx}+\rho_{gr}v_{ox})+\frac{\partial}{\partial y}(\rho_g v_{gy}+\rho_{gr}v_{oy})+\frac{\partial}{\partial z}(\rho_g v_{gz}+\rho_{gr}v_{oz})\right]=\frac{\partial}{\partial t}[\rho_g(1-S_o)+\rho_{gr}S_o]\phi$$

或

$$-\nabla\cdot(\rho_g v_g+\rho_{gr}v_o)=\frac{\partial}{\partial t}[\rho_g(1-S_o)+\rho_{gr}S_o]\phi \quad (8-20)$$

四、油气渗流的微分方程

(一)油相

将(8-1)式、(8-10)式、(8-11)式代入(8-17)式,得到油相的渗流微分方程:

$$\nabla\cdot\left[\frac{K_{ro}}{\mu_o(p)B_o(p)}\nabla p\right]=\frac{\phi}{K}\frac{\partial}{\partial t}\left[\frac{S_o}{B_o(p)}\right] \quad (8-21)$$

(二)气相

将(8-1)式、(8-5)式、(8-9)式、(8-10)式代入(8-17)式,得到气相的渗流微分方程:

$$\nabla \cdot \left[\frac{C(p)}{\mu_g(p)}K_{rg}\nabla p\right] + \nabla \cdot \left[\frac{R_s(p)\rho_{gsc}}{\mu_o(p)B_o(p)}K_{ro}\nabla p\right] = \frac{\phi}{K}\frac{\partial}{\partial t}\left[(1-S_o)C(p) + \frac{R_s(p)\rho_{gsc}}{B_o(p)}S_o\right]$$
(8-22)

第三节 油气两相稳定渗流理论

一、平面径向稳定渗流产量

由(8-21)式得平面径向稳定渗流微分方程：

$$\nabla \cdot \left[\frac{K_{ro}}{\mu_o(p)B_o(p)}\nabla p\right] = 0 \tag{8-23}$$

为研究方便，定义拟压力函数：

$$\psi = \int_0^p \frac{K_{ro}}{\mu_o(p)B_o(p)}dp \tag{8-24}$$

式中 ψ——拟压力函数，又称赫氏函数。

由(8-23)式、(8-24)式，稳定渗流微分方程变为：

$$\nabla \cdot (\nabla \psi) = 0$$

或

$$\nabla^2 \psi = 0 \tag{8-25}$$

方程(8-25)式是拉普拉斯方程，与单相液流的稳定渗流微分方程类似，所不同的是此处是拟压力函数而不是压力。

由(8-25)式，油气平面径向稳定渗流时油井的产量及压力分布公式为：

$$q_o = \frac{2\pi Kh(\psi_e - \psi_{wf})}{\ln(r_e/r_w)} \tag{8-26}$$

$$\psi = \psi_e - \frac{\psi_e - \psi_{wf}}{\ln(r_e/r_w)}\ln\frac{r_e}{r} \tag{8-27}$$

式中 ψ_e——p_e 所对应的拟压力值；
ψ_{wf}——p_{wf} 所对应的拟压力值。

由拟压力定义得：

$$\frac{K_{ro}}{\mu_o(p)B_o(p)}dp = d\psi \tag{8-28}$$

(8-28)式积分得：

$$\int_{p_{wf}}^{p_e}\frac{K_{ro}}{\mu_o(p)B_o(p)}dp = \int_{\psi_{wf}}^{\psi_e}d\psi$$

$$\psi_e - \psi_{wf} = \int_{p_{wf}}^{p_e}\frac{K_{ro}}{\mu_o(p)B_o(p)}dp \tag{8-29}$$

从(8-29)式可以看出，方程的右端要直接积分出来是较困难的。因为 μ_o、B_o 都是压力的函数，在实际中也只有 μ_o—p、B_o—p 的实验曲线，并没有具体的函数表达式，而 K_{ro} 是压力的间接函数，这是因为 K_{ro} 是饱和度 S_o 的函数，饱和度 S_o 又是压力的函数，而 K_{ro}—S_o 也往往是一些实验曲线，因此，(8-29)式的右端只能通过近似的方法才能求出。

二、产量计算方法

由(8-26)式、(8-29)式看出，只有获得了拟压力，才可计算油井的产量。

(一)生产气油比

为了获得拟压力，首先需要了解生产气油比及计算方法。

生产气油比是地面标准状况下，总产气量与总产油量的比值：

$$GOR = \frac{q_{gsc}}{q_{osc}} \tag{8-30}$$

总产气量包括以自由气形式流到井筒中的气体和在油藏中溶解于油内并随油一起被采出的气体。

自由气在地面标准状况下的体积为：

$$q_{gsc1} = q_{g1} \frac{p}{p_{sc}}$$

溶解气在地面标准状况下的体积为：

$$q_{gsc2} = \frac{q_o}{B_o(p)} R_s(p)$$

总产气量为：

$$q_{gsc} = q_{gsc1} + q_{gsc2}$$

$$q_{gsc} = q_{g1} \frac{p}{p_{sc}} + \frac{q_o}{B_o(p)} R_s(p) \tag{8-31}$$

总产油量为：

$$q_{osc} = \frac{q_o}{B_o(p)} \tag{8-32}$$

因油气的渗流都服从达西定律，即：

$$q_{g1} = \frac{KK_{rg}}{\mu_g(p)} A \frac{dp}{dr} \tag{8-33}$$

$$q_o = \frac{KK_{ro}}{\mu_o(p)} A \frac{dp}{dr} \tag{8-34}$$

将(8-31)式~(8-34)式代入(8-30)式得生产气油比的计算公式：

$$GOR = \frac{\dfrac{KK_{rg}}{\mu_g(p)} A \dfrac{dp}{dr} \dfrac{p}{p_{sc}} + \dfrac{KK_{ro}}{\mu_o(p)} A \dfrac{dp}{dr} \dfrac{R_s(p)}{B_o(p)}}{\dfrac{KK_{ro}}{\mu_o(p)} A \dfrac{dp}{dr} \dfrac{1}{B_o(p)}}$$

$$GOR = \frac{K_{rg}}{K_{ro}} \frac{\mu_o(p)}{\mu_g(p)} \frac{p}{p_{sc}} B_o(p) + R_s(p) \tag{8-35}$$

(二)拟压力的计算方法

1. 计算 K_{rg}/K_{ro} — p 关系

取关井测试瞬时的生产气油比 GOR 数据和 μ_o—p、B_o—p、R_{so}—p 的实验曲线。由于讨论的是稳定渗流，因此在一个工作制度下(对应一个平均地层压力 $\bar{p}$)的产油量和产气量均稳定不变,即生产气油比 GOR 为常数,即有一个平均压力 p_1,就有一个恒定的生产气油比 GOR_1 与之对应,同样有图 8-4、图 8-5、图 8-6 的 μ_o—p、B_o—p、R_{so}—p 的实验曲线,就有一组 μ_{o1}、B_{o1}、R_{so1} 与之对应,将这些参数的值代入(8-35)式,可以计算数据 $(K_{rg}/K_{ro})_1$ 的值。重复上述过程得到 $p_2,p_3,\cdots,p_n$ 下的 $(K_{rg}/K_{ro})_1$,$(K_{rg}/K_{ro})_2,\cdots,(K_{rg}/K_{ro})_n$。

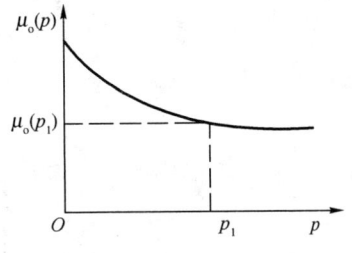

图 8-4　原油黏度变化曲线

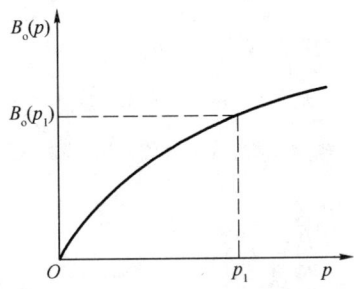

图 8-5　原油体积系数变化曲线

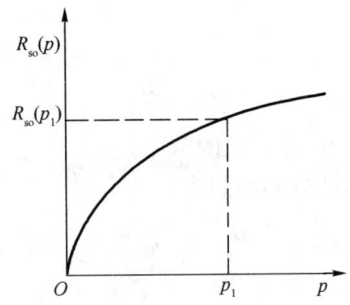

图 8-6　溶解气油比变化曲线

2. 计算 K_{ro}—p 关系

首先利用如图 8-7 所示的油气相对渗透率曲线,计算得到如图 8-8 所示的 K_{rg}/K_{ro}—S_o 关系曲线。因 p_1 对应的 $(K_{rg}/K_{ro})_1$ 已求出,则由 K_{rg}/K_{ro}—S_o 关系曲线得到 p_1 对应的 S_{o1},再由油气相对渗透率曲线获得 S_{o1} 对应的 K_{ro1},由此获得了 p_1 下的 K_{ro1}。重复上述过程,得到 $p_2,p_3,\cdots,p_n$ 下的 $K_{ro1},K_{ro2},\cdots,K_{ron}$。

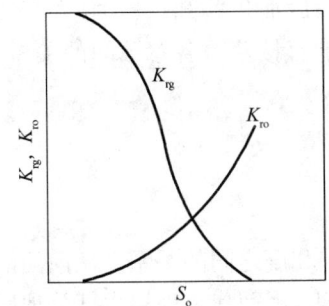

图 8-7　油气相对渗透率曲线

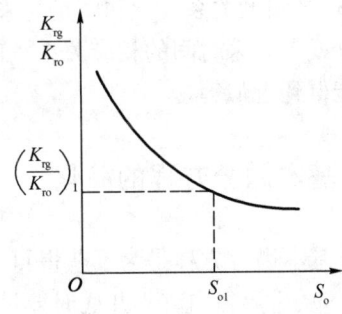

图 8-8　K_{rg}/K_{ro}—S_o 关系曲线

3. 计算 $\dfrac{K_{ro}}{\mu_o(p)B_o(p)}$—$p$ 关系

由以上两步可以作出 $\dfrac{K_{ro}}{\mu_o(p)B_o(p)}$—$p$ 曲线,如图 8-9 所示。由积分学原理可知,$\psi_e-\psi_{wf}$ 的值就是图 8-9 中 p_e 和 p_{wf} 所对应的阴影部分的面积。

根据经验,$\dfrac{K_{ro}}{\mu_o(p)B_o(p)}$—$p$ 曲线通常开始是曲线,当 p 值较大时就呈直线。直线段的方程为:

$$\dfrac{K_{ro}}{\mu_o(p)B_o(p)}=ap+b \tag{8-36}$$

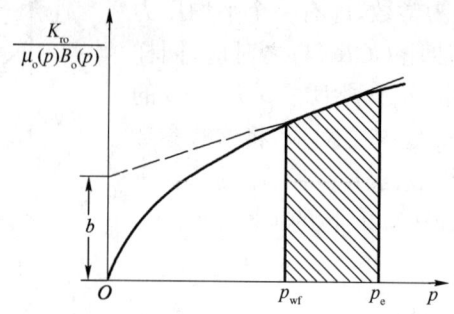

图 8-9 $K_{ro}/[\mu_o(p)B_o(p)]-p$ 关系曲线

式中 a——直线段的斜率；
b——直线段的截距。

阴影部分的面积为：

$$\psi_e - \psi_{wf} = \int_{p_{wf}}^{p_e} (ap+b)dp$$

$$\psi_e - \psi_{wf} = \frac{a}{2}(p_e^2 - p_{wf}^2) + b(p_e - p_{wf}) \tag{8-37}$$

由(8-37)式可近似计算油藏的拟压力。

第四节 油气两相不稳定渗流理论

油气渗流的微分方程(8-21)式、(8-22)式是非线性微分方程，要求出精确的解析解非常困难，目前只能求其近似解。求解该微分方程的目的是要获得压力 p 与生产气油比 GOR 及饱和度 S_o 之间的关系。饱和度是与采出程度相对应的值，因而也就知道压力、生产气油比与采出程度或者开采时间的相应关系。使用近似方法也不能直接获得各参数间的关系，需要分几步才能得到近似解。

一、基本微分方程的简化

简化基本微分方程是为了获得封闭边界上的压力和饱和度之间的关系。从前面的讨论中得知，流体从边界径向流入井底时能量主要消耗在井底附近，因而代表地层大部分地区压力的平均压力接近于边界上的压力，而作为压力函数的饱和度在地层中的平均值也可用边界上的值来代替。

将(8-21)式展开：

$$\nabla\left[\frac{K_{ro}}{\mu_o(p)B_o(p)}\right]\nabla p + \frac{K_{ro}}{\mu_o(p)B_o(p)}\nabla^2 p = \frac{\phi}{K}\frac{\partial}{\partial t}\left[\frac{S_o}{B_o(p)}\right] \tag{8-38}$$

在边界上，断面的流速为零，即 $\nabla p_e = 0$，则(8-38)式写成：

$$\frac{K_{ro}}{\mu_o(p_e)B_o(p_e)}\nabla^2 p_e = \frac{\phi}{K}\frac{\partial}{\partial t}\left[\frac{S_{oe}}{B_o(p_e)}\right] \tag{8-39}$$

将(8-22)式展开：

$$\nabla\left[\frac{C(p)K_{rg}}{\mu_g(p)}\right]\nabla p + \frac{C(p)K_{rg}}{\mu_g(p)}\nabla^2 p + \nabla\left[\frac{R_s(p)K_{ro}\rho_{gsc}}{\mu_o(p)B_o(p)}\right]\nabla p + \frac{R_s(p)K_{ro}\rho_{gsc}}{\mu_o(p)B_o(p)}\nabla^2 p$$

$$= \frac{\phi}{K} \frac{\partial}{\partial t} \Big[(1-S_o)C(p) + \frac{R_s(p)\rho_{gsc}}{B_o(p)} S_o \Big] \qquad (8-40)$$

同理,在边界上,$\nabla p_e = 0$,则(8-40)式写成:

$$\Big[\frac{C(p_e)K_{rg}}{\mu_g(p_e)} + \frac{R_s(p_e)K_{ro}\rho_{gsc}}{\mu_o(p_e)B_o(p_e)} \Big] \nabla^2 p_e = \frac{\phi}{K} \frac{\partial}{\partial t} \Big[(1-S_{oe})C(p_e) + \frac{R_s(p_e)\rho_{gsc}}{B_o(p_e)} S_{oe} \Big]$$
$$(8-41)$$

(8-41)式除以(8-39)式得:

$$\frac{\dfrac{C(p)K_{rg}}{\mu_g(p)} + \dfrac{R_s(p)\rho_{gsc}K_{ro}}{\mu_o(p)B_o(p)}}{\dfrac{K_{ro}}{\mu_o(p)B_o(p)}} = \frac{\dfrac{\partial}{\partial p}\Big[\dfrac{R_s(p)\rho_{gsc}}{B_o(p)}S_o + C(p)(1-S_o)\Big]\dfrac{dp}{dt}}{\dfrac{\partial}{\partial p}\Big[\dfrac{S_o}{B_o(p)}\Big]\dfrac{dp}{dt}} \qquad (8-42)$$

(8-42)式的右端:

$$\frac{\dfrac{\partial}{\partial p}\Big[\dfrac{R_s(p)\rho_{gsc}}{B_o(p)}S_o + C(p)(1-S_o)\Big]\dfrac{dp}{dt}}{\dfrac{\partial}{\partial p}\Big[\dfrac{S_o}{B_o(p)}\Big]\dfrac{dp}{dt}} = \frac{\dfrac{\partial}{\partial p}\Big[\dfrac{R_s(p)\rho_{gsc}}{B_o(p)}S_o\Big] + \dfrac{\partial}{\partial p}\big[C(p)(1-S_o)\big]}{\dfrac{\partial}{\partial p}\Big[\dfrac{S_o}{B_o(p)}\Big]}$$

$$= \frac{\dfrac{R_s(p)\rho_{gsc}}{B_o(p)}\dfrac{dS_o}{dp} + S_o\dfrac{d}{dp}\Big[\dfrac{R_s(p)\rho_{gsc}}{B_o(p)}\Big] + (1-S_o)\dfrac{dC(p)}{dp} - C(p)\dfrac{dS_o}{dp}}{S_o\dfrac{d}{dp}\Big[\dfrac{1}{B_o(p)}\Big] + \dfrac{1}{B_o(p)}\dfrac{dS_o}{dp}}$$

$$= \frac{\dfrac{R_s(p)\rho_{gsc}}{B_o(p)}\dfrac{dS_o}{dp} + S_o\Big[\dfrac{R_s(p)\rho_{gsc}}{B_o(p)}\Big]' + (1-S_o)C'(p) - C(p)\dfrac{dS_o}{dp}}{S_o\Big[\dfrac{1}{B_o(p)}\Big]' + \dfrac{1}{B_o(p)}\dfrac{dS_o}{dp}} \qquad (8-43)$$

其中 $\dfrac{d}{dp}\Big[\dfrac{R_s(p)\rho_{gsc}}{B_o(p)}\Big] = \Big[\dfrac{R_s(p)\rho_{gsc}}{B_o(p)}\Big]'$, $\dfrac{dC(p)}{dp} = C'(p)$, $\dfrac{d}{dp}\Big[\dfrac{1}{B_o(p)}\Big] = \Big[\dfrac{1}{B_o(p)}\Big]'$

(8-42)式的左端:

$$\frac{\dfrac{C(p)K_{rg}}{\mu_g(p)} + \dfrac{R_s(p)\rho_{gsc}K_{ro}}{\mu_o(p)B_o(p)}}{\dfrac{K_{ro}}{\mu_o(p)B_o(p)}} = \frac{C(p)\mu_o(p)B_o(p)K_{rg}}{\mu_g(p)K_{ro}} + R_s(p)\rho_{gsc} \qquad (8-44)$$

则由(8-42)式、(8-43)式、(8-44)式得:

$$\frac{C(p)\mu_o(p)B_o(p)K_{rg}}{\mu_g(p)K_{ro}} + R_s(p)\rho_{gsc}$$
$$= \frac{\dfrac{R_s(p)\rho_{gsc}}{B_o(p)}\dfrac{dS_o}{dp} + S_o\Big[\dfrac{R_s(p)\rho_{gsc}}{B_o(p)}\Big]' + (1-S_o)C'(p) - C(p)\dfrac{dS_o}{dp}}{S_o\Big[\dfrac{1}{B_o(p)}\Big]' + \dfrac{1}{B_o(p)}\dfrac{dS_o}{dp}} \qquad (8-45)$$

整理(8-45)式得:

$$\frac{dS_o}{dp} = \frac{(1-S_o)C'(p) + \Big\{\Big[\dfrac{R_s(p)\rho_{gsc}}{B_o(p)}\Big]' - \Big[R_s(p)\rho_{gsc} + C(p)\dfrac{K_{rg}}{K_{ro}}\dfrac{\mu_o(p)}{\mu_g(p)}B_o(p)\Big]\Big[\dfrac{1}{B_o(p)}\Big]'S_o\Big\}}{C(p)\Big[\dfrac{K_{rg}}{K_{ro}}\dfrac{\mu_o(p)}{\mu_g(p)} + 1\Big]}$$
$$(8-46)$$

因 $C(p) = p\dfrac{\rho_{gsc}}{p_{sc}}$, $C'(p) = \dfrac{\rho_{gsc}}{p_{sc}}$, 则(8-46)式变为:

$$\frac{\mathrm{d}S_\mathrm{o}}{\mathrm{d}p} = \frac{\left\{\left[\frac{R_\mathrm{s}(p)}{B_\mathrm{o}(p)}\right]' p_\mathrm{sc} - 1 - \left[\frac{K_\mathrm{rg}}{K_\mathrm{ro}}\frac{\mu_\mathrm{o}(p)}{\mu_\mathrm{g}(p)}\frac{p}{p_\mathrm{sc}}B_\mathrm{o}(p) + R_\mathrm{s}(p)\right]p_\mathrm{sc}\left[\frac{1}{B_\mathrm{o}(p)}\right]'\right\}S_\mathrm{o} + 1}{p\left[\frac{K_\mathrm{rg}}{K_\mathrm{ro}}\frac{\mu_\mathrm{o}(p)}{\mu_\mathrm{g}(p)}B_\mathrm{o}(p) + 1\right]}$$

(8-47)

(8-47)式就是边界上的压力与饱和度之间的微分关系,可以把它近似地看作地层平均压力与饱和度之间的微分关系。

将(8-35)式代入(8-47)式,得 $\mathrm{d}S_\mathrm{o}/\mathrm{d}p$ 与生产气油比 GOR 的关系:

$$\frac{\mathrm{d}S_\mathrm{o}}{\mathrm{d}p} = \frac{\left\{\left[\frac{R_\mathrm{s}(p)}{B_\mathrm{o}(p)}\right]' p_\mathrm{sc} - 1 - GOR\left[\frac{1}{B_\mathrm{o}(p)}\right]' p_\mathrm{sc}\right\}S_\mathrm{o} + 1}{p\left[\frac{K_\mathrm{rg}}{K_\mathrm{ro}}\frac{\mu_\mathrm{o}(p)}{\mu_\mathrm{g}(p)}B_\mathrm{o}(p) + 1\right]} \quad (8-48)$$

二、压力与饱和度关系的近似解

(一)生产气油比

在(8-48)式中:

$$\left[\frac{R_\mathrm{s}(p)}{B_\mathrm{o}(p)}\right]' = \frac{\mathrm{d}\left[\frac{R_\mathrm{s}(p)}{B_\mathrm{o}(p)}\right]}{\mathrm{d}p} \quad (8-49)$$

$$\left[\frac{1}{B_\mathrm{o}(p)}\right]' = \frac{\mathrm{d}[B_\mathrm{o}(p)]}{\mathrm{d}p}\frac{1}{[B_\mathrm{o}(p)]^2} \quad (8-50)$$

$$p\left[\frac{K_\mathrm{rg}}{K_\mathrm{ro}}\frac{\mu_\mathrm{o}(p)}{\mu_\mathrm{g}(p)} + 1\right] = p\frac{K_\mathrm{rg}}{K_\mathrm{ro}}\frac{\mu_\mathrm{o}(p)}{\mu_\mathrm{g}(p)} + p = p\frac{K_\mathrm{rg}}{K_\mathrm{ro}}\frac{p_\mathrm{sc}\mu_\mathrm{o}(p)}{p_\mathrm{sc}\mu_\mathrm{g}(p)}\frac{B_\mathrm{o}(p)}{B_\mathrm{o}(p)} + \frac{R_\mathrm{s}(p)}{B_\mathrm{o}(p)}p_\mathrm{sc} - \frac{R_\mathrm{s}(p)}{B_\mathrm{o}(p)}p_\mathrm{sc} + p$$

$$= \frac{p_\mathrm{sc}}{B_\mathrm{o}(p)}\left[\frac{p}{p_\mathrm{sc}}\frac{K_\mathrm{rg}}{K_\mathrm{ro}}\frac{\mu_\mathrm{o}(p)}{\mu_\mathrm{g}(p)}B_\mathrm{o}(p) + R_\mathrm{s}(p) - R_\mathrm{s}(p)\right] + p$$

$$= \frac{[GOR - R_\mathrm{s}(p)]p_\mathrm{sc}}{B_\mathrm{o}(p)} + p \quad (8-51)$$

将(8-49)式、(8-50)式、(8-51)式代入(8-48)式,经运算整理得:

$$\left\{\frac{[GOR - R_\mathrm{s}(p)]p_\mathrm{sc}}{B_\mathrm{o}(p)} + p\right\}\mathrm{d}S_\mathrm{o} = \frac{R_\mathrm{s}(p)}{B_\mathrm{o}(p)}p_\mathrm{sc}\mathrm{d}S_\mathrm{o} + S_\mathrm{o}\mathrm{d}\left[\frac{R_\mathrm{s}(p)}{B_\mathrm{o}(p)}\right]p_\mathrm{sc} + [(1-S_\mathrm{o})\mathrm{d}p - p\mathrm{d}S_\mathrm{o}]$$

(8-52)

按微分定义,将(8-52)式整理为:

$$p_\mathrm{sc}GOR\mathrm{d}\left[\frac{S_\mathrm{o}}{B_\mathrm{o}(p)}\right] = \mathrm{d}\left[S_\mathrm{o}\frac{R_\mathrm{s}(p)}{B_\mathrm{o}(p)}p_\mathrm{sc} + (1-S_\mathrm{o})p\right] \quad (8-53)$$

或

$$GOR = \frac{\mathrm{d}\left[S_\mathrm{o}\frac{R_\mathrm{s}(p)}{B_\mathrm{o}(p)}p_\mathrm{sc} + (1-S_\mathrm{o})p\right]}{p_\mathrm{sc}\mathrm{d}\left[\frac{S_\mathrm{o}}{B_\mathrm{o}(p)}\right]} \quad (8-54)$$

(二)压力与饱和度关系

用稳定状态逐次替换法近似求解(8-53)式。将整个压力 p 及饱和度 S_o 的范围分成许多

小间隔,在每个间隔中生产气油比看成不变,可取平均值,积分(8-53)式得:

$$\int_i^{i+1} p_{sc} GOR \, d\left[\frac{S_o}{B_o(p)}\right] = \int_i^{i+1} d\left[S_o \frac{R_s(p)}{B_o(p)} p_{sc} + (1-S_o)p\right]$$

$$p_{sc}\overline{GOR}\left[\frac{S_{oi}}{B_o(p_i)} - \frac{S_{oi+1}}{B_o(p_{i+1})}\right]$$

$$= \left[\frac{S_{oi}R_s(p_i)}{B_o(p_i)} p_{sc} + (1-S_{oi})p_i\right] - \left[\frac{S_{oi+1}R_s(p_{i+1})}{B_o(p_{i+1})} p_{sc} + (1-S_{oi+1})p_{i+1}\right]$$

$$S_{oi+1} = \frac{p_{sc}\overline{GOR}\dfrac{S_{oi}}{B_o(p_i)} - (1-S_{oi})p_i - S_{oi}\dfrac{R_s(p_i)}{B_o(p_i)}p_{sc} + p_{i+1}}{\dfrac{\overline{GOR}p_{sc}}{B_o(p_{i+1})} - \dfrac{R_s(p_{i+1})}{B_o(p_{i+1})}p_{sc} + p_{i+1}} \qquad (8-55)$$

如果给定 p_i、p_{i+1} 及 S_{oi},就可求得 S_{oi+1}。(8-55)式中 $\overline{GOR}$ 可近似为:

$$\overline{GOR} = \frac{p}{p_{sc}}\frac{K_{rg}}{K_{ro}}\frac{\mu_o(\overline{p})}{\mu_g(\overline{p})}B_o(\overline{p}) + R_s(\overline{p}) \qquad (8-56)$$

$$\overline{p} = \frac{p_{i+1}+p_i}{2}$$

利用(8-56)式及 $\overline{GOR}$ 就可求出所需的压力 p 与饱和度 S_o 及平均生产气油比 $\overline{GOR}$ 与饱和度 S_o 的关系曲线,如图 8-10 所示。

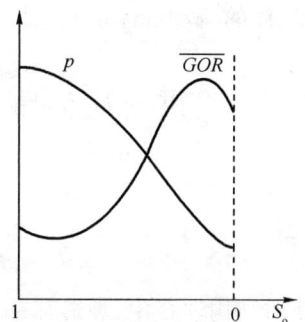

图 8-10 p 与 S_o、$\overline{GOR}$ 与 S_o 的关系曲线

思 考 题

1. 发生溶解气驱的条件是什么?
2. 阐述溶解气驱油藏的渗流特征。
3. 阐述溶解气驱的生产特征。
4. 如何计算拟压力函数?

第九章 双重介质渗流理论

前面各章所论述的都是均质介质中的渗流理论。本章将讨论的双重介质特指天然裂缝—孔隙性介质。研究表明，双重介质油藏由原生的粒间孔隙和次生的裂缝两种孔隙结构组成。这类双重介质结构普遍存在于石灰岩和白云岩油气层中，它往往是由无数的裂缝以及被裂缝任意分割的无数具有一般多孔介质结构的基质岩块所组成，如图 9-1 所示。含有细小孔隙并具有高储存能力的基质岩块是流体在地层中的主要储集空间，而储存能力低但渗透性高的裂缝网络则是流体在地层中流动的主要通道。由于裂缝和基质岩块组成的两种孔隙体系的物理参数（孔隙度和渗透率等）相差悬殊，使得压力波在地层中的传播速度不同，这样就形成了两个平行的水动力学系统（水动力学场），在这两个水动力学场中又存在流体交换。因此，双重介质油藏的基本特征是：双重孔隙度、双重渗透率、两个平行的水动力学场以及在两种孔隙结构之间有流体交换的"窜流"作用发生。因此，在研究双重介质油藏中流体的流动规律时应分析裂缝和基质两个流场中流体的流动规律以及它们之间的关系。

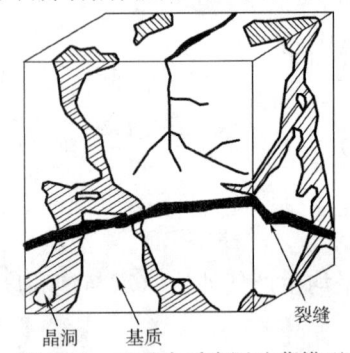

图 9-1 双重介质实际油藏模型

第一节 双重介质油藏模型

一、双重介质油藏地质模型

在实际的裂缝—孔隙性双重介质结构油藏中，裂缝和基质岩块的分布是杂乱无章的，用常规的数学方法很难描述流体在其中的流动规律。为了研究的需要，可将储层抽象为各种不同的简化地质模型。

（一）沃伦(J. E. Warren)—茹特(P. E. Root)模型

该模型是将实际的双重介质油藏简化为正交裂缝切割基质岩块呈六面体的地质模型，裂缝方向与渗透率主方向一致，并假设裂缝的宽度为常数，如图 9-2 所示。裂缝网络可以均匀分布，也可以非均匀分布。采用非均匀的裂缝网络可研究裂缝网络的各向异性或在某一方向上变化的情况。

（二）凯泽米(H. Kazemi)模型

该模型是把实际的双重介质油藏简化为由一组平行层理的裂缝分割基质岩块呈层状的地质模型，即模型由水平裂缝和水平基质层相间组成，如图 9-3 所示。

（三）德斯旺(A. O. Deswaan)模型

该模型与沃伦—茹特模型相似，只是基质岩块不

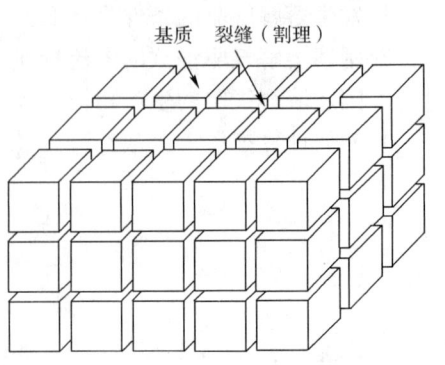

图 9-2 沃伦—茹特模型

是平行六面体,而是圆球体。圆球体仍按规则的正交分布方式排列,如图9-4所示。裂缝由圆球体之间的空间代表,圆球体代表基质岩块。

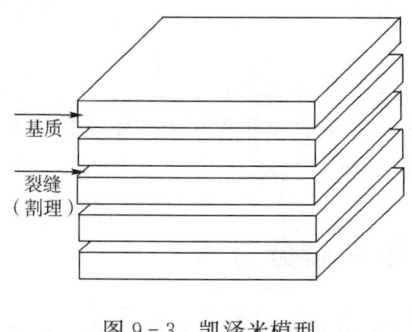

图9-3 凯泽米模型

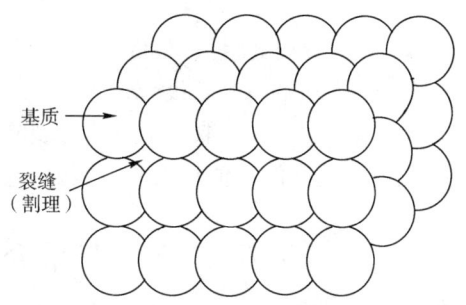

图9-4 德斯旺模型

以上模型得到的渗流基本规律是相似的,其中最有代表性的是沃伦—茹特模型,下面就以沃伦—茹特模型为例论述流体在双重介质油藏中的不稳定渗流理论及渗流规律。

二、双重介质油藏特征参数

双重介质油藏无论在静态上还是动态上都比均质地层复杂,然而均质地层与裂缝—孔隙性双重介质地层的基本差别,从渗流的角度上看,只需要两个参数来描述,即弹性储容比 ω 和窜流系数 λ。

(一)弹性储容比 ω

弹性储容比用来描述裂缝网络与基质孔隙两个系统的弹性储容能力的相对大小,它被定义为裂缝网络的弹性储存能力与油藏总的弹性储存能力之比:

$$\omega = \frac{\phi_f C_f}{\phi_m C_m + \phi_f C_f} \tag{9-1}$$

$$\phi_m = \frac{基质岩块系统孔隙体积}{总系统体积} \tag{9-2}$$

$$\phi_f = \frac{裂缝系统孔隙体积}{总系统体积} \tag{9-3}$$

式中 C_m, C_f——流体在基质岩块和裂缝网络中的综合压缩系数,MPa^{-1};

ϕ_m, ϕ_f——基质岩块系统和裂缝网络系统相对于总系统的孔隙度,小数。

裂缝孔隙度占总孔隙度的比例越大,弹性储容比 ω 越大。

(二)窜流系数 λ

流体在双重介质油藏的渗流过程中,由于基质岩块与裂缝之间存在着流体交换,窜流系数就是用来描述这种介质间流体交换的物理量,它反映基质中流体向裂缝窜流的能力。窜流系数定义为:

$$\lambda = \alpha \frac{K_m}{K_f} r_w^2 \tag{9-4}$$

式中 K_m, K_f——基质岩块和裂缝系统的渗透率,μm^2;

r_w——井半径,m。

(9-4)式中,α 为形状因子,它与被切割的基质岩块大小和正交裂缝组数有关。岩块越

小,裂缝密度越大,则形状因子 α 越大,反之则越小。沃伦等提出的 α 的表达式为:

$$\alpha = \frac{4n(n+2)}{L^2} \tag{9-5}$$

式中　n——正交裂缝组数,整数;
　　　L——岩块的特征长度,m。

窜流系数的大小,既取决于基质与裂缝渗透率的比值,又取决于基质被裂缝切割的程度。基质与裂缝渗透率的比值越大或者裂缝密度越大,窜流系数 λ 越大。

第二节　双重介质油藏渗流微分方程

对于双重介质油藏,可把裂缝组成的系统和基质岩块组成的系统视为同一空间中复合的两个彼此独立而又互相联系的水动力场。根据连续介质场的假设,对每一介质场分别写出状态方程、运动方程和质量守恒方程,在质量守恒方程中用一源或汇来描述裂缝网络与基质岩块间的流体交换,从而可按与均质介质类似的方法来建立流体在双重介质中不稳定渗流的微分方程。

一、运动方程

假设裂缝和基质两种介质分别是均匀且各向同性的,流体从基质孔隙流向裂缝,再经由裂缝流入井底,流体在裂缝和基质中的渗流都满足达西定律,其运动方程可写为:

裂缝　　　　　　　　　$v_f = -3.6 \dfrac{K_f}{\mu} \nabla p_f$ 　　　　　　　　　(9-6)

基质　　　　　　　　　$v_m = -3.6 \dfrac{K_m}{\mu} \nabla p_m$ 　　　　　　　　　(9-7)

式中　μ——流体黏度,mPa·s;
　　　v_m, v_f——基质岩块、裂缝系统中流体的渗流速度,m/h;
　　　p_m, p_f——基质岩块、裂缝系统压力,MPa。

二、状态方程

裂缝系统　　　　　　　$\rho_f = \rho_0 e^{C_\rho(p_f - p_0)}$　　　　　　　　(9-8)

　　　　　　　　　　　$\phi_f = \phi_{f0}[1 + C_f(p_f - p_0)]$　　　　　　(9-9)

基质系统　　　　　　　$\rho_m = \rho_0 e^{C_\rho(p_m - p_0)}$　　　　　　　(9-10)

　　　　　　　　　　　$\phi_m = \phi_{m0}[1 + C_m(p_m - p_0)]$　　　　(9-11)

式中　$\rho_0, \phi_{m0}, \phi_{f0}$——压力 p_0 下流体的密度以及基质和裂缝的孔隙度,小数;
　　　C_ρ, C_m, C_f——流体、基质、裂缝的压缩系数,MPa^{-1};
　　　ρ_m, ρ_f——基质、裂缝中流体密度,kg/m^3;
　　　ϕ_m, ϕ_f——基质和裂缝的孔隙度,小数。

由于液体的压缩性很小,可将(9-8)式、(9-10)式统一为一种形式,即由麦克劳林级数展开为:

$$\rho = \rho_0[1 + C_\rho(p - p_0)] \tag{9-12}$$

三、连续性方程

根据质量守恒原理,可以导出基质系统和裂缝系统中的连续性方程:

$$\frac{\partial(\phi_m \rho_m)}{\partial t} + \nabla \cdot (\rho_m \boldsymbol{v}_m) + q_{ex} = 0 \tag{9-13}$$

$$\frac{\partial(\phi_f \rho_f)}{\partial t} + \nabla \cdot (\rho_f \boldsymbol{v}_f) - q_{ex} = 0 \tag{9-14}$$

$$q_{ex} = \frac{3.6\alpha K_m \rho_0}{\mu}(p_m - p_f) \tag{9-15}$$

式中 q_{ex}——基质向裂缝的窜流量,kg/(m³·h)。

(9-15)式表示单位时间内单位岩石体积中基质岩块与裂缝之间的流体质量交换,它描述基质向裂缝拟稳态窜流的流量大小。

四、微分方程

为建立起双重介质油藏中流体渗流的微分方程,首先将(9-8)式和(9-9)式相乘,并略去 $C_\rho C_f$ 项(由于 C_ρ 和 C_f 都很小),得:

$$\phi_f \rho_f = \phi_{f0}\rho_0[1 + (C_\rho + C_f)(p_f - p_0)] \tag{9-16}$$

对(9-16)式两端取关于时间的偏导数,得(9-14)式中 $\partial(\phi_f \rho_f)/\partial t$ 项:

$$\frac{\partial(\phi_f \rho_f)}{\partial t} = \phi_{f0}\rho_0(C_\rho + C_f)\frac{\partial p_f}{\partial t} \tag{9-17}$$

而(9-14)式中的 $\nabla \cdot (\rho_f \boldsymbol{v}_f)$ 项由三项组成:$\partial(\rho_f v_{fx})/\partial x, \partial(\rho_f v_{fy})/\partial y, \partial(\rho_f v_{fz})/\partial z$。考虑各向同性的裂缝系统:

$$\frac{\partial}{\partial x}(\rho_f v_{fx}) = -\frac{3.6K_f \rho_0}{\mu}\frac{\partial}{\partial x}\left[e^{C_\rho(p_f-p_0)}\frac{\partial p_f}{\partial x}\right]$$

$$= -\frac{3.6K_f \rho_0}{\mu}\frac{\partial}{\partial x}\left[\frac{\partial}{\partial x}\frac{e^{C_\rho(p_f-p_0)}}{C_\rho}\right] \tag{9-18}$$

将 $e^{C_\rho(p_f-p_0)}$ 按麦克劳林级数展开,并忽略高阶项得:

$$e^{C_\rho(p_f-p_0)} = 1 + C_\rho(p_f - p_0) \tag{9-19}$$

将(9-19)式代入(9-18)式,得:

$$\frac{\partial}{\partial x}(\rho_f v_{fx}) = -\frac{3.6K_f \rho_0}{\mu}\frac{\partial}{\partial x}\left\{\frac{\partial}{\partial x}\left[\frac{1}{C_\rho} + (p_f - p_0)\right]\right\}$$

$$= -\frac{3.6K_f \rho_0}{\mu}\frac{\partial^2 p_f}{\partial x^2} \tag{9-20}$$

同理可得:

$$\frac{\partial}{\partial y}(\rho_f v_{fy}) = -\frac{3.6K_f \rho_0}{\mu}\frac{\partial^2 p_f}{\partial y^2} \tag{9-21}$$

$$\frac{\partial}{\partial z}(\rho_f v_{fz}) = -\frac{3.6K_f \rho_0}{\mu}\frac{\partial^2 p_f}{\partial z^2} \tag{9-22}$$

将(9-15)式～(9-22)式代入(9-14)式得：

$$\frac{3.6K_f}{\mu}\nabla^2 p_f + \frac{3.6\alpha K_m}{\mu}(p_m - p_f) = \phi_{f0}C_{ft}\frac{\partial p_f}{\partial t} \quad (9-23)$$

对于基质岩块组成的系统，采用同样的方法可以获得如下连续性方程：

$$\frac{3.6K_m}{\mu}\nabla^2 p_m - \frac{3.6\alpha K_m}{\mu}(p_m - p_f) = \phi_{m0}C_{mt}\frac{\partial p_m}{\partial t} \quad (9-24)$$

$$C_{ft} = C_p + C_f$$

$$C_{mt} = C_p + C_m$$

式中 C_{ft}——裂缝系统的综合压缩系数，MPa^{-1}。

C_{mt}——基质系统的综合压缩系数，MPa^{-1}。

第三节 双重介质油藏渗流理论

在双重介质模型中，基质的渗透性极差，即 $K_f \gg K_m$，于是沃伦—茹特针对基质的导流能力，对(9-24)式进行简化，认为流体在基质系统中的流动可以忽略，即 $K_m = 0$，从而得到了实用的双重介质模型及解。

一、无限大油藏的压降解

假设在一水平等厚无限大双重介质油藏中有一口完善井以地下恒定产量 q 投产，投产前地层中各处的裂缝及基质系统内压力均为 p_i，流动满足达西定律，等温渗流，忽略重力和毛细管力的影响，则描述流体在双重介质油藏中渗流的沃伦-茹特模型如下。

微分方程为：

$$\frac{3.6K_f}{\mu}\left[\frac{1}{r}\frac{\partial}{\partial r}\left(r\frac{\partial p_f}{\partial r}\right)\right] + \frac{3.6\alpha K_m}{\mu}(p_m - p_f) = \phi_{f0}C_{ft}\frac{\partial p_f}{\partial t} \quad (9-25)$$

$$-\frac{3.6\alpha K_m}{\mu}(p_m - p_f) = \phi_{m0}C_{mt}\frac{\partial p_m}{\partial t} \quad (9-26)$$

初始条件为：

$$p_f(r,0) = p_m(r,0) = p_i \quad (9-27)$$

内边界条件为：

$$r\frac{\partial p_f}{\partial r}\bigg|_{r=r_w} = \frac{1.842\times 10^{-3}q\mu}{K_f h} \quad (9-28)$$

外边界条件为：

$$p_f(\infty, t) = p_m(\infty, t) = p_i \quad (9-29)$$

对(9-25)式、(9-26)式作变量代换以后，进行拉普拉斯变换，使其变为拉普拉斯空间的常微分方程，再对拉普拉斯空间解进行反演，沃伦和茹特给出了近似解析解，即井以定产量 q 生产时井底压力响应表达式为：

$$p_{wf}(t) = p_i - \frac{9.21\times 10^{-4}q\mu}{K_f h}\left[\ln\frac{\eta_{f+m}t}{r_w^2} + \text{Ei}(-\beta t) - \text{Ei}(-\beta\omega t) + 0.809\right] \quad (9-30)$$

$$\eta_{f+m} = \frac{3.6K_f}{\mu(\phi_f C_{ft} + \phi_m C_{mt})}$$

$$\beta = \frac{\lambda \eta_{f+m}}{\omega(1-\omega)r_w^2}$$

式中 p_{wf}——井以地下恒定产量 q 生产时的井底流压，MPa；

q——油井产量，m^3/d；

h——油层厚度，m；

$Ei(-x)$——幂积分函数。

根据(9-30)式可作出如图 9-5 所示的井底压力与时间的关系曲线，从曲线上可以看出，流体在双重介质油藏中的渗流存在早期流动阶段（Ⅰ）、过渡流动阶段（Ⅱ）和晚期流动阶段（Ⅲ）。

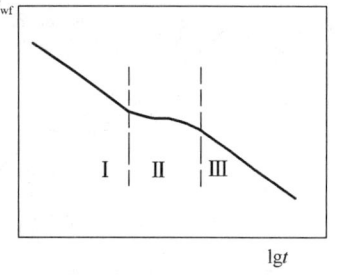

图 9-5　压力半对数图

Ⅰ为早期流动段（裂缝流动段），描述流体在裂缝系统中的流动，流体的产出主要来自裂缝网络，基质岩块尚未向裂缝网络供液。在这一阶段，时间 t 较小，幂积分函数可近似简化为：

$$Ei(-x) = 0.5772 + \ln x \tag{9-31}$$

将(9-31)式代入(9-30)式得：

$$p_{wf}(t) = p_i - m\left(\lg \frac{\eta_{f+m} t}{r_w^2} - \lg \omega + 0.9077\right) \tag{9-32}$$

$$m = 2.12 \times 10^{-3} q\mu/(K_f h)$$

由(9-32)式可知，在生产的早期，$p_{wf}(t)$—$\lg t$ 呈一直线关系，直线的斜率为 m，反映的是流体由裂缝向井的径向流动。

Ⅱ为过渡流动段（窜流段），描述的是基质岩块系统向裂缝供液的阶段。在这一阶段，由于基质岩块供液，裂缝中的压力相对稳定，它的出现以及持续时间由特征参数 ω 和 λ 决定。

Ⅲ为晚期流动段（总系统流动段），描述的是当生产时间较长时，基质向裂缝的供液达到稳定，基质系统的压力与裂缝系统的压力同步下降。此时井底压力的变化与渗透率等于裂缝渗透率的等效均质油藏相同，所反映的是整个系统即基质岩块系统和裂缝网络系统的总特性。在该阶段，(9-30)式中的两个 $Ei(-x)$ 函数趋近于零，则：

$$p_{wf}(t) = p_i - m\left(\lg \frac{\eta_{f+m} t}{r_w^2} + 0.9077\right) \tag{9-33}$$

由(9-33)式可知，在生产时间较长时，$p_{wf}(t)$—$\lg t$ 仍呈一直线关系，直线斜率为 m，反映流体在由裂缝和基质构成的总系统中的径向流动。

对比(9-32)式、(9-33)式可知，早期段直线与晚期段直线平行而且截距之差为 $m\lg \omega$。

双重介质特征参数 ω 和 λ 将影响井的压力动态。ω 越小，过渡段越长，如图 9-6 所示。从 ω 的意义可知，当 ω 越小时，$\phi_m C_{mt}$ 越大或 $\phi_f C_{ft}$ 越小，说明基质孔隙相对发育而裂缝孔隙发育较差，基质岩块向裂缝补充流体，需要较长的时间才能使基质岩块的压力与裂缝的压力同步下降，所以 ω 越小，过渡流动段延伸越长；反之，ω 越大，过渡流动段越短。当 $\omega \rightarrow 0$ 时，可认为是单一孔隙介质储层（常规均质储层）；当 $\omega \rightarrow 1$ 时，可认为是单一裂缝介质储层（纯裂缝储层）。

λ 越小，过渡流动段台阶越低，过渡流动段出现越晚，如图 9-7 所示。从 λ 的意义分析，当 α、r_w 一定时，λ 越小，K_m 与 K_f 的差异越大，即基质孔隙渗透率越小，渗流阻力越大。因此，在基质岩块与裂缝网络之间需要较大的压差才能发生窜流，在开井生产的过程中，裂缝中的压力就需要较长的时间才能达到基质向裂缝窜流所需要的压差。所以 λ 越小，过渡流动段的台阶越低,过渡流动段出现得越晚;反之,λ越大,过渡流动段的台阶越高,过渡流动段出现得越早。

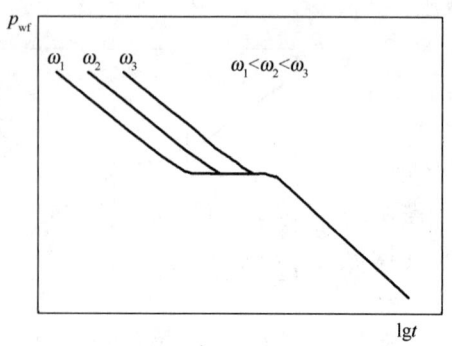

图 9-6　ω 对压力动态的影响

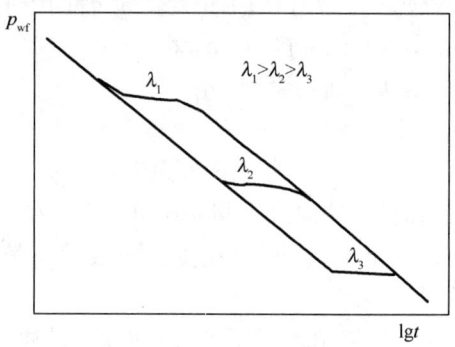

图 9-7　λ 对压力动态的影响

二、无限大油藏的压力恢复解

当一口生产井以定产量 q 生产 t_p 时间后关井,根据叠加原则,可以认为该井继续以产量 q 生产,但从关井时刻开始,在该井位置上同时有一口等产量的虚拟井以产量 q 注入。应用压降叠加原则,该井井底压力的变化具有以下形式。

$$p_i - p_{ws}(\Delta t) = \frac{9.21 \times 10^{-4} q\mu}{K_f h} \left\{ \ln \frac{\eta_{f+m}(t_p + \Delta t)}{r_w^2} + \text{Ei}[-\beta(t_p + \Delta t)] - \text{Ei}[-\beta\omega(t_p + \Delta t)] + 0.809 \right\}$$

$$- \frac{9.21 \times 10^{-4} q\mu}{K_f h} \left[\ln \frac{\eta_{f+m} \Delta t}{r_w^2} + \text{Ei}(-\beta \Delta t) - \text{Ei}(-\beta\omega \Delta t) + 0.809 \right] \quad (9-34)$$

(9-34)式就是定产量生产井关井后的井底压力表达式。若关井前生产时间 t_p 较长或 $\lambda\eta_{f+m}$ 不是很小,(9-34)式中前两项幂积分函数 $\text{Ei}(-x)$ 中 x 值较大,当 $x \to \infty$ 时,$\text{Ei}(-x) \to 0$。在一般情况下,当 $x > 10$ 时,可认为 $\text{Ei}(-x) \to 0$,于是可忽略前两项含 $t_p + \Delta t$ 的幂积分函数,从而(9-34)式可简化为如下形式:

$$p_{ws}(\Delta t) = p_i - \frac{9.21 \times 10^{-4} q\mu}{K_f h} \left[\ln \frac{t_p + \Delta t}{\Delta t} - \text{Ei}(-\beta \Delta t) + \text{Ei}(-\beta\omega \Delta t) \right] \quad (9-35)$$

对比(9-30)式、(9-35)式可知,压力恢复过程的 $p_{ws}(\Delta t)$—$\lg[(t_p + \Delta t)/\Delta t]$ 曲线与压降过程的 $p_{wf}(t)$—$\lg t$ 曲线具有相似的特征,如图 9-8 所示。

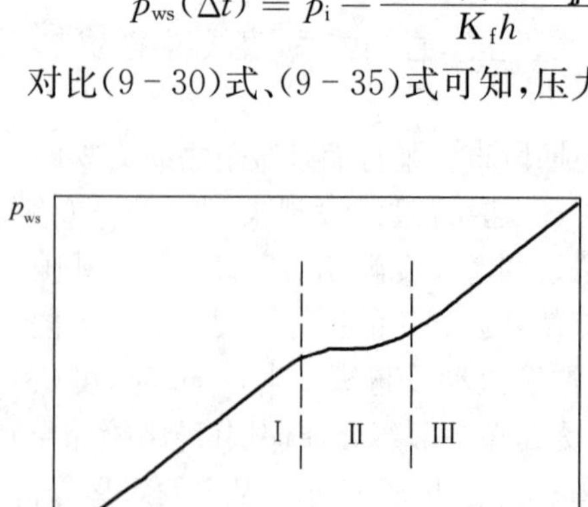

图 9-8　压力恢复曲线图

Ⅰ 为早期流动段(裂缝流动段),反映的是关井初期裂缝系统内的压力恢复情况。当井在开井生产时,渗透性的差异导致裂缝及基质岩块两系统内压力存在差异,则在关井压力恢复时,离井远处的流体首先由高渗透性的裂缝流向井底,井底附近裂缝系统内压力首先恢复。在关井的初期,Δt 较小,由(9-31)式,方程(9-35)式简化为:

$$p_{ws}(\Delta t) = p_i + m\left(\lg\frac{\Delta t}{t_p + \Delta t} + \lg\frac{1}{\omega}\right) \tag{9-36}$$

(9-36)式表明,在关井的初期,$p_{ws}(\Delta t)$与$\lg[\Delta t/(t_p+\Delta t)]$的关系曲线呈一直线,直线斜率为$m$,描述裂缝中的流体向井的径向流动。

Ⅱ为过渡流动段(窜流段),描述的是裂缝中的流体向基质孔隙补充的过程。当裂缝压力恢复到高于基质孔隙压力时,裂缝中的流体将向基质孔隙供液,所以裂缝压力恢复速度降低;另一方面,由于基质孔隙度高,储容能力大,所以裂缝压力将保持在某一压力水平上,反映在压力恢复曲线图上为一个台阶,其高低和持续时间仍取决于双重介质特征参数ω和λ。

Ⅲ为晚期流动段(总系统流动段),描述的是关井晚期,当裂缝系统的压力与基质孔隙系统的压力相同时,裂缝与基质两个系统一起恢复的过程。此时Δt较大,(9-35)式中的两个幂积分函数均趋近于零,于是得到关井晚期的井底压力表达式:

$$p_{ws}(\Delta t) = p_i + m\lg\frac{\Delta t}{t_p + \Delta t} \tag{9-37}$$

(9-37)式表明,在关井晚期,$p_{ws}(\Delta t)$—$\lg[\Delta t/(t_p+\Delta t)]$呈一直线关系,直线斜率为$m$,反映关井晚期总系统的径向流动。

对比(9-36)式、(9-37)式可知,关井早期段直线与晚期段直线平行而且截距之差为$m\lg\omega$。

同压降过程一样,双重介质特征参数ω和λ将影响井的压力动态。ω越小,过渡流动段越长;反之,ω越大,过渡流动段越短,当$\omega\to 0$时,可认为是单一孔隙介质储层,而当$\omega\to 1$时,可认为是单一裂缝介质储层,如图9-9所示。λ越小,过渡流动段台阶越高,并且过渡流动段出现得越晚;反之,λ越大,过渡流动段台阶越低,过渡流动段出现得越早,如图9-10所示。

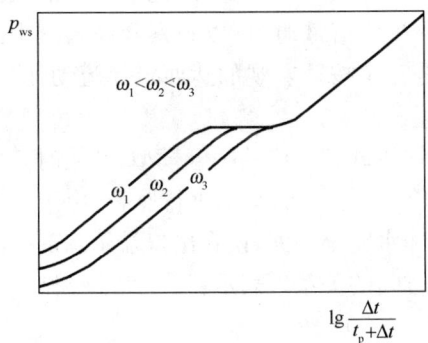

图9-9 ω对压力动态的影响

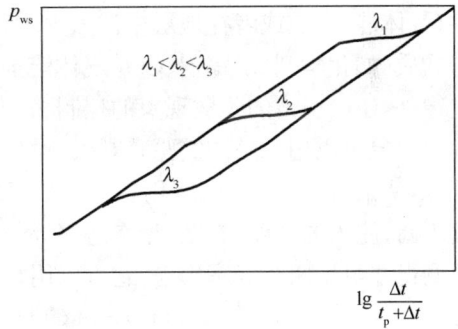

图9-10 λ对压力动态的影响

思 考 题

1. 什么是弹性储容比?它对压力动态有何影响?
2. 什么是窜流系数?它对压力动态有何影响?
3. 与均质介质相比,双重介质油藏渗流微分方程有什么特点?
4. 阐述双重介质油藏的渗流特征。

第十章 复杂渗流理论

复杂渗流是指复杂流体(多元多相多组分流体、传质扩散流体、非牛顿流体)在简单介质中、简单流体在复杂介质(多重介质、变形介质、非均匀介质、分形介质等)中以及复杂流体在复杂介质中的渗流。

复杂流体和复杂介质在油田开发的实践中经常可以见到。例如,在注化学驱油剂、注气混相驱提高采收率技术的实施过程中,在挥发性油藏和凝析气藏等特殊油气藏的开发过程中,地层流体的流动往往伴随着物理化学现象的发生。经典渗流理论并未考虑上述过程中的传质扩散、吸附、化学反应、相态变化、传热等物理化学变化过程,而这些都将对地层油气渗流产生影响。物理化学渗流正是研究多孔介质渗流过程带有物理化学变化的一个力学分支。它的研究成果对油气田开发有重要的实际意义和理论价值,尤其在提高采收率技术中物理化学渗流问题是必须考虑的。由于物理化学渗流非常复杂,难度较大,而且其求解方法也超出了经典力学方法的范围,所以本章只对复杂流体中传质扩散流体及非牛顿流体的渗流理论进行简要的介绍。

第一节 传质扩散流体渗流理论

在研究渗流问题时,常常要遇到一种称为"水力弥散"的现象,这一现象往往在当注入液与地层中的被驱替液成分不完全相同但两者却能完全互溶时才发生。例如,注化学剂驱油或注气驱油(气体混相驱)或者往地层中注入含示踪剂的另一种水溶液时,可以观察到注入液中的异组分物质(如化学剂、示踪剂、CO_2 气体溶剂等)并不是完全按照宏观的达西定律流动,除了达西定律外,还受所谓的弥散现象的控制。

弥散现象可以用简易的实验来观察,设想有一个由均质砂粒做成的圆管模型,开始时其中充满淡水,从某时刻 $t=0$ 开始,用含一定浓度的示踪原子(或离子)的水来进行驱替,由于示踪剂浓度不高,注入的密度、黏度、相渗透率等与原来的饱和水完全相同,设在出口端示踪剂的浓度可以测得并可用曲线表示出来,它可以用相对浓度和时间的关系来表示:

$$\varepsilon(t) = [C(t) - C_0]/(C_1 - C_0)$$

式中 C_1, C_0——驱替液和被驱替液中示踪剂的浓度;

$C(t)$——出口端示踪剂浓度。

在没有弥散现象时,$C(t)$ 曲线将有如图 10-1 中虚线所示的台阶式变化,它完全由达西定律所决定的平均流动来表达。图中 V_0 是孔隙体积,q_{t0} 是恒定流量,转折点在 $q_{t0}/V_0=1$ 的地方。但是由于弥散现象的存在,实际的出口端浓度曲线将呈 S 形。示踪剂中的一部分将以高于平均渗流速度前进,因而开始浓度很小,以后逐渐变高。这种示踪剂在流动方向上的某种超越现象称为沿程扩散。

为了进一步说明扩散效应,再观察一个实际例子,图 10-2 为均质地层中的一个单相平面平行流动,若从某一初始时刻 $t=0$ 开始,少量而缓慢地从 A 点注入一种能和地层流体互溶的示踪剂。在地层中既无弥散现象,而且孔隙介质又不吸附示踪剂时,这一示踪剂将永远保持为一线性

形状并由 A 达 B, 由 B 达 C, 由 C 达 D 不断前移。而一旦离开这一条线就丝毫观察不到示踪剂的出现。实际上,由于弥散现象的存在,示踪剂的浓度不但要沿程变化(即向前扩散),而且虽然不存在横向流速,但示踪剂仍然要向流动方向两侧扩散,波及距离随时间越来越大,但浓度越来越小。这种与流动方向垂直而向流线两侧扩散的质点运动称为横向扩散。

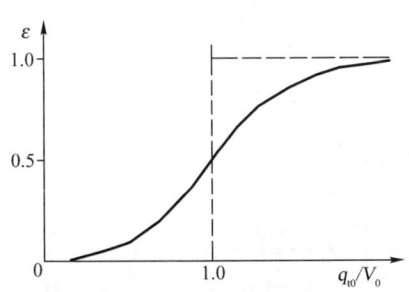

图 10-1 相对浓度与注入液体积关系

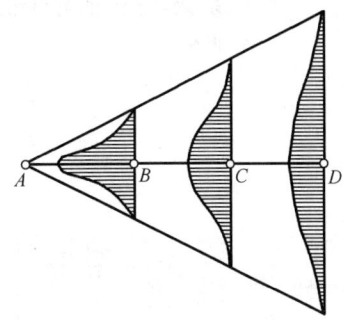

图 10-2 横向扩散示意图

由此可知,弥散现象是完全不同于宏观渗流的微观现象的宏观结果,是孔隙介质中与渗流过程不同质的另一种物理化学的传质现象。它是由下述诸种因素引起的:(1)示踪剂的浓度差引起的分子扩散;(2)作用于流体的外力;(3)孔隙空间的复杂微观结构;(4)流体参数如密度、黏度等的差异引起的流动模式的改变;(5)液相中的物理化学过程引起的示踪剂浓度变化;(6)液固两相之间的相互作用等。

在扩散过程中,存在两种基本的扩散现象,一种是分子扩散,一种是对流扩散。分子扩散是液相中示踪剂浓度变化而引起的,示踪剂的分子依靠本身的分子热运动,从高浓度带扩散到低浓度带,最后趋近于一种平衡状态,这种现象甚至在整个液体并无流动时也能明显地观察到。

对流扩散现象的存在是孔隙中内部通道的复杂性引起的,由于这种复杂性,液体质点在孔道中的方向和速度在每一处都有变化,因此,它将引起示踪物质在孔隙中不断分散,并占据越来越大的空间。总之,对流扩散既可以在层流中出现,也可以在紊流中出现,这种扩散现象有时又称为机械弥散。

由于水动力弥散现象的存在,渗流过程中的物质传递由三个方面组成,即由达西定律引起的平均流动、由浓度梯度引起的分子扩散和由机械弥散引起的对流扩散。

与弥散现象紧密相关的还有吸附现象,它表现为岩石固体表面与液体的相互作用(包括吸附、溶解、沉积和离子交换等),这些都将表现为溶质在液体中的浓度变化。

一般来讲,示踪剂浓度的变化将引起液体相对密度和黏度的改变,这反过来又会影响渗流场中的速度分布和流动状况。在实际化学驱提高采收率过程中,如果因为这类物理化学作用使某些波及区的化学剂浓度太低,甚至为零,驱替过程将退化为水驱,产生驱替过程的有效性和持久性问题。因此,研究复杂渗流理论具有十分重要的意义。

一、理想扩散渗流方程

(一)扩散方程

不改变流体性质和不与固相起物理化学作用的扩散物质称为理想扩散剂。理想扩散物质沿流动方向的扩散速度可由费克(Fick)扩散定律表达,该定律表明,仅仅由扩散现象引起的单位时间、单位面积上示踪剂的质量流量可表达为:

$$u_i = -D' \frac{\partial C}{\partial x} \qquad (10-1)$$

式中　D'——扩散系数,它包括分子扩散与对流扩散;
　　　C——扩散剂浓度。

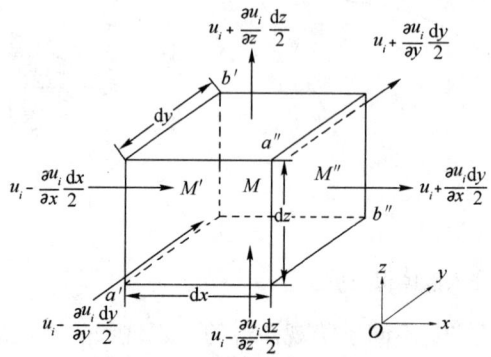

图 10-3　微小六面体单元示意图

(二)连续性方程

当渗流过程中伴随化学现象时,也可用质量守恒定律把渗流过程的化学过程联系起来,用连续性方程加以表达。

如图 10-3 所示,设在单元地层六面体中,M 点的扩散物质的组分质量速度为 u_i,在 M' 点组分质量速度为:

$$u_i - \frac{\partial u_i}{\partial x} \frac{dx}{2}$$

经过 dt 时间后,流过 $a'b'$ 面的质量流量应为:

$$\left(u_i - \frac{\partial u_i}{\partial x} \frac{dx}{2}\right) dydzdt$$

在 M'' 点组分质量速度为:

$$\left(u_i + \frac{\partial u_i}{\partial x} \frac{dx}{2}\right)$$

经过 dt 时间后,流过 $a''b''$ 面的质量流量为:

$$\left(u_i + \frac{\partial u_i}{\partial x} \frac{dx}{2}\right) dydzdt$$

六面体在 x 方向流入流出的质量差为:

$$-\frac{\partial u_i}{\partial x} dydxdzdt$$

同理,在 y 和 z 方向流入流出的质量差为:

$$-\frac{\partial u_i}{\partial y} dydxdzdt; \quad -\frac{\partial u_i}{\partial z} dydxdzdt$$

六面单元体在 dt 时间内扩散物质的组分质量流量差为:

$$-\left(\frac{\partial u_i}{\partial x} + \frac{\partial u_i}{\partial y} + \frac{\partial u_i}{\partial z}\right) dxdydzdt$$

六面单元体 dt 时间内流入流出的质量变化必然引起六面体内扩散物体的质量变化。设在 t 时间六面体内的质量浓度为 C，到 $t+dt$ 时刻浓度为 $C+(\partial C/\partial t)dt$，在 dt 时间内浓度变化 $(\partial C/\partial t)dt$，六面体的孔隙体积为 $\phi dxdydz$，则全部由质量浓度变化引起的质量变化为：

$$\phi \frac{\partial C}{\partial t} dt dx dy dz$$

根据物质守恒原则，上面两式应该相等：

$$-\left(\frac{\partial u_i}{\partial x} + \frac{\partial u_i}{\partial y} + \frac{\partial u_i}{\partial z}\right) = \frac{\partial(\phi C)}{\partial t}$$

当令 $x=x_1$、$y=x_2$、$z=x_3$ 时，可以写成下面形式：

$$\sum_{n=1}^{N} \frac{\partial u_i}{\partial x_n} = -\frac{\partial(\phi C)}{\partial t} \quad (n=1,2,3,\cdots)$$

上式即为传质扩散渗流的连续性方程。

若考虑液体流动情况，上式应写成：

$$-\sum_{n=1}^{N} \frac{\partial u_i}{\partial x_n} - \sum_{n=1}^{N} \overline{v}_n \frac{\partial C}{\partial x_n} = \frac{\partial(\phi C)}{\partial t} \quad (n=1,2,3,\cdots)$$

若将扩散物质的组分质量速度 $\overline{v}_n$ 考虑成真实速度，且不考虑岩石的压缩性，得：

$$-\sum_{n=1}^{N} \frac{\partial u_i}{\partial x_n} - \sum_{n=1}^{N} \overline{v} \frac{\partial C}{\partial x_n} = \frac{\partial C}{\partial t}$$

（三）一维理想扩散渗流方程

一维带传质扩散渗流的连续性方程可以写为：

$$\frac{\partial C}{\partial t} = -\frac{\partial u_i}{\partial x} - \overline{v}\frac{\partial C}{\partial x}$$

扩散方程为：

$$u_i = -D'\frac{\partial C}{\partial x}$$

在有液体流动的情况下，按照物质平衡原理将上式代入连续方程后，一维扩散方程可以写为：

$$\frac{\partial C}{\partial t} = D'\frac{\partial^2 C}{\partial x^2} - \overline{v}\frac{\partial C}{\partial x} \quad (10-2)$$

(10-2)式中的 C 为扩散剂浓度；$\overline{v}$ 为液流的真实速度，并认为是已知的。(10-2)式中第一项表示的是扩散剂在某一点上的浓度增长速度；右端第一项表示由于扩散作用引起的该处浓度的增长速度；第二项表示由液流携带引起的浓度增长速度。这一微分方程式的建立与热传导方程或本书中的弹性不稳定渗流方程式的推导一样，只是增加一项由平均真实速度引起的物质传递。

下面先对方程式(10-2)式进行初步分析，然后写出其解析解。首先假定在两种流体之间没有扩散现象存在，即 $D'=0$，则(10-2)式转化为：

$$\frac{\partial C}{\partial t} = -\overline{v}\frac{\partial C}{\partial x} \quad (10-3)$$

(10-3)式是波动微分方程，其等浓度点的运动轨迹即特征线由下式决定：

$$\frac{dx}{dt} = \overline{v}, \quad x - x_0 = \overline{v}t \quad (10-4)$$

说明在没有扩散效应时,等浓度各点的运动速度与液体平均真实速度完全一致。

现在对方程式(10-2)式求解。假定在初始时刻($t=0$)两种液体的界面位于$x=0$处,在此界面的一侧扩散剂浓度$C=C_1$,而在另一侧扩散剂浓度为$C=0$,即:

$$x<0, C=C_1; \quad x>0, C=0$$

利用变量代换法,用新的自变量$\xi=x-\bar{v}t$可以把公式简化为通常的热传导方程,从而可获得最终解如下:

$$\frac{C}{C_1} = \frac{1}{2}\left(1 \pm \mathrm{erf}\frac{x-\bar{v}t}{2\sqrt{D't}}\right) \tag{10-5}$$

(10-5)式中,erf 称为正态概率函数,$\mathrm{erf}z = \frac{2}{\sqrt{\pi}}\int_0^z \exp(-u^2)\mathrm{d}u$,式中正号是相对$x-\bar{v}t<0$而取的,负号是相对于$x-\bar{v}t>0$而取的。

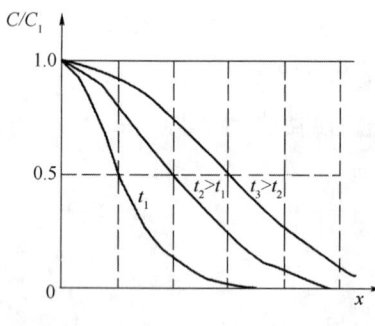

图 10-4 C/C_1 与 x 关系曲线

根据概率函数的性质,当$z=0$时,$\mathrm{erf}z=0$,此时有$x=\bar{v}t$,$C/C_1=0.5$,这说明相对浓度为0.5的点以平均渗流速度运动而不受扩散过程的影响,对于$x<0$的地方,$x-\bar{v}t$同样小于0,而$1/2<C/C_1<1$说明扩散剂不仅向高浓度区扩散,而且低浓度物质也向高浓度区扩散,引起稀释作用。在整个过程中,浓度的变化和分布如图10-4所示。

0.5 浓度点以渗流速度前进,在此点之前浓度不断增加,此点之后浓度不断降低,浓度分布线越变越平坦,可以用相对浓度0.1和0.9之间的长度来表示混合带的长度L_m:

$$L_m = 2.56\sqrt{2}\sqrt{D't} \tag{10-6}$$

可见这一长度和扩散系数D'有关,并随时间的平方根增加。

扩散系数可以分为两部分:一部分是由分子运动而产生的,即扩散物质在驱替液和被驱替液之间依靠分子运动使两种液体中浓度达到平衡;第二部分是对流扩散效应,这是液体质点本身在微细孔道中速度不均匀引起的,这种不均匀性由于平均渗流速度的增长而进一步增大。在通常的文献中把这一关系写为:

$$D' = D_d + \delta R^2 \bar{v}^2/D_d \tag{10-7}$$

在(10-7)式中,第一项D_d称为分子扩散系数;第二项$\delta R^2 \bar{v}^2/D_d$称为对流扩散系数(或机械弥散系数);R是孔道半径;δ是无量纲参数,它的变化范围是:

$$\frac{5}{12} < 48\delta < 1 \tag{10-8}$$

需要指出,扩散系数D'可以分为沿程扩散系数和横向扩散系数。沿程扩散系数是指扩散物质在介质中的扩散方向与流动方向一致,而横向扩散系数的存在表明在垂直于流动方向上,虽然渗流速度等于零但是扩散速度仍然存在,即使在层流状态下这种横向扩散作用并不消失。沿程扩散系数D_L和横向扩散系数D_T可用下式表达:

$$D_L = \sigma_L/2t; \quad D_T = \sigma_T/2t \tag{10-9}$$

$$\sigma_L = \frac{1}{3}(\lambda + 0.173)\bar{v}t; \quad \sigma_T = \frac{3}{8}\bar{l}\bar{v}t \tag{10-10}$$

式中 σ_L, σ_T——沿程和横向的流动方差。

(10-10)式中的 l 为孔隙的特征长度,而 λ 是和流程 $L=\bar{v}t$ 有关的一个参数,由下式确定:

$$\frac{3L}{l} = (\lambda - 2.077)e^{2\lambda} \tag{10-11}$$

沿程扩散系数是和 λ 及流程 L 有关的一个参数,行程越远,则 σ_L 和 D_L 越大。

实验结果表明,沿程扩散系数要比横向扩散系数大,其比值一般为 5~7。

另外,按照莎夫曼的实验结果,扩散系数与贝克来无量纲准数 $Pe=\bar{l v}/D_d$ 有关,而且在不同的 Pe 变化区间,这种关系不一样,例如,在 $Pe\ll 1$ 时,有:

$$D_L/D_d \approx m + \frac{1}{15}Pe^2$$

$$D_T/D_d \approx m + \frac{1}{40}Pe^2 \left(m = \frac{1}{3} \sim \frac{2}{3}\right) \tag{10-12}$$

而当 $1 \ll Pe \ll 8\left(\frac{R}{L}\right)^2$ 时:

$$D_L/D_d \approx \frac{1}{6}Pe\ln\left(\frac{3}{2}Pe\right) - \frac{17}{72}Pe - \frac{R^2}{l^2}\frac{1}{48}Pe^2 + \left(m + \frac{4}{9}\right)$$

$$D_T/D_d \approx \frac{3}{10}Pe + \frac{R^2}{l^2}\frac{1}{40}Pe^2 + \left(m - \frac{1}{3}\right) \tag{10-13}$$

式中 R——流动行程。

希伯得到沿程扩散系数的公式:

$$D_L/D_d = 0.67 + 0.65Pe \Big/ \left(1 + 6.7Pe - \frac{1}{2}\right) \tag{10-14}$$

最后需要指出,即使是在均质各向同性的地层中,扩散作用也具有方向性。沿流动方向和垂直于流动方向的扩散速度并不相同,而且其扩散系数与流动的方向和速度有关,因此,在多维流动情况下,扩散系数就不是一个标量而是一个张量。通常写为 $D_{ij}(i,j=x,y,z)$,而扩散方程也就必须写成张量形式。

二、考虑黏度差的互溶液体的扩散理论

上面所考察过的是两种等黏度液体间的扩散问题,该问题目前已能较好地获得解决。对于两黏度不同的液体的扩散问题,相关理论更为复杂。

在往油层中注化学驱油剂或混相溶剂时,将发生驱替液和被驱替液之间在接触带的互溶,从而形成一个混合带。这个混合带的浓度、黏度与驱替液和被驱替液不同。由于从单一液体的浓度变为另一种浓度,混合带的黏度要发生显著变化。

设在初始时刻黏度为 μ_1 的液体 A 在线性地层中驱替黏度为 μ_2 的液体 B,在混合带中所产生的互溶混合可利用(10-2)式描述,也可写为如下形式:

$$\frac{\partial C}{\partial t} = D\frac{\partial^2 C}{\partial x^2} - v\frac{\partial C}{\partial x} \tag{10-15}$$

式中 C——液体 A 的浓度;

v——液体的渗流速度,可以看作相对浓度 $C/C_1=0.5$ 的移动速度;

D——混合系数,在 $\mu_1=\mu_2$ 时它一般等于 $10^{-2}\sim10^{-3}\,\mathrm{cm}^2/\mathrm{s}$。

不同黏度液体混合系数 D 是与黏度的梯度有关的,这是考虑异黏度互溶液体渗流的一个基本假设,这一假设用可表达为:

$$D = D_0\left(1+K_1\frac{\partial \mu_c}{\partial x}\right) \tag{10-16}$$

式中　D_0——等黏度液体的互溶系数;

　　　μ_c——混合液体的黏度;

　　　K_1——比例常数。

混合液体的黏度 μ_c 与原始液体的黏度 μ_1 和 μ_2 之间的关系可用下式表达:

$$\ln\mu_c = C\ln\mu_1 + (1-C)\ln\mu_2 \tag{10-17}$$

或者

$$\mu = \mu_1 f(C),\ f(C)=\left(\frac{\mu_2}{\mu_1}\right)^{1-C}$$

由(10-17)式,混合黏度 μ_c 的梯度为:

$$\frac{\partial u_c}{\partial x} = \frac{\partial u_c}{\partial C}\cdot\frac{\partial C}{\partial x} = \mu_1 f'(C)\frac{\partial C}{\partial x} \tag{10-18}$$

为了求解(10-15)式,需要进行某些变换,首先采用移动坐标,设:

$$x_1 = x - vt,\ t_1 = t \tag{10-19}$$

运用变量替换规则:

$$\frac{\partial C}{\partial t} = \frac{\partial C}{\partial x_1}\frac{\partial x_1}{\partial t} + \frac{\partial C}{\partial t_1}\frac{\partial t_1}{\partial t}$$

$$\frac{\partial C}{\partial x} = \frac{\partial C}{\partial x_1}\frac{\partial x_1}{\partial x} + \frac{\partial C}{\partial t_1}\frac{\partial t_1}{\partial x} \tag{10-20}$$

由(10-19)式可以得到:

$$\frac{\partial x_1}{\partial t}=-v,\ \frac{\partial t_1}{\partial t}=1,\ \frac{\partial x_1}{\partial x}=1,\ \frac{\partial t_1}{\partial x}=0$$

则(10-20)式可以写为:

$$\frac{\partial C}{\partial t} = -v\frac{\partial C}{\partial x_1} + \frac{\partial C}{\partial t_1}$$

$$\frac{\partial C}{\partial x} = \frac{\partial C}{\partial x_1}\ 和\ \frac{\partial^2 C}{\partial x^2} = \frac{\partial^2 C}{\partial x_1^2} \tag{10-21}$$

把上述各式代入(10-15)式,就得到简化后的微分方程:

$$\frac{\partial C}{\partial x} = D_0\frac{\partial^2 C}{\partial x_1^2}\left[1+\mu_1 f'(C)K_1\frac{\partial C}{\partial x_1}\right] \tag{10-22}$$

(10-22)式是一个非线性的二阶偏微分方程式,在一般情况下难以获得精确的解析解,必须求助于各种近似解法。将浓度剖面用已知函数表示:

$$C = \frac{1}{2(n+1)}(n+1-\xi-\xi^3-\cdots-\xi^{2n+1}) \tag{10-23}$$

其中,$\xi = x_1/\lambda$,而 λ 是混合带的半长度。

当 ξ 等于 -1 时(即此点位于第一液体前沿),由(10-23)式可得 $C=1$;当 $\xi=1$ 时(即点在混合带与第二液体界面上),$C=0$。因而(10-23)式是满足边界条件的。对于不同的具体问题,在(10-23)式中 n 应取何值,需视计算难易程度和精度要求而定。

此问题变为确定混合带半长 λ 与时间的关系，为此应对初始的微分方程两端同乘以 ξ 并积分，得如下积分关系式：

$$\int_{-1}^{1} \frac{\partial C}{\partial t} \lambda^2 \xi \mathrm{d}\xi = D_0 \int_{-1}^{1} \frac{\partial^2 C}{\partial \xi^2} \xi \mathrm{d}\xi + D_0 K_1 \mu_1 \int_{-1}^{1} f_1(C) \frac{\partial C}{\partial \xi} \frac{\partial^2 C}{\partial \xi^2} \frac{1}{\lambda} \xi \mathrm{d}\xi \tag{10-24}$$

当取 $n=1$ 时，通过(10-24)式积分后可以得到 λ 的常微分方程式：

$$0.467\lambda \frac{\mathrm{d}\lambda}{\mathrm{d}t} = D_0 \left(1 + 0.375 K_1 \mu_1 \frac{I_0}{\lambda}\right) \tag{10-25}$$

其中，I_0 是与黏度比 μ_2/μ_1 有关的一个参数，其计算公式为：

$$I_0 = \ln \frac{\mu_2}{\mu_1} \int_{-1}^{1} \left(\frac{\mu_2}{\mu_1}\right)^{1-C(\xi)} (1+3\xi^2) \xi^2 \mathrm{d}\xi \tag{10-26}$$

求解(10-25)式可得到 λ 与 t 的关系。在初期，λ 很小时，λ 与 t 的关系为：

$$\lambda = 1.34 \sqrt[3]{D_0 K_1 \mu_1 I_0 t} \tag{10-27}$$

由(10-27)式可以看出，混合带的半长与时间的立方根成正比，而且它和液体间黏度差有密切关系。

当时间很长，λ 很大时，λ 与 t 的关系为：

$$\lambda = 2.07\sqrt{D_0 t}$$

上式表明，当时间很长时，混合带长度及扩展速度只受扩散作用的影响，而与黏度差无关。

三、带吸附作用的传质扩散理论

在扩散过程中，由于孔隙介质的比面积相当大，所以扩散剂往往要与岩石固体颗粒相互作用，其中一部分要吸附到固体表面上而形成一稳定吸附层，最后使吸附层上吸附剂的浓度和溶液中扩散剂的浓度之间达到平衡。所以在带传质扩散的渗流过程中，扩散剂浓度高的液流进入低浓度区以后，除了扩散到低浓度液体中以外，还要吸附一部分到此区域的岩石颗粒表面上，从而使液体的浓度降低。所以在研究带扩散作用的渗流过程时，对吸附过程及其对渗流必须作出考虑。

（一）扩散剂在表面上的吸附过程

扩散剂在表面上吸附过程并不是瞬时完成的，而是要经历一个过程。在初始时刻，表面上不含有吸附剂，吸附速度很高。当表面上吸附有一定浓度 C_r 的吸附以后，吸附速度就减小，而当浓度达到某一临界值 C_r^* 以后，吸附速度就等于零。所以对于单一的吸附现象，其吸附速度的公式可写为：

$$\left(\frac{\mathrm{d}C_r}{\mathrm{d}t}\right)_{吸} = K_1 \left(1 - \frac{C_r}{C_r^*}\right) \tag{10-28}$$

实际上并不存在单一的吸附过程，与之并行而反向的还有一个脱附过程，这一过程也具有一定的速度，即脱附速度。脱附速度应和表面的吸附浓度成正比，即：

$$\left(\frac{\mathrm{d}C_r}{\mathrm{d}t}\right)_{脱} = -K_2 \left(\frac{C_r}{C_r^*}\right) \tag{10-29}$$

式中　K_1, K_2——常数。

总的吸附速度公式为：

$$\frac{\mathrm{d}C_r}{\mathrm{d}t} = K_1 \left(1 - \frac{C_r}{C_r^*}\right) C - K_2 \left(\frac{C_r}{C_r^*}\right) \tag{10-30}$$

(10-30)式在浓度恒定,并在初始条件 $t=0, C_r=0$ 时有下列解:

$$C_r(t) = \frac{K_1 C_r^* \left(1 - e^{-\frac{CK_1 + K_2}{C_r^*}t}\right)}{CK_1 + K_2} C \tag{10-31}$$

当 $t \to \infty$ 时,(10-31)式变为:

$$C_r = \frac{a}{1+bC}C, \quad a = \frac{K_1}{K_2}C_r^*, \quad b = \frac{K_1}{K_2} \tag{10-32}$$

这就是吸附浓度和溶液浓度之间建立平衡时的平衡浓度公式,C_r 称为真实吸附过程中的平衡吸附浓度。(10-32)式又称为朗格谬尔吸附公式。

(二)带吸附现象的扩散方程

在考虑吸附现象的情况下,扩散方程的左端应增加考虑吸附浓度增长速度的一项。在孔隙度为 ϕ 的单位体积岩石中,颗粒所占体积为 $1-\phi$,与此体积成比例的某一部分是吸附区,即 $(1-\phi)S_r$,则单位孔隙体积的吸附区的体积应是 $(1-\phi)S_r/\phi$,而此区内浓度为 C_r 的吸附剂的含量应为 $(1-\phi)S_r C_r/\phi$,将其对时间求导就得到吸附量增长速度,则(10-32)式可写为:

$$\frac{\partial C}{\partial t} = D' \frac{\partial^2 C}{\partial x^2} - v \frac{\partial C}{\partial x} - \frac{1-\phi}{\phi} S_r \frac{\partial C_r}{\partial t}$$

即

$$D' \frac{\partial^2 C}{\partial x^2} - v \frac{\partial C}{\partial x} = \frac{\partial C}{\partial t} + \frac{1-\phi}{\phi} S_r \frac{\partial C_r}{\partial t} \tag{10-33}$$

研究表明,吸附层上扩散剂达到浓度平衡所需要的时间比渗流液中浓度变化的时间要短得多,也就是说,在整个渗流过程中有充分的时间来保证溶液和吸附层中的浓度达到平衡,这样就不采用(10-31)式而仅采用(10-32)式。经过微分以后可从(10-33)式中得到吸附浓度速率为:

$$\frac{\partial C_r}{\partial t} = \frac{\partial C}{\partial t} \frac{\partial C_r}{\partial C} = \frac{a}{(1+bC)^2} \frac{\partial C}{\partial t} \tag{10-34}$$

将(10-34)式代入(10-33)式,得到带吸附作用的扩散方程:

$$D' \frac{\partial^2 C}{\partial x^2} - v \frac{\partial C}{\partial x} = \left[1 + \frac{(1-\phi)S_r a}{\phi(1+bC)^2}\right] \frac{\partial C}{\partial t} \tag{10-35}$$

(10-35)式就是扩散—吸附过程计算时所必须采用的方程式,它是一个二阶变系数非线性的偏微分方程。由于在右端方括号内出现了与被积分函数(即浓度 C 本身)有关的一项,因此,它的求解不如前面所列的那样容易。这样的方程式仅在某些很特别的情况下才可能有精确解,例如在 $D' \approx 0$(无扩散现象),$v \approx 0$(无渗流速度)和 $b \approx 0$(特定的吸附方程)等条件下可以获得某些自模解。

在求解某些具体的边界问题以前,有必要对(10-35)式作一粗略的分析。

在渗流过程中,相对于吸附过程来说,若扩散作用很小,则方程式变为纯吸附方程:

$$-v \frac{\partial C}{\partial x} = \left[1 + \frac{(1-\phi)S_r a}{\phi(1+bC)^2}\right] \frac{\partial C}{\partial t} \tag{10-36}$$

这一方程类似于油水两相流动方程式,因而应按特征线方法获得某些自模解。

假如渗流速度 $v=0$,即在静止的液体中发生纯扩散—吸附过程时,(10-35)式变为:

$$D'\frac{\partial^2 C}{\partial x^2} = \left[1 + \frac{(1-\phi)S_r a}{\phi(1+bC)^2}\right]\frac{\partial C}{\partial t} \qquad (10-37)$$

这是非线性抛物线形方程,它与气体不稳定渗流方程类似,因而在某些条件下同样可得到精确解。

假如在方程式(10-35)式中取 $b=0$,则得到:

$$D'\frac{\partial^2 C}{\partial x^2} - v\frac{\partial C}{\partial x} = \left(1 + \frac{1-\phi}{\phi}S_r a\right)\frac{\partial C}{\partial t} \qquad (10-38)$$

(10-38)式和纯扩散方程相比仅在偏导数前面多一个常数项,相当于使 $C=0.5$ 的点的移动速度落后于平均渗流速度一个倍数,而求此问题的自模解是不太困难的。

从物理意义上来讲,需要解释 $b=0$ 意味着什么。由(10-32)式可知,$b=0$ 相当于 $C_r = aC$,也就是说,吸附曲线接近于一条直线,或者相当于(10-30)式中 $K_1 C/K_2$ 相当小,而 $(1-C_r/C_r^*)/(C_r/C_r^*)$ 又相当大。前一情况说明:在低吸附浓度的情况下或低扩散剂浓度时,这一规律是适用的。后一情况说明:当平衡浓度很低时,这一规则也是可行的。

(三)吸附—扩散方程的求解

以(10-38)式为例,求其在一定条件下的解。令:

$$\theta = 1 + \frac{1-\phi}{\phi}S_r a = 常数$$

则(10-38)式可以写为:

$$D'\frac{\partial^2 C}{\partial x^2} - v\frac{\partial C}{\partial x} = \theta\frac{\partial C}{\partial t}$$

引入新的无量纲自变量 $\xi = \dfrac{x - vt/\theta}{2\sqrt{D't/\theta}}$,上式可以变为常微分方程:

$$\frac{d^2 C}{d\xi^2} = -2\xi\frac{dC}{d\xi}$$

设此问题的边界条件及初始条件为:$t=0, x<0, C=C_0$;$x>0, C=C_0$;$x - \dfrac{vt}{\theta} = 0, C = 0.5$。经过求解以后,解析解的形式可以写为:

$$\frac{C}{C_0} = \frac{1}{2}\left(1 - \text{erf}\frac{x - vt/\theta}{\sqrt{D't/\theta}}\right)$$

式中,$\text{erf}\xi = \dfrac{2}{\sqrt{\pi}}\int_0^\xi e^{-u^2} du$,为误差函数。

当 $\xi = \infty$ 时,$\text{erf}\xi = 1$,而当 $\xi \to -\infty$ 时,$\text{erf}\xi = -1$。可以看出浓度分布曲线是由 1 变至 0 的。

在距离为 L 的出口端处,当 t 等于 0 时 $C=0$,然后逐渐增大至 1。另外,若 θ 值不同,则曲线形状不同,θ 变大则曲线右移,并逐步变平,如图 10-5 所示。

由于 $\theta = 1 + \dfrac{1-\phi}{\phi}S_r a = 1 + \dfrac{1-\phi}{\phi}S_r \dfrac{K_1}{K_2}C_r^*$,所以当 C_r^* 越大时,则吸附量大,出口端出现相同浓度的时间要延长。

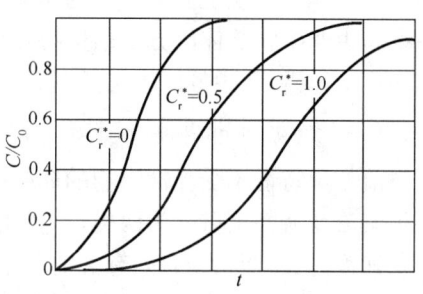

图 10-5 C/C_0—t 关系曲线

第二节　非牛顿流体及其渗流理论

在岩石中,参与渗流的流体很多都属于非牛顿流体。目前在提高采收率技术中广泛采用的聚合物溶液、ASP 三元复合驱替液以及某些压裂液和酸化液一般为非牛顿流体。非牛顿流体的渗流特征与牛顿流体相比有很大的区别,常常表现出复杂的特性,而且研究也比较困难。本节仅借助流变学的理论与方法简要介绍非牛顿流体的渗流理论。

物体受到外力作用时发生流动和变形的性质称为流变性。研究物体流变性的学科称为流变学。因为物体受到外力作用时都要发生流动变形,所以,流变学的观点认为世界上的物体都可以被统一看作"流体",即所谓"万物皆流",只是其流动的速度不同而已。由此可见,流变现象也是一种力学现象。那么,流变学与流体力学所研究的内容有何不同呢？一般地说,全面描述物体运动规律的内容应包括两个方面,一是连续介质的运动方程,二是物体的流变状态方程,即本构方程(表示切应力和切速率关系的方程)。流变学所研究的是非牛顿流体的流动和变形,其重点是流变状态方程。

流体在发生黏滞流动时,引起各物理点的位置发生变化的力称剪切力。其大小一般用剪切应力表示,简称切应力,即单位面积上所受的剪切力,记为 τ。在剪切力作用下,流体各层之间发生相对位移,即产生剪切变形,其大小一般用剪切速率表示,即速度梯度,记为 $\dot{\gamma}$。

剪切应力和剪切速率是描述流体流变性的两个基本物理量,它们存在内在联系。由剪切应力和剪切速率构成的方程称为本构方程或流变方程,它决定材料的结构特性。

一、非牛顿流体的分类及流动特性

所谓非牛顿流体,是相对于牛顿流体而言的。符合牛顿内摩擦定律的流体称为牛顿流体,即：

$$\tau = \mu \dot{\gamma} \tag{10-39}$$

式中　τ——剪切应力,Pa；
　　　$\dot{\gamma}$——剪切速率,或称剪切速度梯度,1/s。

不复合上述定律的流体称为非牛顿流体。

在一定温度条件下,牛顿流体的黏度为常数,不随剪切速率的改变而改变,而非牛顿流体与牛顿流体在宏观上表现出来的明显差异是在不同的剪切速率下其黏度不是常数。这一特性主要是由非牛顿流体的分子结构特点所决定的。

广义地讲,非牛顿流体包括两大类,即纯黏性非牛顿流体和黏弹性的非牛顿流体。

(一)纯黏性非牛顿流体

流变学特性不受弹性影响的非牛顿流体称为纯黏性非牛顿流体,即狭义上的非牛顿流体。根据其流变特性又可分为两类,一类是流变性与剪切速度有关的非牛顿流体,另一类是不仅与剪切速度有关,而且与时间有关的非牛顿流体。

1. 流变性与剪切速率有关的非牛顿流体

对于一定的流体,其对应的本构方程应是唯一的。由于非牛顿流体的多样性和复杂性,目前仍无统一形式的本构方程。对于具体的非牛顿流体，其本构方程主要通过实验的方法建立。

由剪切应力和剪切速率构成的曲线称为流变曲线，如图10-6所示。

牛顿流体的流变曲线是一条通过原点的直线，其斜率即为黏度，它是一个常数。而非牛顿流体的流变曲线一般为曲线，其斜率是变化的，故引入视黏度（或称表观黏度）。视黏度的定义为：

$$\mu_0 = \frac{\tau}{\dot\gamma} \qquad (10-40)$$

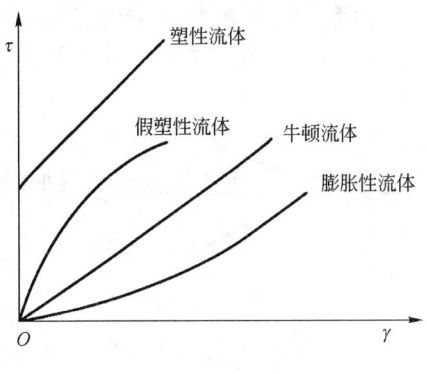

图10-6 流变曲线

可见视黏度与剪切速率有关。根据剪切应力与剪切速率的关系，其本构方程的常用形式可分为三种，即塑性流体、假塑性流体和胀流性流体。

1）塑性流体

塑性流体也称宾汉流体。其特点是只有当剪切应力超过某一静态剪切应力时，流体才能发生流动，此应力称为屈服应力，其本构方程为：

$$\tau = \tau_0 + \mu \dot\gamma \qquad (10-41)$$

式中 τ_0——屈服应力，Pa；

μ——黏度，mPa·s。

由(10-41)式看出，当剪切应力超过屈服应力后，其流变特性与牛顿流体相同，流变曲线如图10-6所示。

某些品类的原油属于这种流体。

2）假塑性流体

假塑性流体的本构方程为：

$$\tau = K'\dot\gamma^n \qquad (10-42)$$

式中 K'——稠度系数；

n——幂律指数，$0<n<1$。

这种流体的特点是：其视黏度随剪切速率的增加而减小，该特性称为剪切变稀。影响这种特性的因素有浓度及分子结构等，流变曲线如图10-6所示。

作为聚合物驱替液的聚丙烯酰胺水溶液在一定的剪切速率范围内表现为这种性质。

3）膨胀性流体

膨胀性流体的本构方程为：

$$\tau = K'\dot\gamma^n \qquad (10-43)$$

式中 n——幂律指数，$n>1$。

这种流体的特点是：其视黏度随剪切速率的增加而增加，该特性称为剪切增稠，流变曲线如图10-6所示。

由以上可知，假塑性流体和膨胀性流体的本构方程都可用同一个幂函数的形式表示，所以它们统称为幂律液体，也称为Ostwald-de-Waele液体。

2. 流变性与剪切时间有关的非牛顿流体

流变性与剪切时间有关的非牛顿流体分为两类,触变性流体和震凝性流体。

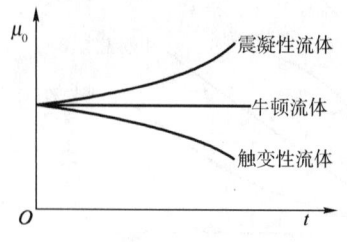

图 10-7 非牛顿液体的视黏度随时间变化关系曲线

1) 触变性流体

在剪切速率不变的条件下,流体的视黏度随剪切时间的增加而减小的特性称为触变性。具有触变性的流体称为触变性流体,其黏度特性如图 10-7 所示。

2) 震凝性流体

流体的视黏度在剪切速率不变的条件下随剪切时间的增加而增加的特性称为震凝性,或称反触变性。具有震凝性的流体称为震凝性流体,其黏度特性如图 10-7 所示。

上述两种特性一般认为是流体分子结构的破坏和恢复所造成的。

(二) 黏弹性非牛顿流体

一般认为,自然界中的物质按状态划分为两大类:一类是具有黏性的流体,另一类是具有弹性的固体。流变学的研究结果表明,自然界还存在一大类介于所谓流体和固体之间的物质,这就是黏弹体。它们既具有流体的黏性特性,同时又具有固体的弹性特性(即拉伸和压缩),这种特性称为黏弹性。

黏弹性表现为法向应力差异的存在。图 10-8 为黏弹性示意图,在图 10-8(a)中,物体 A (实线所示)受相同的法向应力的作用,即 $\delta_1 - \delta_2 = 0$ ($\delta_1 - \delta_2$ 称为第一法向应力差),此时 A 物体均匀地膨胀形成 A' (虚线所示);在图 10-8(b)中,物体 A (实线所示)受到不相等的法向应力的作用,即 $\delta_1 > \delta_2$,A 物体将沿 x 轴方向拉伸,沿 y 轴方向收缩,形成 A' (虚线所示)而产生流动。

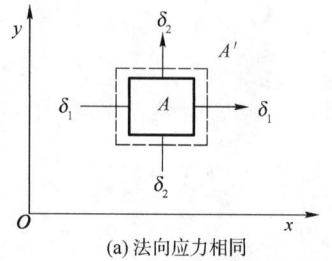
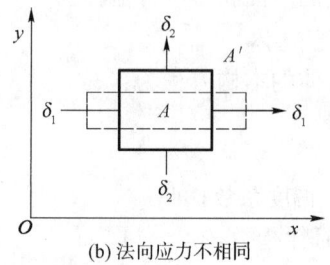

(a) 法向应力相同　　　　　　　　(b) 法向应力不相同

图 10-8 黏弹性示意图

由法向应力差而产生的弹性变形是固体所具有而液体不具有的特性。黏弹性非牛顿流体所具有的弹性与纯固体的弹性有所不同。纯固体的弹性表现为宏观上的拉伸(或压缩),黏弹性非牛顿液体则表现为缓慢且微弱的蠕变,因此在流变测量上存在较大困难。

二、非牛顿流体渗流理论

研究非牛顿流体渗流理论有两种方法,一种是在实验室通过对非牛顿流体的渗流实验,直接建立渗流速度与压差的方程式;另一种是首先选择描述渗流的运动方程,然后通过黏度计测得其中的黏度,将其代入运动方程。此处主要介绍第二种方法。

(一)非牛顿流体幂律稳定渗流理论

1. 单向流典型解

渗流服从达西定律时:

$$v = -\frac{K}{\mu}\frac{\mathrm{d}p}{\mathrm{d}L} \tag{10-44}$$

对非牛顿流体,假定其黏度随速度变化符合指数关系:

$$\mu = Fv^m \tag{10-45}$$

将(10-45)式代入(10-44)式:

$$v^{m+1} = -\frac{K}{F}\frac{\mathrm{d}p}{\mathrm{d}L} \tag{10-46}$$

由于 $v=\frac{q}{A}$,则(10-46)式可写为:

$$\left(\frac{q}{A}\right)^{m+1} = -\frac{K}{F}\frac{\mathrm{d}p}{\mathrm{d}L} \tag{10-47}$$

$$\Delta p = \frac{F}{K}\left(\frac{q}{A}\right)^{m+1}L \tag{10-48}$$

式中 Δp——岩心两端的压力降;
q——体积流量;
A——岩心截面积;
L——岩心长度;
K——渗透率。

将(10-48)式两端取对数,得:

$$\lg\Delta p = \lg C + (m+1)\lg\frac{q}{A} \tag{10-49}$$

式中,$C=\frac{FL}{K}$,F是一个常数。

由(10-49)式,在双对数坐标上,Δp—q/A 相关曲线是一条斜率为 $m+1$ 的直线。

2. 平面径向流典型解

对平面径向流,r 方向与压力增加方向一致,故(10-46)式应为:

$$v^{m+1} = \left(\frac{q}{2\pi hr}\right)^{m+1} = \frac{K}{F}\frac{\mathrm{d}p}{\mathrm{d}r} \tag{10-50}$$

将(10-50)式分离变量,并在 $r=r_w$ 时 $p=p_{wf}$、$r=r_e$ 时 $p=p_e$ 条件下进行积分:

$$\int_{p_{wf}}^{p_e}\mathrm{d}p = \frac{F}{K}\left(\frac{q}{2\pi h}\right)^{m+1}\int_{r_w}^{r_e}\frac{\mathrm{d}r}{r^{m+1}}\mathrm{d}p$$

$$q^{m+1} = \frac{(2\pi h)^{m+1}mK(p_e-p_{wf})}{F\left(\frac{1}{r_w^m}-\frac{1}{r_e^m}\right)} \tag{10-51}$$

$$q = \sqrt[m+1]{\frac{(2\pi h)^{m+1}mK(p_e-p_{wf})}{F\left(\frac{1}{r_w^m}-\frac{1}{r_e^m}\right)}} = 2\pi h\sqrt[m+1]{\frac{mK(p_e-p_{wf})}{F\left(\frac{1}{r_w^m}-\frac{1}{r_e^m}\right)}} \tag{10-52}$$

对于非牛顿流体的平面径向稳定渗流,还可以用下面叙述的方法来研究。若以 V 表示地层供应半径 r_e 以内流体的体积,即:

$$V = \pi r_e^2 h\phi$$

$$r_e = \left(\frac{V}{\pi h\phi}\right)^{1/2}$$

上式代入(10-51)式得：

$$p_e - p_{wf} = -\frac{F}{K}\left(\frac{q}{2\pi h}\right)^{m+1}\frac{1}{m}\left[\left(\frac{v}{\pi h\phi}\right)^{-\frac{m}{2}} - r_w^{-m}\right] \tag{10-53}$$

由于 m 在 -1 和 0 之间，且 r_w/r_e 值很小，(10-51)式最后一项可以忽略。

令：

$$C = \frac{F\phi^{m/2}}{2^{m+1}mK(\pi h)^{\frac{m}{2}+1}}$$

则(10-53)式变为：

$$p_e - p_{wf} = CV^{-\frac{m}{2}}q^{m+1} \tag{10-54}$$

(10-54)式两端取对数得：

$$\lg(p_e - p_{wf}) = \lg C - \frac{m}{2}\lg V + (m+1)\lg q \tag{10-55}$$

由(10-55)式可以看出，当体积 V 恒定时，在双对数坐标上，Δp—q 关系曲线是一条斜率为 $m+1$ 的直线。

（二）非牛顿流体幂律不稳定渗流理论

平面径向不稳定渗流的数学模型可以表示为：

$$\frac{1}{r}\frac{\partial}{\partial r}\left(\frac{r}{\mu}\frac{\partial p}{\partial r}\right) = \frac{\phi C_t}{K}\frac{\partial p}{\partial t} \tag{10-56}$$

式中　K——渗透率；

　　　C_t——综合弹性系数；

　　　μ——流体黏度，是一个变数。

方程(10-56)式只能用近似方法，利用计算机求解。

若采用对数变换：

$$\frac{r}{r_w} = e^u$$

则 $r = r_w e^u$，$dr = r_w e^u du = r du$。

$$\frac{\partial p}{\partial r} = \frac{\partial p}{\partial u}\frac{\partial u}{\partial r} = \frac{\partial p}{\partial u}\frac{1}{r}$$

$$\frac{1}{r}\frac{\partial}{\partial r}\left(\frac{r}{\mu}\frac{\partial p}{\partial r}\right) = \frac{1}{r}\frac{\partial}{\partial u}\left(\frac{1}{\mu}\frac{\partial p}{\partial u}\right)\frac{du}{dr} = \frac{1}{r^2}\frac{\partial}{\partial u}\left(\frac{1}{\mu}\frac{\partial p}{\partial u}\right)$$

则(10-56)式变为：

$$\frac{\partial}{\partial u}\left(\frac{1}{\mu}\frac{\partial p}{\partial u}\right) = r_w^2 r_e^{2u}\frac{\phi C_t}{K}\frac{\partial p}{\partial t} \tag{10-57}$$

将(10-57)式扩展成有限差分式：

$$\frac{1}{\Delta u}\left[\frac{1}{\mu_{i-\frac{1}{2},n+1}}\left(\frac{p_{i-1,n+1} - p_{i,n+1}}{\Delta u}\right) - \frac{1}{\mu_{i+\frac{1}{2},n+1}}\left(\frac{p_{i+1,n+1} - p_{i+1,n+1}}{\Delta u}\right)\right]$$

$$= r_w^2 e^{2i\Delta u}\frac{\phi C_t}{K}\left(\frac{p_{i,n+1} - p_{i-1,n+1}}{\Delta t}\right) \tag{10-58}$$

初始及边界条件如下：

$$p(r,0) = 0 \tag{10-59}$$

$$\frac{q}{A} = \frac{K}{\mu}\frac{\mathrm{d}p}{\mathrm{d}r}$$

或

$$q = -\frac{2\pi Kh}{\mu^{\frac{1}{2}}}\frac{p_{0,n+1} - p_{1,n+1}}{\Delta u} \tag{10-60}$$

假定模型中每个单元的黏度是每个横截面面积通过每个单元的平均速度的函数。每单位时间增量内流入和流出每个单元的速度用达西定律计算。

流入单元的速度为：

$$\frac{q_1}{A} = \frac{K}{\mu_{i-\frac{1}{2},n}}\frac{p_{i-1,n+1} - p_{i,n+1}}{\Delta u r_w \mathrm{e}^{(i-1)\Delta u}} \tag{10-61}$$

流出单元的速度为：

$$\frac{q_2}{A} = \frac{K}{\mu_{i+\frac{1}{2},n}}\frac{p_{i,n+1} - p_{i+1,n+1}}{\Delta u r_w \mathrm{e}^{(i-1)\Delta u}} \tag{10-62}$$

平均速度为：

$$\frac{q}{A} = \frac{q_1 + q_2}{2A} \tag{10-63}$$

每个单元的黏度用以下公式计算：

$$\mu_i = F\left(\frac{q}{A}\right) \tag{10-64}$$

应用相应的方法，可解出上述方程组。

思 考 题

1. 什么是分子扩散、对流扩散（机械弥散）、沿程扩散、横向扩散？它们发生的原因是什么？
2. 什么是纯黏性非牛顿液体？
3. 什么是黏弹性非牛顿液体？
4. 写出带吸附现象的扩散方程。
5. 写出非牛顿流体平面径向稳定渗流产量公式。

附　录

附录一　常用参数单位

符号	参数	法定单位	常用工程单位	英制单位	达西单位
C_t	综合压缩系数	MPa^{-1}	$(kg/cm^2)^{-1}$	psi^{-1}	atm^{-1}
h	油(气)层厚度	m	m	ft	cm
K	渗透率	μm^2	mD	mD	D
p	压力	MPa	kg/cm^2	psi	atm
p_i	原始压力	MPa	kg/cm^2	psi	atm
p_{sc}	标准状态压力	0.101325MPa	1.03323kg/cm^2	14.6959psi	1atm
p_{wf}	井底流压	MPa	kg/cm^2	psi	atm
p_{ws}	关井井底压力	MPa	kg/cm^2	psi	atm
q	油井产量(地下)	m^3/d	m^3/d	bbl/d	cm^3/s
q_{sc}	气井产量	$10^4 m^3/d$	$10^4 m^3/d$	MCF/d	cm^3/s
r	径向距离	m	m	ft	cm
r_e	供给半径	m	m	ft	cm
r_w	井半径	m	m	ft	cm
S_o	含油饱和度	1	1	1	1
S_g	含气饱和度	1	1	1	1
S_w	含水饱和度	1	1	1	1
t	开井生产时间	h	h	h	s
t_p	关井前生产时间	h	h	h	s
Δt	关井时间	h	h	h	s
T	地层温度	℃(K)	℃(K)	℉,°R	℃(K)
T_{sc}	标准状态温度	20℃(293.15K)	20℃(293.15K)	60℉(520°R)	0℃(273.15K)
Z	气体偏差因子	1	1	1	1
η	导压系数	$\mu m^2 \cdot MPa/(mPa \cdot s)$	$mD \cdot kg/(cm^2 \cdot cP)$	$mD \cdot psi/cP$	cm^2/s
μ	黏度	$mPa \cdot s$	cP	cP	cP
ρ	密度	g/cm^3	g/cm^3	lb/ft^3	g/cm^3
ϕ	孔隙度	1	1	1	1
Ψ	拟压力	$MPa^2/(mPa \cdot s)$	$(kg/cm^2)^2/cP$	psi^2/cP	atm^2/cP

附录二 单位换算表

1. 长度单位换算表

项　目	m	cm	ft
1米(m)	1	100	3.28048
1厘米(cm)	0.01	1	3.28048×10^{-2}
1英尺(ft)	0.3048	30.48	1

2. 面积单位换算表

项　目	m^2	cm^2	ft^2
1平方米(m^2)	1	10^4	10.7639
1平方厘米(cm^2)	10^{-4}	1	1.07639×10^{-3}
1平方英尺(ft^2)	0.092903	929.03	1

3. 体积单位换算表

项　目	m^3	cm^3	ft^3	bbl
1立方米(m^3)	1	10^6	35.3147	6.28978
1立方厘米(cm^3)	10^{-6}	1	3.53147×10^{-5}	6.28978×10^{-6}
1立方英尺(ft^3 或 CF)	0.0283168	2.83168×10^4	1	0.17811
1桶(bbl)	0.158988	1.58988×10^5	5.6146	1

4. 压力单位换算表

项　目	MPa	atm	kg/cm^2	psi
1兆帕(MPa)	1	9.86923	10.1972	145.038
1标准大气压(atm)	0.101325	1	1.03323	14.6959
1公斤每平方厘米(kg/cm^2)	0.0980665	0.967841	1	14.2233
1磅每平方英寸(psi)	0.00689476	0.068046	0.070307	1

5. 温度单位换算表

项　目	℃	K	°F	°R
t 摄氏度(℃)	t	$t+273.15$	$9t/5+32$	$9t/5+491.67$
T 开氏度(K)	$T-273.15$	T	$9T/5-459.67$	$9T/5$
f 华氏度(°F)	$5(f-32)/9$	$5(f+459.67)/9$	f	$f+459.67$
r 兰氏度(°R)	$5r/9-273.15$	$5r/9$	$r-459.67$	r

6. 油井产量单位换算表

项　目	m³/d	cm³/s	bbl/d
1立方米每天(m³/d)	1	10⁴/864	6.28978
1立方厘米每秒(cm³/s)	0.0864	1	0.543437
1桶每天(bbl/d)	0.158988	1.84014	1

7. 气井产量单位换算表

项　目	10⁴m³/d	cm³/s	10³ft³/d
1万立方米每天(10⁴m³/d)	1	10⁸/864	353.147
1立方厘米每秒(cm³/s)	864×10⁻⁸	1	3.05119×10⁻³
1千立方英尺每天(10³ft³/d)	2.83168×10⁻³	327.741	1

8. 密度单位换算表

项　目	g/cm³	lb/ft³
1克每立方厘米(g/cm³)	1	62.428
1磅每立方英尺(lb/ft³)	0.0160185	1

9. 渗透率单位换算表

项　目	μm²	D	mD
1平方微米(μm²)	1	1	1000
1达西(D)	1	1	1000
1毫达西(mD)	0.001	0.001	1

10. 黏度单位换算表

项　目	mPa·s	cP
1毫帕秒(mPa·s)	1	1
1厘泊(cP)	1	1

附录三　公式的单位变换方法

　　石油工程中常是多种单位制并用，为了实际需要，常常将某一单位制下的公式变换为另一单位制下的公式。在进行变换时，要把公式中每一个物理量从原单位化成新单位。下面举例说明变换的方法。

　　液体平面径向稳定渗流，以达西单位制表示的油井产量公式为：

$$q = \frac{2\pi Kh(p_e - p_{wf})}{\mu \ln \dfrac{r_e}{r_w}}$$

式中　q——油井产量，cm^3/s；
　　　K——地层渗透率，D；
　　　h——油层厚度，cm；
　　　p_e——供给压力，atm；
　　　p_w——井底压力，atm；
　　　μ——液体黏度，cP；
　　　r_e——供给半径，cm；
　　　r_w——油井半径，cm。

$$q(cm^3/s) = 2\pi \frac{K(D)h(cm)\Delta p(atm)}{\mu(cP)\ln \dfrac{r_e(cm)}{r_w(cm)}}$$

利用附录二中上述各物理量法定单位与达西单位的换算系数得：

$$q\left\{(cm^3/s)\left[\frac{m^3/d}{cm^3/s}\right]\right\} = 2\pi \frac{K\left\{(D)\left[\dfrac{\mu m^2}{D}\right]\right\}h\left\{(cm)\left[\dfrac{m}{cm}\right]\right\}\Delta p\left\{(atm)\left[\dfrac{MPa}{atm}\right]\right\}}{\mu\left\{(cP)\left[\dfrac{mPa \cdot s}{cP}\right]\right\}\ln \dfrac{r_e\left\{(cm)\left[\dfrac{m}{cm}\right]\right\}}{r_w\left\{(cm)\left[\dfrac{m}{cm}\right]\right\}}}$$

$$\left[\frac{m^3/d}{cm^3/s}\right] = \frac{10^4}{864}, \quad \left[\frac{\mu m^2}{D}\right] = 1.01325, \quad \left[\frac{m}{cm}\right] = 100,$$

$$\left[\frac{MPa}{atm}\right] = 9.86923, \quad \left[\frac{mPa \cdot s}{cP}\right] = 1$$

式中　[ ]——达西单位制单位转换为法定单位制单位的乘积因子。

将上述各乘积因子代入后经整理得：

$$q = \frac{542.87Kh(p_e - p_{wf})}{\mu \ln \dfrac{r_e}{r_w}}$$

式中各物理量的单位分别为：q—m^3/d，K—μm^2，h—m，p_e—MPa，p_{wf}—MPa，μ—$mPa \cdot s$，r_e—m，r_w—m。

附录四　常用公式或方程的 SI 实用单位制形式

一、压降叠加原则的数学表达式

在达西单位制中，压降叠加原则的数学表达式为：

$$\Delta p_M = p_e - p_M = \sum_{i=1}^{n}\Delta p_i = \sum_{i=1}^{n} \pm \frac{q_i\mu}{2\pi Kh}\ln\frac{r_e}{r_i}$$

式中　Δp_M——n 口井同时工作时，在点 M 产生的压降，atm；
　　　p_e——供给边缘上的压力，atm；

p_M——n 口井同时工作时,在点 M 产生的压力,atm;

Δp_i——第 i 口井单独工作时,在点 M 产生的压降,atm;

r_e——供给边缘到井中心的平均距离,cm;

r_i——第 i 井到 M 点的距离,cm;

q_i——第 i 井井产量(地下),cm^3/s;

K——地层渗透率,D;

h——油层厚度,cm;

μ——液体的黏度,cP。

在 SI 实用单位制中,压降叠加原则的数学表达式为:

$$\Delta p_M = p_e - p_M = \sum_{i=1}^{n} \Delta p_i = \sum_{i=1}^{n} \pm \frac{q_i \mu}{542.87 Kh} \ln \frac{r_e}{r_i}$$

式中各物理量的单位分别为:Δp_M—MPa,p_e—MPa,p_M—MPa,Δp_i—MPa,q_i—m^3/d,K—μm^2,μ—mPa·s,h—m,r_e—m,r_i—m。

二、无限大地层中一口井以定产量投产的井底压降公式

在达西单位制中,无限大地层中一口井以定产量投产的井底压降公式为:

$$p_i - p_{wf}(t) = \frac{q\mu}{4\pi Kh} \ln \frac{2.25 Kt}{\phi \mu C_t r_w^2}$$

式中　p_i——原始地层压力,atm;

$p_{wf}(t)$——时刻 t 的井底压力,atm;

q——油井产量(地下),cm^3/s;

K——地层渗透率,D;

h——油层厚度,cm;

μ——原油黏度,cP;

r_w——油井半径,cm;

C_t——综合压缩系数,atm^{-1};

t——时间,s;

ϕ——岩石孔隙度,小数。

在 SI 实用单位制中,无限大地层中一口井以定产量投产的井底压降公式为:

$$p_i - p_{wf}(t) = \frac{9.21 \times 10^{-4} q\mu}{Kh} \ln \frac{8.085 Kt}{\phi \mu C_t r_w^2}$$

或

$$p_i - p_{wf}(t) = \frac{2.12 \times 10^{-3} q\mu}{Kh} \lg \frac{8.085 Kt}{\phi \mu C_t r_w^2}$$

或

$$p_i - p_{wf}(t) = \frac{2.12 \times 10^{-3} q\mu}{Kh} \left(\lg \frac{Kt}{\phi \mu C_t r_w^2} + 0.9077 \right)$$

式中各物理量的单位分别为:p_i—MPa,$p_{wf}(t)$—MPa,q—m^3/d,K—μm^2,μ—mPa·s,C_t—MPa^{-1},t—h;h—m,r_w—m,ϕ—小数。

参 考 文 献

奥齐西克 M N. 1983. 热传导. 俞昌铭,等译. 北京:高等教育出版社.
巴斯宁耶夫 K C,等. 1992. 地下流体力学. 张永一,等译. 北京:石油工业出版社.
贝尔. 1983. 多孔介质流体动力学. 李竞生,等译. 北京:中国建筑工业出版社.
程林松. 2011a. 渗流力学. 北京:石油工业出版社.
程林松. 2011b. 高等渗流力学. 北京:石油工业出版社.
冯文光. 2007. 油气渗流力学基础. 北京:科学工业出版社.
葛家理. 1982. 油气层渗流力学. 北京:石油工业出版社.
葛家理,同登科. 1998. 复杂渗流系统的非线性流体力学. 东营:石油大学出版社.
葛家理. 2001. 现代油藏渗流力学基础. 北京:石油工业出版社.
郭尚平,等. 1990. 物理化学渗流微观机理, 北京:科学出版社.
加拿大能源保护委员会. 1988. 气井试井理论与实践. 童宪章,等译. 北京:石油工业出版社.
佳布 D,唐纳森 E C. 2007. 油层物理. 2 版. 沈平平,秦积舜,等译. 北京:石油工业出版社.
姜礼尚,陈钟祥. 1985. 试井分析理论基础,北京:石油工业出版社.
科林斯 R E. 1984. 流体通过多孔介质的流动. 北京:石油工业出版社.
孔祥言. 2010. 高等渗流力学. 2 版. 合肥:中国科学技术大学出版社.
郎兆新. 2001. 油气地下渗流力学. 东营:石油大学出版社.
李仕伦. 2001. 天然气工程. 北京:石油工业出版社.
李兆敏,蔡国琰. 1998. 非牛顿流体力学. 东营:石油大学出版社.
刘能强. 2003. 实用现代试井解释方法. 4 版. 北京:石油工业出版社.
马尔哈辛 и л. 1987. 油层物理化学机理. 李殿文,译. 北京:石油工业出版社.
恰尔内 N A. 1982. 地下水气动力学. 北京:石油工业出版社.
王晓冬. 2006. 渗流力学基础. 北京:石油工业出版社.
薛定谔 A E. 1982. 多孔介质中的渗流物理. 王鸿勋,等译. 北京:石油工业出版社.
翟云方. 2009. 渗流力学. 3 版. 北京:石油工业出版社.
张建国,雷光伦,张艳玉. 2006. 油气层渗流力学. 东营:石油大学出版社.